工业机器人离线编程仿真

主　编◎黄育佳　邓　演
副主编◎黎宝正　王　锋　刘思恩
　　　　马　海　周小霞　邓桂艳

重庆大学出版社

图书在版编目（CIP）数据

工业机器人离线编程仿真 / 黄育佳，邓演主编．
重庆：重庆大学出版社，2025.6. -- ISBN 978-7-5689-
5338-2

Ⅰ. TP242.2

中国国家版本馆CIP数据核字第2025965VF4号

工业机器人离线编程仿真

主　编　黄育佳　邓　演
副主编　黎宝正　王　锋　刘思恩
　　　　马　海　周小霞　邓桂艳
策划编辑：杨　漫

责任编辑：姜　凤　　版式设计：杨　漫
责任校对：王　倩　　责任印制：赵　晟

*

重庆大学出版社出版发行
社址：重庆市沙坪坝区大学城西路21号
邮编：401331
电话：（023）88617190　88617185（中小学）
传真：（023）88617186　88617166
网址：http：//www.cqup.com.cn
邮箱：fxk@cqup.com.cn（营销中心）
全国新华书店经销
重庆天旭印务有限责任公司印刷

*

开本：787mm×1092mm　1/16　印张：13.75　字数：336千
2025年6月第1版　　2025年6月第1次印刷
ISBN 978-7-5689-5338-2　定价：39.00元

本书以 ABB 机器人为对象，使用 ABB 公司的机器人仿真软件 RobotStudio 进行工业机器人的基本操作、功能设置、二次开发、离线编程、方案设计和验证学习。本书主要分为六大块：认识安装软件；认识机器人坐标系；构建基本仿真工业机器人工作站；工业机器人工作站系统模型的创建；涂胶、焊接工作站系统虚拟仿真；码垛工作站系统虚拟仿真。本书提炼了 11 个实例，涵盖 30 多个知识点，内容按照从易到难、从简单到复杂、从简单系统工作站到复杂系统工作站的原则进行编排。

本书在实施过程中，以上机训练为主，为了提高课程与实际工程应用衔接效果，多引入企业实例，供学生学习、练习和参考，满足机器人运行维护管理、维修调试、工作站设计与安装、操作编程等岗位的需求，同时为后续课程《工业机器人编程与操作》《工业机器人工作站系统集成》《PLC 编程》的学习打下基础，全面提升学生编程操作能力。

本书主要是面向职业学校机器人相关专业的学生编写的教材，针对学生动手能力强、喜欢动手操作的特点，以"做中学，学中做"为宗旨，采用"理实一体"模式编写，并配套微课、课件等资源，系统且详细地介绍了 ABB 工业机器人仿真软件 RobotStudio 的使用方法和技巧。

本书由高州市第一职业技术学校黄育佳、邓演担任主编，黎宝正、王锋、刘思恩、马海、周小霞和邓桂艳担任副主编。其中，项目六由黄育佳编写，项目五由邓演编写，项目四由王锋和马海编写，项目三由黎宝正和邓桂艳编写，项目二由刘思恩编写，项目一由周小霞编写。

由于作者水平有限，书中难免有疏漏和不妥之处，恳请广大读者批评指正。

编 者
2024 年 7 月

CONTENTS 目 录

项目一｜认识安装软件

项目描述

　　随着现代科学技术的迅速发展，机器人技术已被广泛应用于社会的各个领域。工业机器人扩展到更多应用场景，需要更高精度的轨迹和对复杂工艺的支持，这些需求是传统示教编程无法完全满足的。同时，工业机器人编程仿真的优势在于能够预先检测程序和自动化系统布局的可行性，且不占用机器工作时间进行编程和调试。

　　通过本项目的学习，可以深入了解工业机器人的应用环境和离线编程仿真的重要意义，学会如何安装 RobotStudio 软件，以及初步认识软件界面的功能和常用快捷键等。

项目要求

1. 了解工业机器人的应用环境；
2. 了解工业机器人离线编程仿真的意义；
3. 学会安装 RobotStudio 软件；
4. 熟悉软件界面、菜单及常用快捷键。

项目内容

任务一　了解工业机器人及离线编程的意义
任务二　安装 RobotStudio
任务三　RobotStudio 软件界面介绍
任务四　快捷键与视图操作

/任务一/ 了解工业机器人及离线编程的意义

【任务目标】

1. 了解工业机器人的应用领域；
2. 了解工业机器人离线编程仿真的优势。

【实践操作】

随着现代科学技术的迅速发展，工业机器人技术已被广泛应用于社会的各个领域。主要应用包括以下 4 个方面。

1. 物料清除应用

物料清除通常涉及制造的脏乱和危险要素，如辐射、高温等。工业机器人是功能强大且经久耐用的机器，在提高产品质量的同时，能避免浪费材料，提高材料利用率，让工人的安全也得到了保障。

2. 物料搬运应用

物料搬运在工业机器人自动化生产中非常流行，这些平凡、费力的工作对于人来说相当费神，工业机器人的可重复性、准确性和速度极大地改善了物料搬运过程，提高了搬运效率。

3. 焊接应用

焊接在工业机器人自动化中应用较多、较广。焊接需要精确性和重复性，工业机器人通过工人编程和示教，可提供高质量焊接所需的技能，帮助缩小技能差距，生产出高质量的产品。

4. 其他应用

其他应用主要包括涂胶、喷漆、铸造、切割、抛光等，其中许多类型涉及在苛刻的化学品、危险环境或特殊条件下工作。工业机器人可以配置为满足这些过程的要求并成功运行。

随着编程仿真技术在机器人技术中变得越来越普及，工业机器人的编程仿真已成为制造业加工领域的一个非常活跃的领域。编程仿真从简单的机器人轨迹模拟到复杂的系统仿真，已得到了科学家和工程师的认可。工业机器人编程仿真的优势在于能够预先检测程序和自动化系统布局的可行性，不占用机器工作时间进行编程和调试，缩短了产品系统的上市时间，减少了企业成本和产品的生产时间，大大提高了企业的投资回报率。

/任务二/　安装 RobotStudio

【任务目标】

学会如何下载 RobotStudio 软件并进行安装。

【实践操作】

一、下载软件

用户可到 RobotStudio 官网进行下载，如图 1-1 所示。

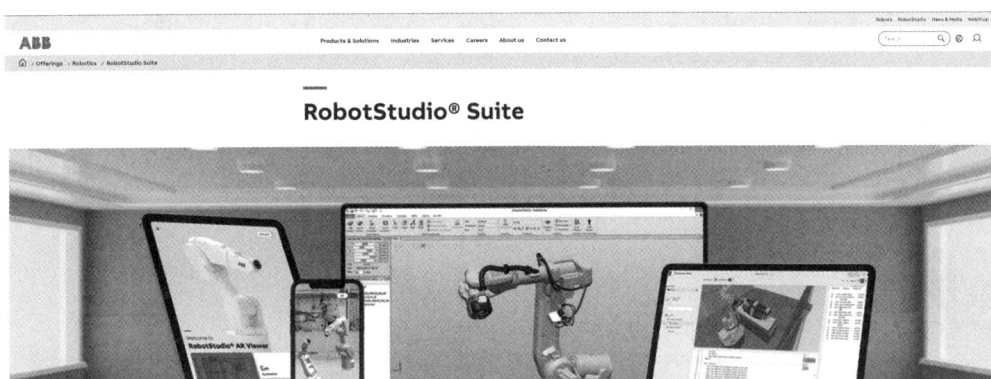

图 1-1

二、安装步骤

①打开下载文件，找到如图 1-2 所示的图标，双击即可安装。
②选择"中文（简体）"，单击"确定"，如图 1-3 所示。

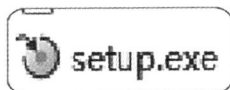

图 1-2

图 1-3

③接受相关协议，如图 1-4 所示。

④所有选项均保持默认设置，只需连续单击"下一步"，直至出现如图 1-5 所示的"完成"界面，即表示安装完成。

图 1-4

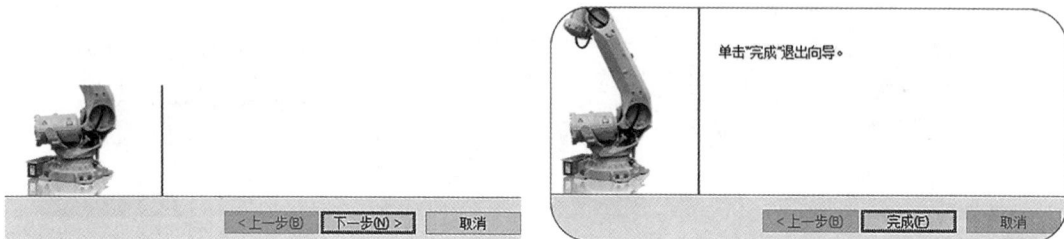

图 1-5

三、关于授权

在首次成功安装 RobotStudio 软件后，ABB 公司提供 30 天的全功能高级版免费试用。30 天后，如果用户还未进行授权操作，该软件将自动降级为基本版，这时用户则只能使用基本版提供的功能。

1. 基本版

该版本提供基本的 RobotStudio 功能。

2. 高级版

该版本提供 RobotStudio 所有的离线编程功能和多机器人仿真功能。授权操作步骤如图 1-6 所示。

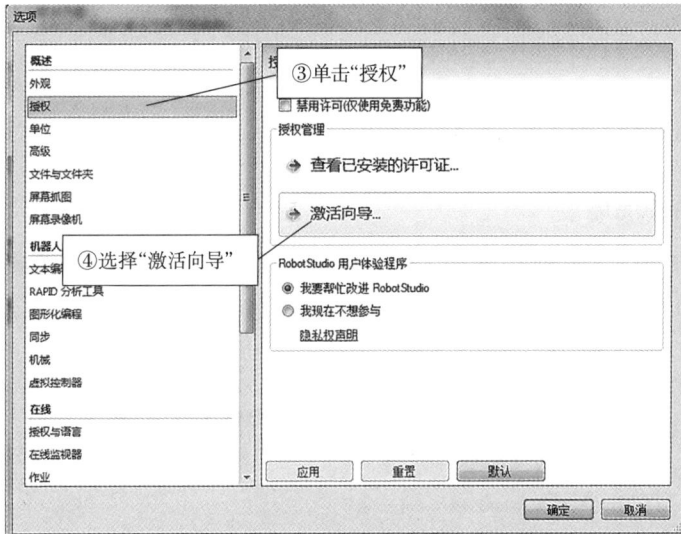

图 1-6

/任务三/ RobotStudio 软件界面介绍

【任务目标】

1. 了解 RobotStudio 软件界面的构成；
2. 熟悉软件中常用功能选项卡的使用方式；
3. 掌握 RobotStudio 界面恢复默认的操作方法。

【实践操作】

一、RobotStudio 软件界面

1. "文件"功能选项卡

"文件"功能选项卡包括创建新工作站、创造新机器人系统、连接到控制器、共享工作站、将工作站另存为查看器的选项和 RobotStudio 选项，如图 1-7 所示。

图 1-7

2. "基本" 功能选项卡

"基本" 功能选项卡包括搭建工作站、路径编程、工具工件设置、摆放物件等所需的控件，如图 1-8 所示。

图 1-8

3. "建模" 功能选项卡

"建模" 功能选项卡包括创建几何体、测量和其他 CAD 操作所需的控件，如图 1-9 所示。

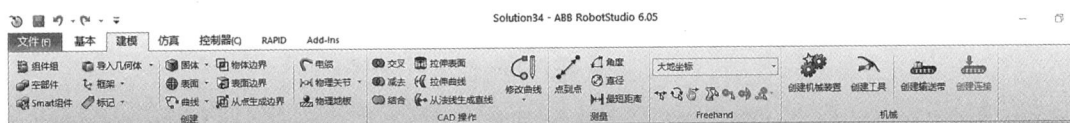

图 1-9

4. "仿真" 功能选项卡

"仿真" 功能选项卡包括配置、仿真控制、监控和记录仿真所需的控件，如图 1-10 所示。

图 1-10

5. "控制器" 功能选项卡

"控制器" 功能选项卡包括虚拟控制器的同步、配置控制器、用于管理真实控制器的控制功能，如图 1-11 所示。

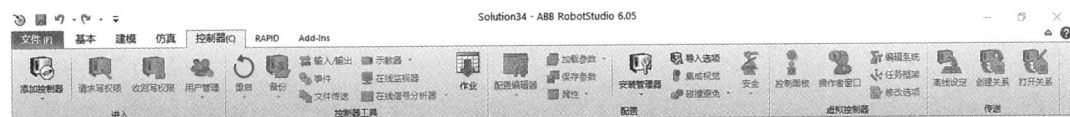

图 1-11

6. "RAPID" 功能选项卡

"RAPID" 功能选项卡包括编辑程序、查找程序、文件管理、程序调试等功能控件，如图 1-12 所示。

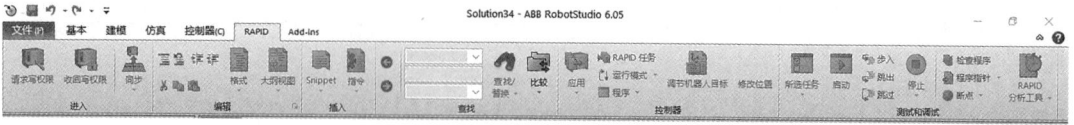

图 1-12

7."Add-Ins"功能选项卡

"Add-Ins"功能选项卡不仅包括 PowerPacs 和 VSTA 的相关控件,还包括齿轮箱热量预测功能,如图 1-13 所示。

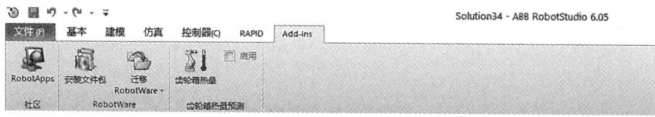

图 1-13

二、恢复 RobotStudio 默认界面的操作

新用户在学习 RobotStudio 软件时,由于对软件不熟悉,常常会遇到操作窗口或项目树内容被意外关闭的情况,从而无法找到对应的操作对象和查看相关信息,如图 1-14 所示。

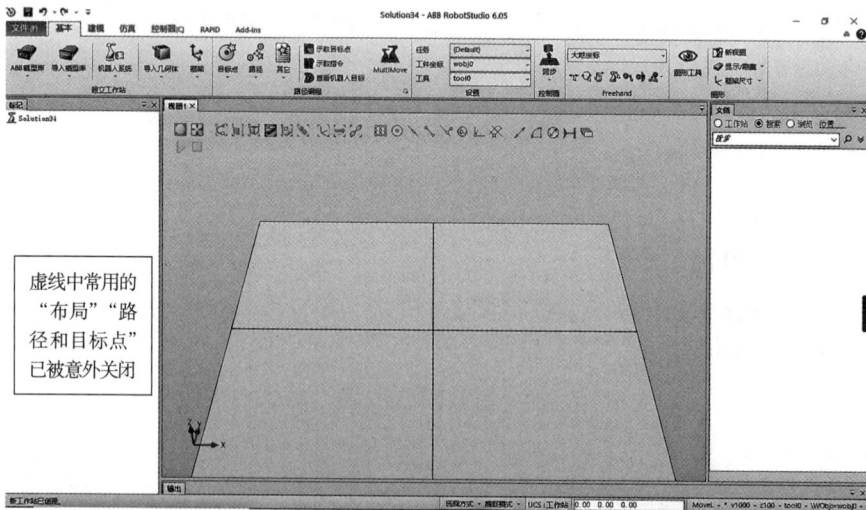

图 1-14

这时,可根据如图 1-15 所示的操作步骤恢复默认界面,或者在窗口中选择需要的窗口。

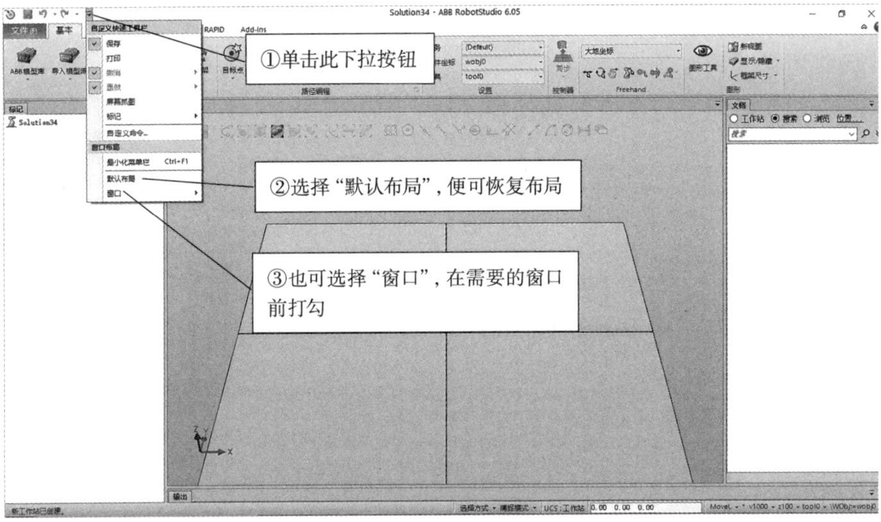

图 1-15

【学习评价】

学习评价表

任务内容	任务要求	分值 / 分	考核得分 / 分
RobotStudio 软件界面的构成	了解 RobotStudio 软件界面的构成	20	
软件中常用功能选项卡的使用方式	熟悉软件中常用功能选项卡的使用方式	30	
RobotStudio 界面恢复默认的操作方法	掌握 RobotStudio 界面恢复默认的操作方法	30	
专业基本素养的养成情况	爱护设备设施，小组团结合作，工位整洁	10	
安全操作	遵守机房规定，符合上机实训操作要求	10	

/任务四/　快捷键与视图操作

【任务目标】

1. 了解每种快捷键的功能；

2. 熟练掌握快捷键的使用方法；

3. 掌握视图操作的方法；

4. 掌握不同情况下对模型部件的选择方法。

【实践操作】

在学习编程仿真时，要熟练操作 RobotStudio 软件，需要先熟练掌握软件中的快捷键和视图操作。本任务主要是学习 RobotStudio 软件中常用的快捷键和视图操作。

一、快捷键

1. 旋转视图操作

在 RobotStudio 软件中，有时需要从不同的视图对操作界面进行观察，因此需要对视图进行旋转。旋转视图操作有以下两种快捷方式：

①按住"Ctrl+Shift"键和鼠标左键，移动鼠标，实现视图旋转；

②按住鼠标滚轮键 + 右键，移动鼠标，也可以实现视图旋转。

2. 放大和缩小

在操作中，为了更好地定位或者对某一部分进行观察时，我们需要对某个位置进行放大和缩小。在 RobotStudio 软件中，视图放大和缩小的快捷键是滚动鼠标滚轮：滚轮向前滚动是放大视图，滚轮向后滚动是缩小视图。

3. 视图平移

视图平移的快捷键是"Ctrl" + 鼠标左键，然后拖动鼠标。

4. 复制和粘贴

当需要用到多个相同的模型部件时，我们可以对这个部件进行复制（Ctrl+C）、粘贴（Ctrl+V）操作。

二、模型部件的选择

1. 同时选择多个模型部件

同时选择多个模型部件的方法：先选中第一个模型，然后按住"Shift"键选中最后一个模型，如图 1–16 所示。

图 1-16

2. 选择某两个模型部件

选择某两个模型部件的方法：先选中一个模型，然后按住"Ctrl"键选中另一个模型，如图 1-17 所示。

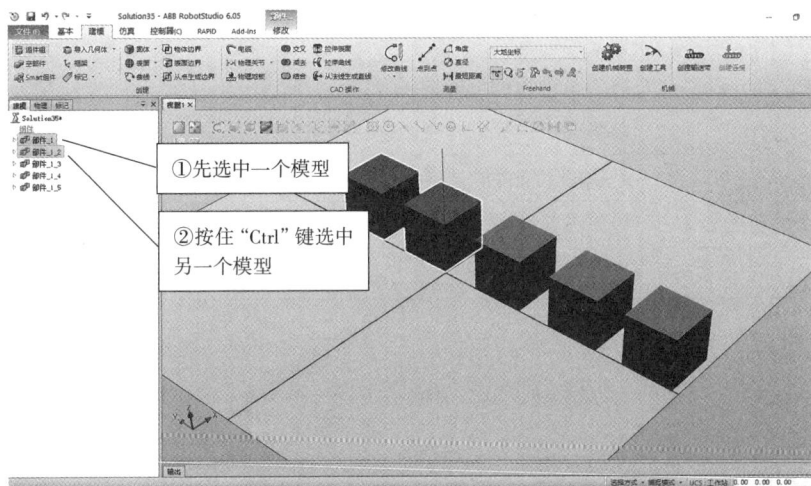

图 1-17

3. 不选某一个模型部件

在所有部件中，不选某一个模型部件的方法是：先选中全部模型，然后按住"Ctrl"键单独选中某一个模型，如图 1-18 所示。

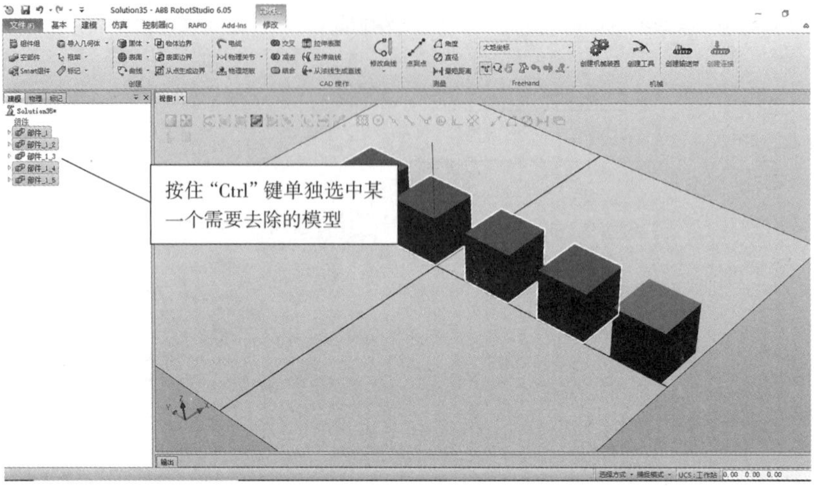

图 1-18

【学习评价】

学习评价表

任务内容	任务要求	分值 / 分	考核得分 / 分
快捷键的使用	熟悉每个快捷键的使用方法及功能	20	
快捷键的综合应用	熟练应用快捷键对视图进行操作	30	
部件模型的选择	掌握模型部件的选择	30	
专业基本素养的养成情况	爱护设备设施，小组团结合作，工位整洁干净	10	
安全操作	遵守机房规定，符合上机实训操作要求	10	

项目二 | 认识机器人坐标系

项目描述

　　坐标系的主要作用是标识方向和定位。在工业机器人中，涉及多种坐标系。例如，大地坐标系、本地坐标系、工具坐标系和工件坐标系等。每种坐标系都有其独特的作用和意义。工业机器人中各种坐标系的建立，使得机器人在三维空间中的运动更加灵活、方便和准确，为机器人的运动提供了精确的空间定位。

　　通过本项目的学习，可以深入了解各种坐标系的含义及其作用，从而更好地掌握工业机器人的操作和编程。

项目要求

　　1. 了解大地坐标系与本地坐标系的含义；

　　2. 理解大地坐标系与本地坐标系的作用；

　　3. 熟练掌握修改本地坐标系的方法；

　　4. 了解工具坐标系与工件坐标系的作用；

　　5. 了解目标点的意义；

　　6. 掌握创建工件坐标系的方法及步骤。

项目内容

　　任务一　大地坐标系与本地坐标系

　　任务二　工具坐标系、工件坐标系与目标点

/任务一/ 大地坐标系与本地坐标系

【任务目标】

1. 了解大地坐标系与本地坐标系的含义;
2. 理解大地坐标系与本地坐标系的作用;
3. 熟练掌握修改本地坐标系的方法。

【实践操作】

RobotStudio 中的大地坐标系用于表示整个工作站或机器人单元,它是层级的顶部,所有其他坐标系都与其关联。

一、大地坐标系

在 RobotStudio 软件视图界面中间,我们能看到 3 条线。这 3 条线两两相互垂直,位于视图的正中间,这就是大地坐标,如图 2-1 所示。

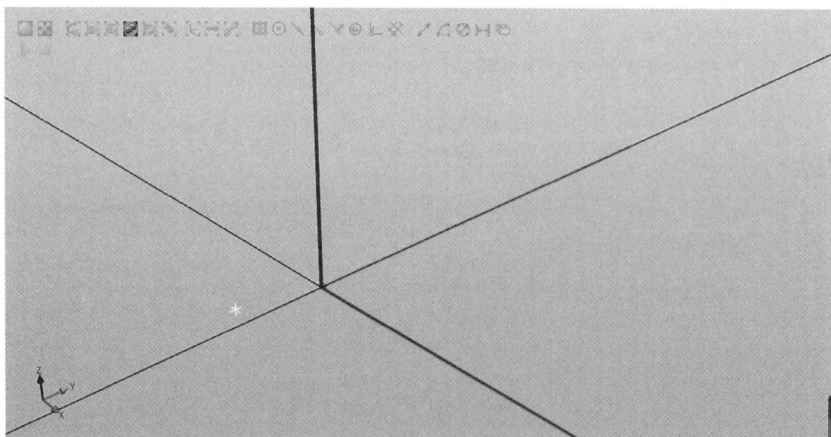

图 2-1

注意:

当机器人固定安装在地上时,大地坐标系与基坐标系是重合的。在 RobotStudio 软件中,由于大地坐标系与基坐标系重合,所有在视图工作站中建立的仿真事件都是以大地坐标系为基准建立的。

二、本地坐标系

1. 定义

本地坐标系是以物体自身位置作为原点，表示物体之间相对位置的一个坐标系，并且会根据物体自身旋转而旋转。

2. 修改本地坐标系

本地坐标系是可以修改的，在操作过程中，为了更加方便地对物体进行操作，可以修改物体的本地坐标系，从而方便快捷地对物体进行各种位置操作。修改本地坐标系的操作步骤如图 2-2—图 2-5 所示。

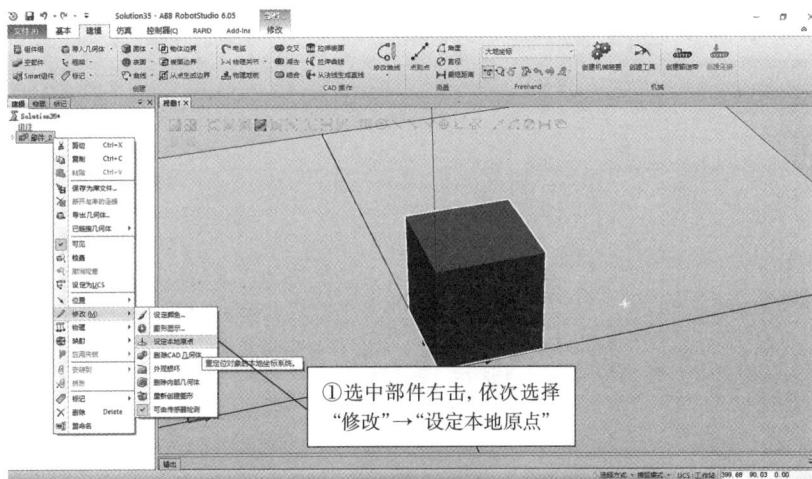

图 2-2

图 2-3

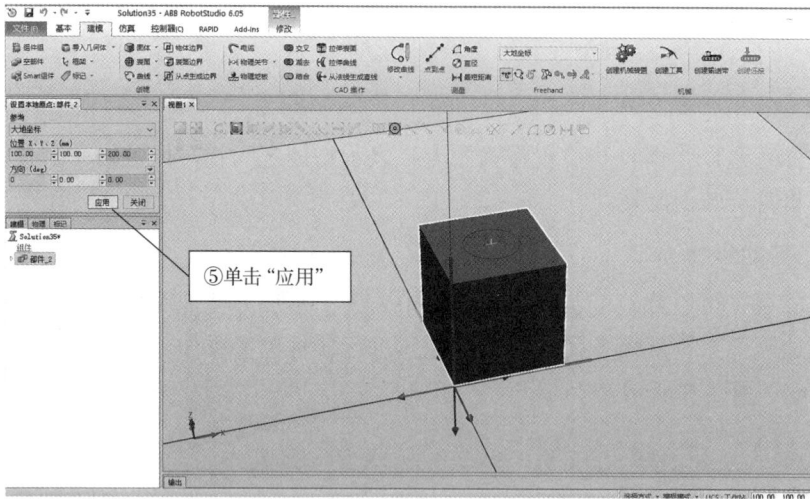

图 2-4

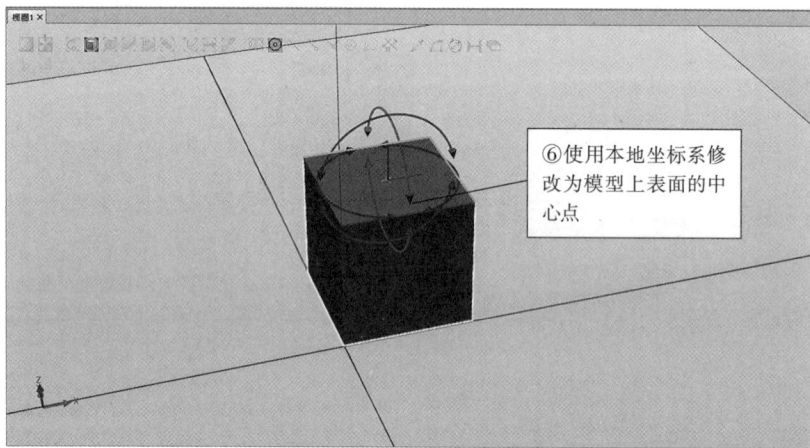

图 2-5

【学习评价】

学习评价表

任务内容	任务要求	分值／分	考核得分／分
大地坐标系与本地坐标系的含义	熟悉大地坐标系与本地坐标系的含义	20	
大地坐标系与本地坐标系的作用	理解大地坐标系与本地坐标系的作用	30	
修改大地坐标系	掌握修改大地坐标系的方法	30	
专业基本素养的养成情况	爱护设备设施，小组团结合作，工位整洁干净	10	
安全操作	遵守机房规定，符合上机实训操作要求	10	

/任务二/　工具坐标系、工件坐标系与目标点

【任务目标】

1. 了解工具坐标系与工件坐标系的作用；
2. 了解目标点的意义；
3. 掌握创建工件坐标系的方法及步骤。

【实践操作】

一、工具坐标系与目标点

在操作面板上，可以看到工业机器人工具末端有一个坐标系，该坐标系就是工具坐标系，如图 2-6 所示。

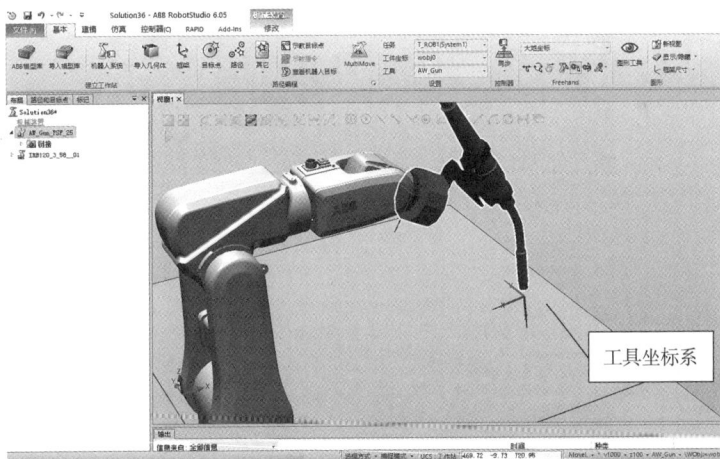

图 2-6

1. 工具坐标系的作用

①方便进行机器人重定位旋转，可以轻松让机器人绕着定义的点进行空间旋转，从而方便地调整机器人到所需姿态。

②更换工具时，只需按照第一个工具的 TCP 设置方法来设置新的 TCP，从而轻松实现轨迹的纠正。

2. 工具坐标系与目标点的关系

工业机器人能运动到目标点的条件是其工具坐标系与目标点的坐标系必须在同一方向上。

二、工件坐标

1. 工件坐标的作用

①建立工件坐标系是方便在机器人运行时，按照建立的坐标系方向做线性运动，而不局限于系统提供的基座坐标系和世界坐标系等固定的坐标系。

②当工作台面与机器人之间的位置发生相对移动时，只需更新工件坐标系即可，无须重新示教机器人轨迹，从而轻松实现轨迹的纠正。

2. 建立工件坐标系的步骤

与真实的工业机器人一样，也需在 RobotStudio 中对工件建立工件坐标系。建立工件坐标系的操作步骤，如图 2-7—图 2-12 所示。

图 2-7

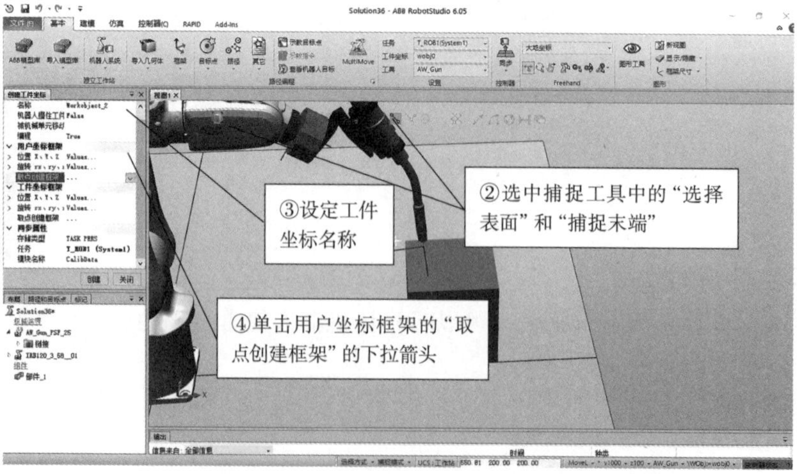

图 2-8

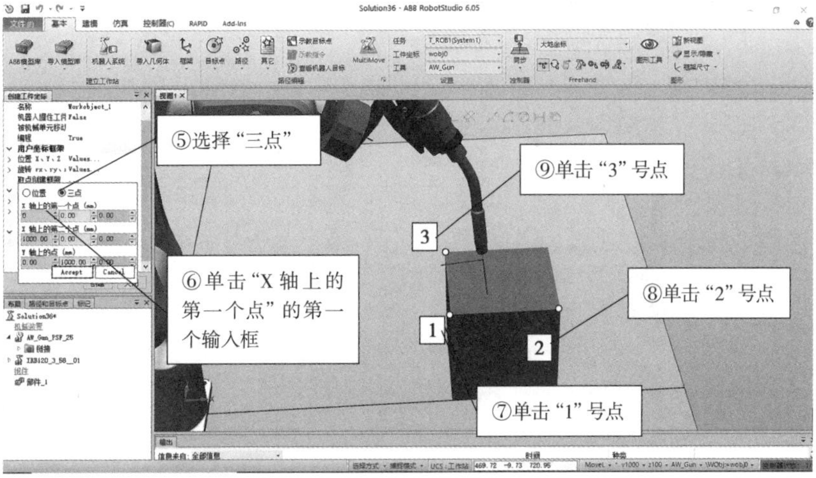

图 2-9

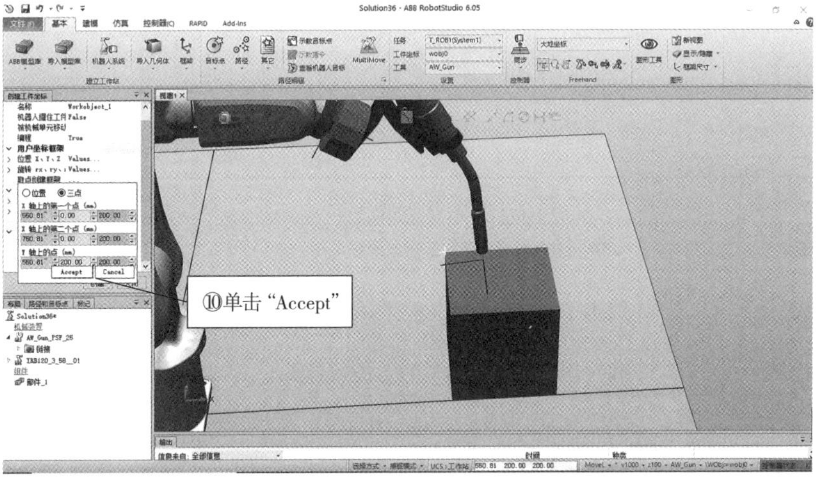

图 2-10

图 2-11

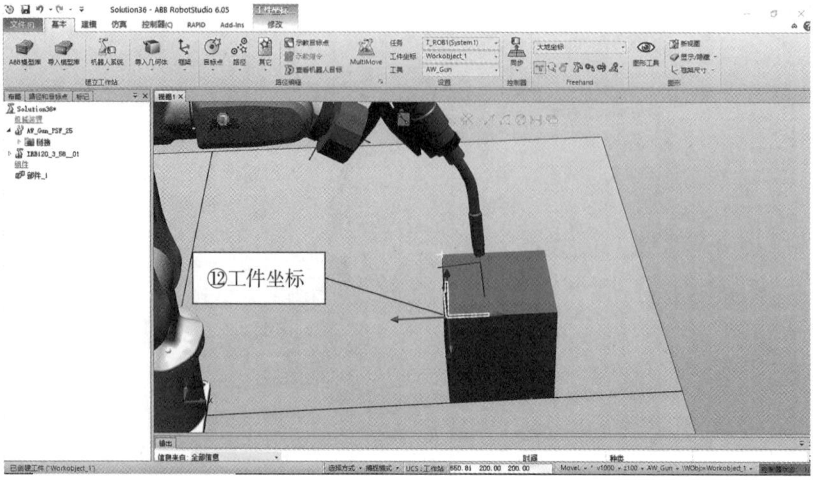

图 2-12

【学习评价】

学习评价表

任务内容	任务要求	分值 / 分	考核得分 / 分
目标点的作用	了解目标点的作用及意义	20	
工具坐标系与工件坐标系的作用	熟悉工具坐标系与工件坐标系的作用	30	
创建工件坐标系	掌握创建工件坐标系的方法及步骤	30	
专业基本素养的养成情况	爱护设备、设施, 小组团结合作, 工位整洁	10	
安全操作	遵守机房规定, 符合上机实训操作要求	10	

项目三｜构建基本仿真工业机器人工作站

项目描述

　　仿真工作站可以帮助我们分析和优化机器人在工作站内的行为。例如，针对不同的任务需求，我们可以优化机器人的运动规划和工作执行，减少机器人的空闲时间，提高工作效率。通过仿真工作站，我们可以利用软件在虚拟环境中进行仿真，从而获得更加合理、经济、有效的配置，有效降低风险。

　　总的来说，仿真工作站对提高机器人工作效率、降低风险以及优化机器人工作行为具有重要作用。

项目要求

　　1.能根据任务要求选取、导入相关模型；

　　2.学会安装工具并合理摆放周边对象；

　　3.学会建立工业机器人系统及其手动操纵模式；

　　4.学会建立工件坐标及创建运动轨迹程序；

　　5.会进行机器人轨迹仿真运行及录制视频。

项目内容

　　任务一　模型的选择和导入、导出

　　任务二　工具的安装与拆除

　　任务三　放置周边对象

　　任务四　创建机器人系统与手动操纵

　　任务五　运动轨迹程序的创建

　　任务六　系统仿真及录制视频

/任务一/　模型的选择和导入、导出

【任务目标】

　　1. 会导入机器人；

　　2. 会导入机器人工具和周边模型；

　　3. 会导入、导出几何体。

【实践操作】

　　在构建工业机器人基本工作站时，先选择和导入模型。在完成工作站的摆放和设置后，我们需要保存工作站，便于随时调用。本任务的目的是学习如何导入机器人和工具，并将工作站中的模型正确导出和保存。

一、导入机器人

　　导入机器人的具体操作，如图 3-1—图 3-3 所示。

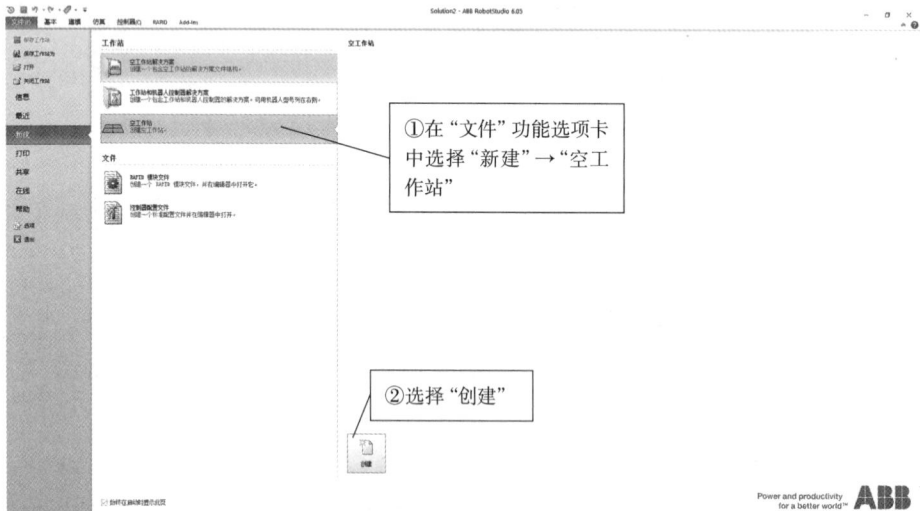

①在"文件"功能选项卡中选择"新建"→"空工作站"

②选择"创建"

图 3-1

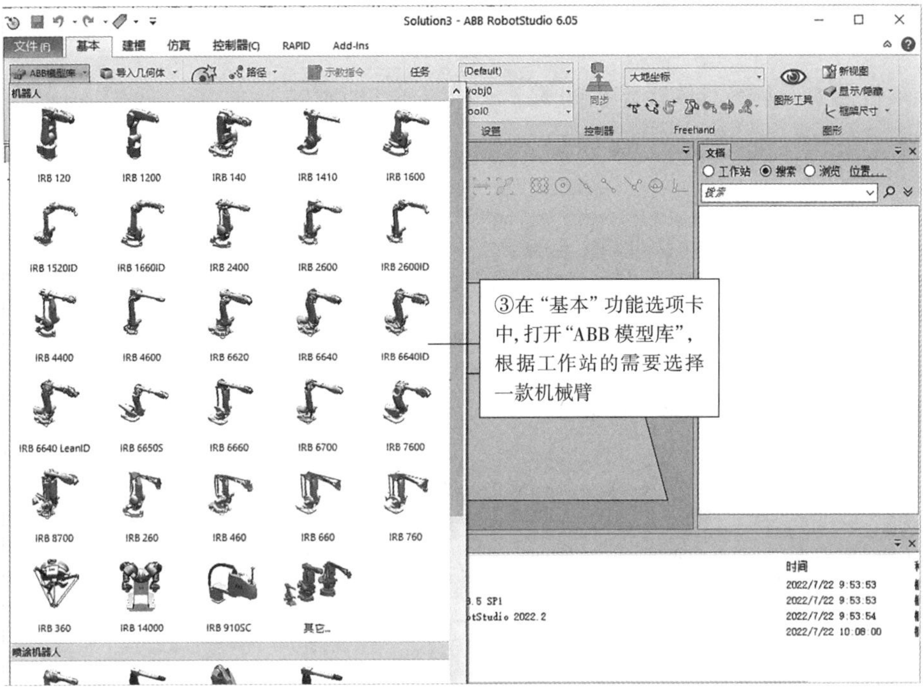
Solution3 - ABB RobotStudio 6.05
③在“基本”功能选项卡中，打开“ABB 模型库”，根据工作站的需要选择一款机械臂
IRB 120
IRB 1200
IRB 140
IRB 1410
IRB 1600
IRB 1520ID
IRB 1660ID
IRB 2400
IRB 2600
IRB 2600ID
IRB 4400
IRB 4600
IRB 6620
IRB 6640
IRB 6640ID
IRB 6640 LeanID
IRB 6650S
IRB 6660
IRB 6700
IRB 7600
IRB 8700
IRB 260
IRB 460
IRB 660
IRB 760
IRB 360
IRB 14000
IRB 910SC
其它...

图 3-2

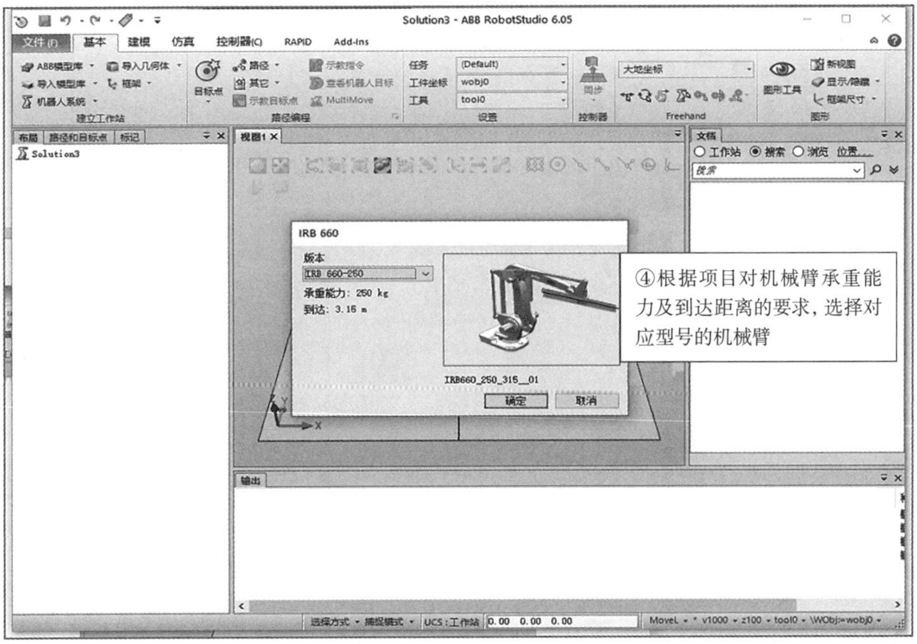
Solution3 - ABB RobotStudio 6.05
IRB 660
版本
IRB 660-250
承重能力：250 kg
到达：3.15 m
IRB660_250_315__01
确定
取消
④根据项目对机械臂承重能力及到达距离的要求，选择对应型号的机械臂

图 3-3

二、导入机器人工具和周边模型

导入机器人工具的具体操作，如图 3-4 和图 3-5 所示。

①在"基本"选项卡中，打开"导入模型库"，单击"设备"，找到"工具"栏，在其中选择一个项目所需的工具

图 3-4

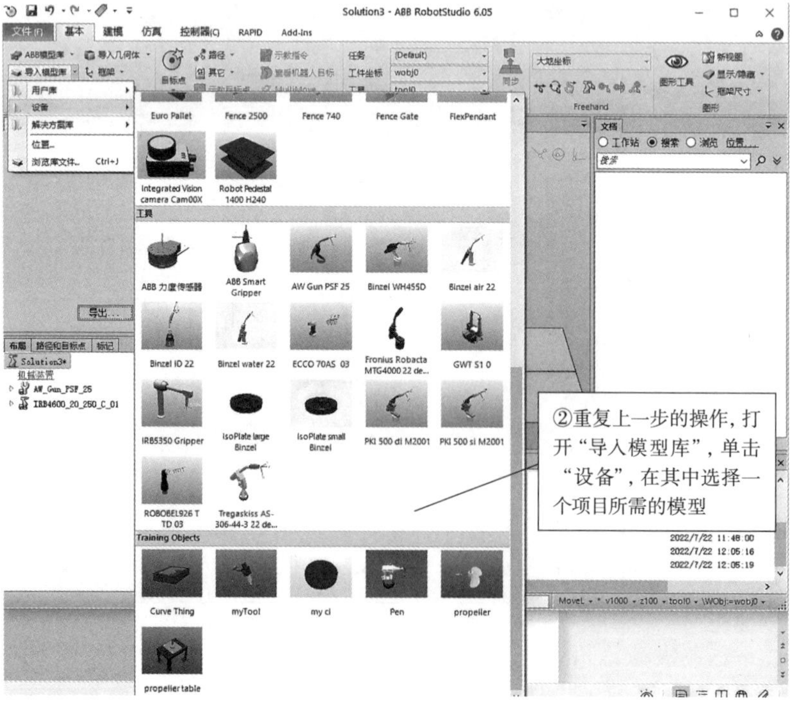

②重复上一步的操作，打开"导入模型库"，单击"设备"，在其中选择一个项目所需的模型

图 3-5

三、导入几何体

导入几何体的具体操作步骤，如图 3-6 和图 3-7 所示。

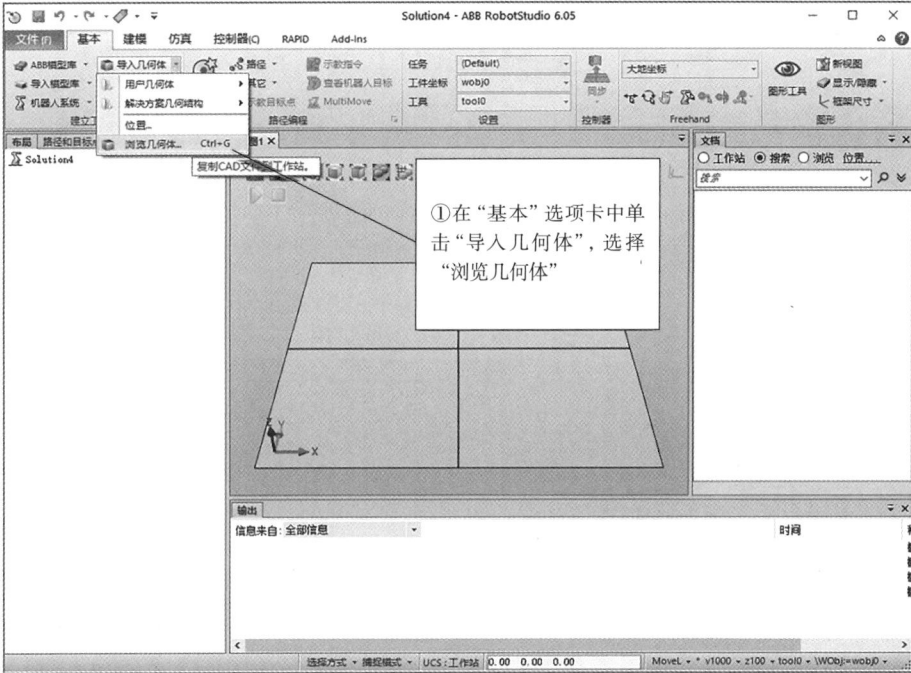

图 3-6

图 3-7

四、导出几何体

导出几何体的具体操作步骤，如图 3-8—图 3-10 所示。

①在"建模"选项卡中，选中模型，用鼠标右键单击要导出的模型文件，单击"导出几何体"

图 3-8

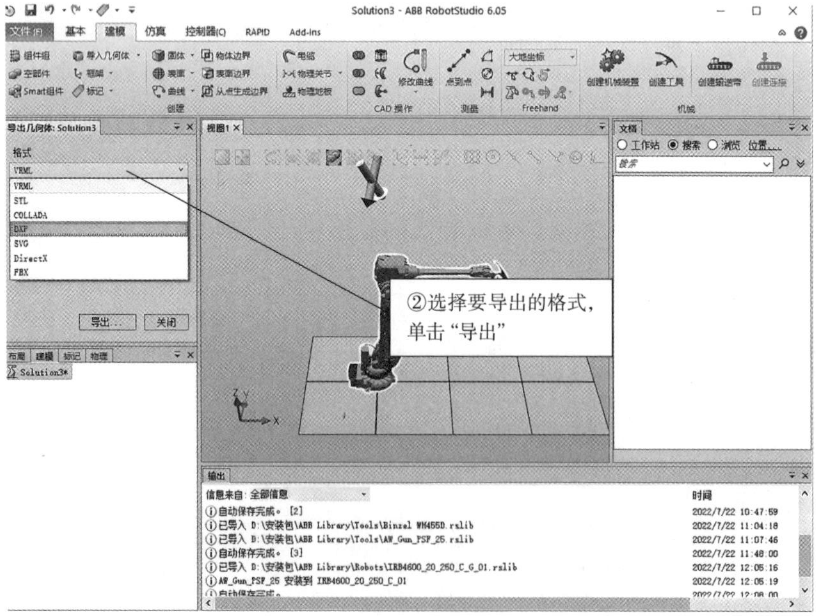

②选择要导出的格式，单击"导出"

图 3-9

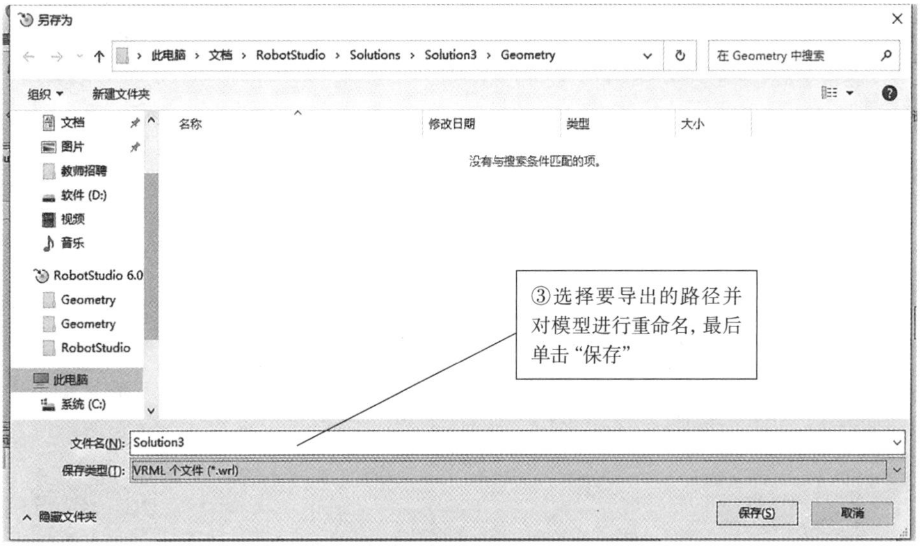

图 3-10

至此，模型的选择、导入、导出就完成了。

【学习评价】

学习评价表

任务内容	任务要求	分值 / 分	考核得分 / 分
选用机器人	会导入机器人	20	
机器人工具及周边模型	会选用机器人工具，会导入周边模型	30	
几何体导入、导出	会导入设备菜单外的几何体，会导出工作站中的几何体	30	
专业基本素养的养成情况	爱护设备设施，小组团结合作，工位整洁	10	
安全操作	遵守机房规定，符合上机实训操作要求	10	

/ 任务二 / 工具的安装与拆除

【任务目标】

1. 掌握工具的安装方法；

2. 掌握工具的拆除方法。

【实践操作】

在使用 RobotStudio 时，为了完成不同的任务，我们通常需要使用不同的工具。因此，需要了解工具的安装与拆除方法。接下来，学习工具的安装与拆除方法。

一、工具的安装

在 RobotStudio 软件中，工具的安装方法有以下两种。

第一种安装方法，如图 3-11—图 3-13 所示。

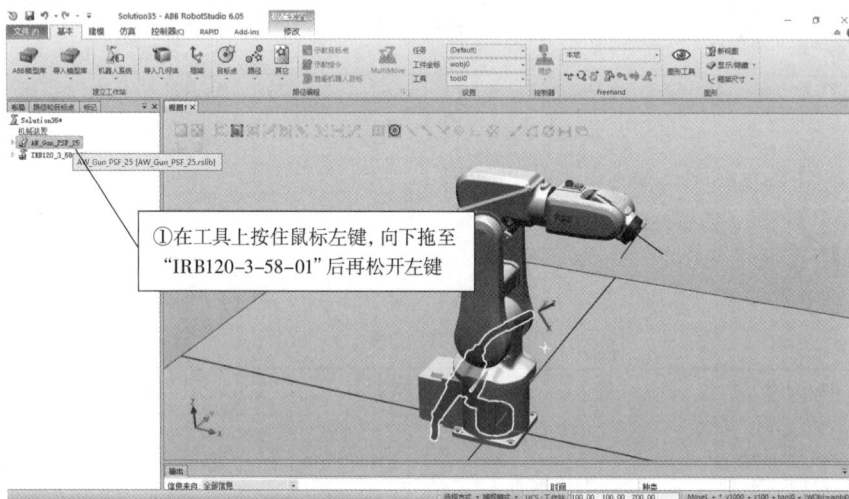

图 3-11

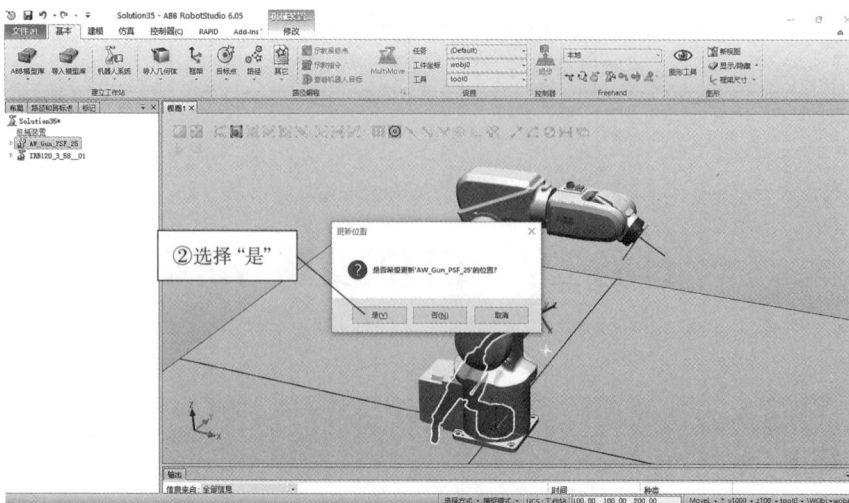

图 3-12

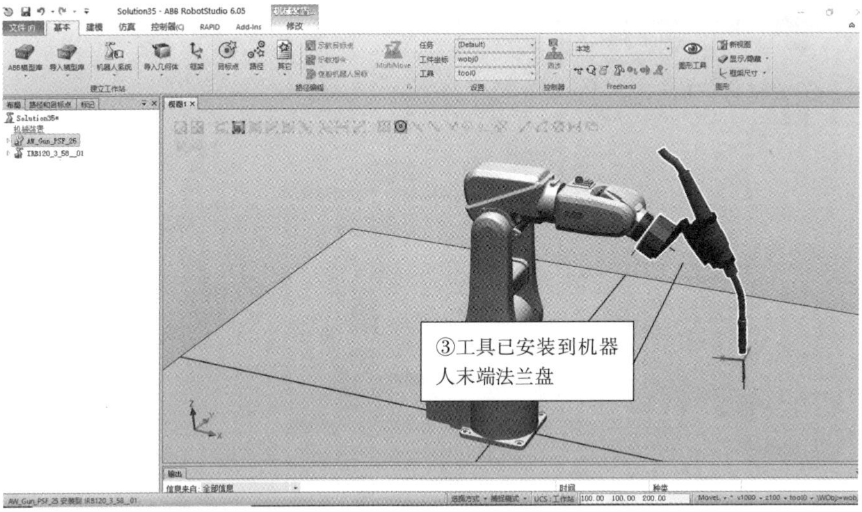

③工具已安装到机器人末端法兰盘

图 3-13

第二种安装方法，如图 3-14 所示。

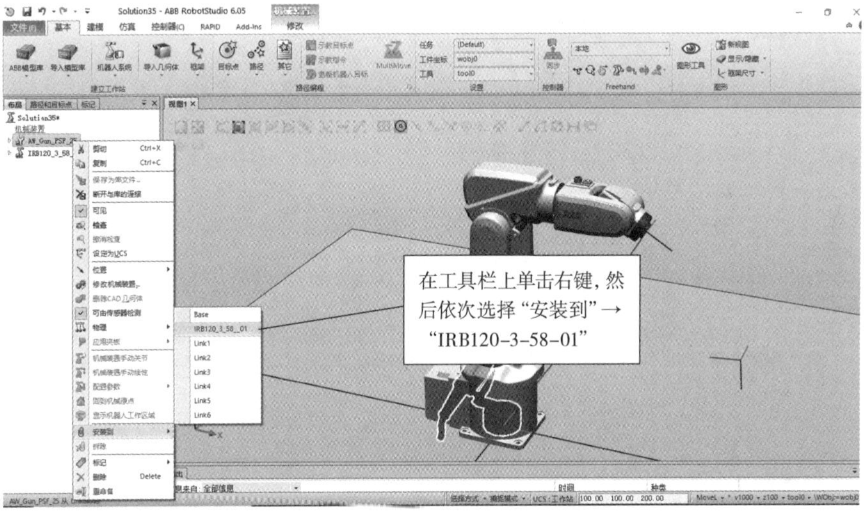

在工具栏上单击右键，然后依次选择"安装到"→"IRB120-3-58-01"

图 3-14

根据图 3-11 和图 3-13 所示的步骤，即可完成工具的安装。

二、工具的拆除

当需要换工具或者用完此工具时，需要拆除工具。工具的拆除操作步骤，如图 3-15—图 3-17 所示。

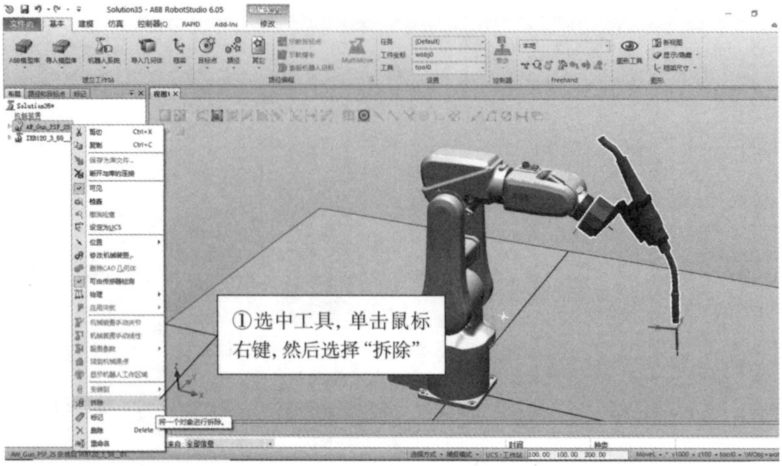

① 选中工具，单击鼠标右键，然后选择"拆除"

图 3-15

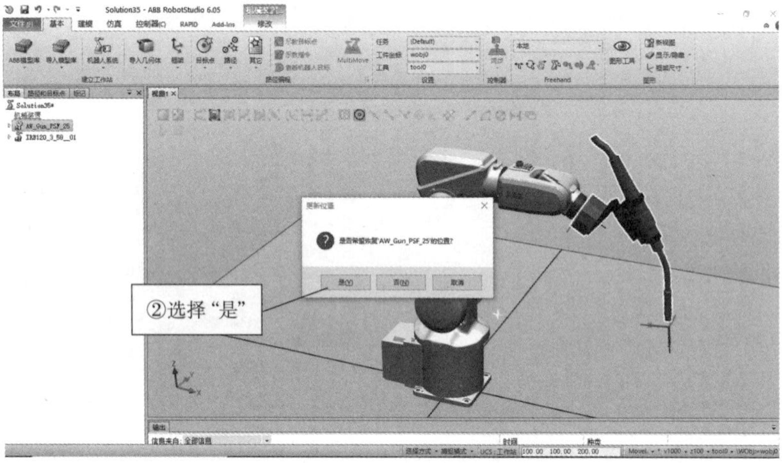

② 选择"是"

图 3-16

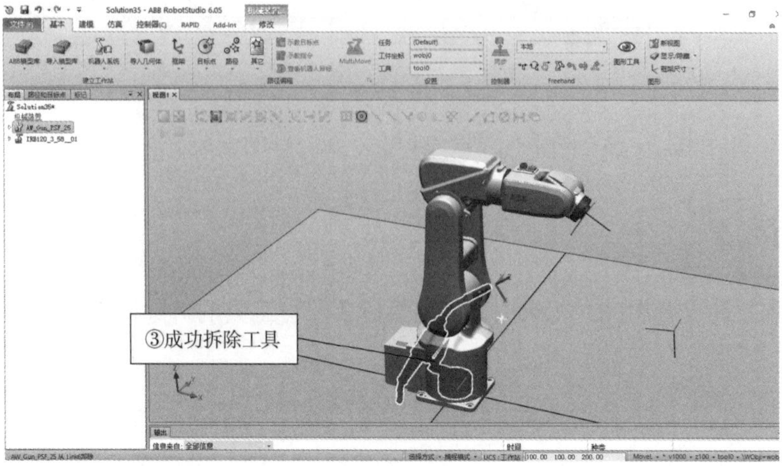

③ 成功拆除工具

图 3-17

【学习评价】

学习评价表

任务内容	任务要求	分值 / 分	考核得分 / 分
工具的安装	熟练掌握工具安装的方法及步骤	30	
工具的拆除	熟练掌握工具拆除的方法及步骤	30	
专业基本素养的养成情况	爱护设备设施，小组团结合作，工位整洁	20	
安全操作	遵守机房规定，符合上机实训操作要求	20	

/任务三/ 放置周边对象

【任务目标】

1. 学会放置工业机器人周边模型；
2. 学会工业机器人工作站的合理布局。

【实践操作】

无论是工作站仿真还是机器人编程，很多时候都需要使用各种模型。在编程和仿真前，我们需要将模型按照真实环境摆放好位置。如果虚拟模型的摆放位置与真实环境的位置差异较大，将直接影响后期的轨迹和仿真效果。机器人周边模型放置步骤如图 3-18 -图 3-20 所示。

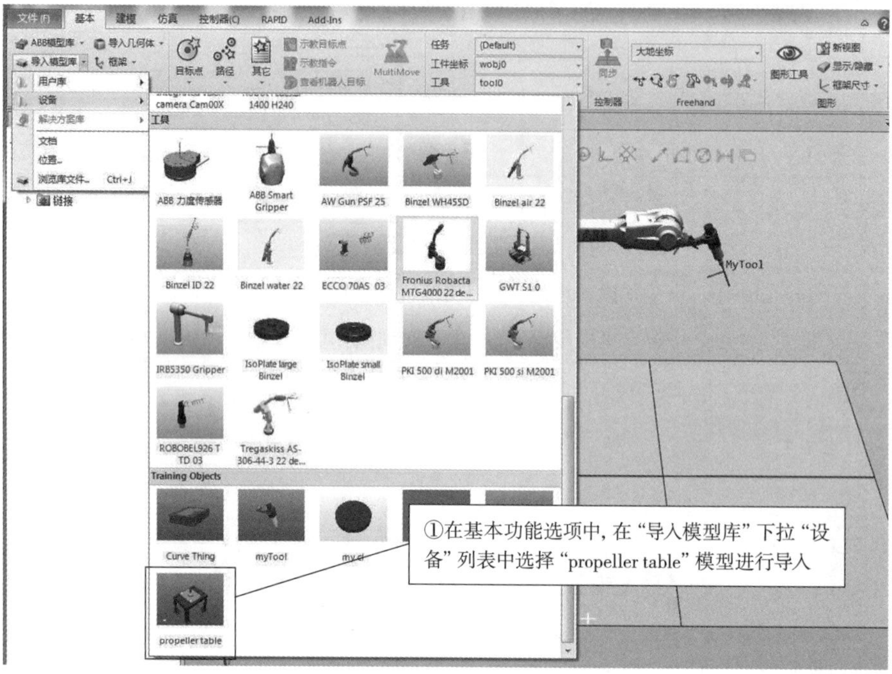

①在基本功能选项中，在"导入模型库"下拉"设备"列表中选择"propeller table"模型进行导入

图 3-18

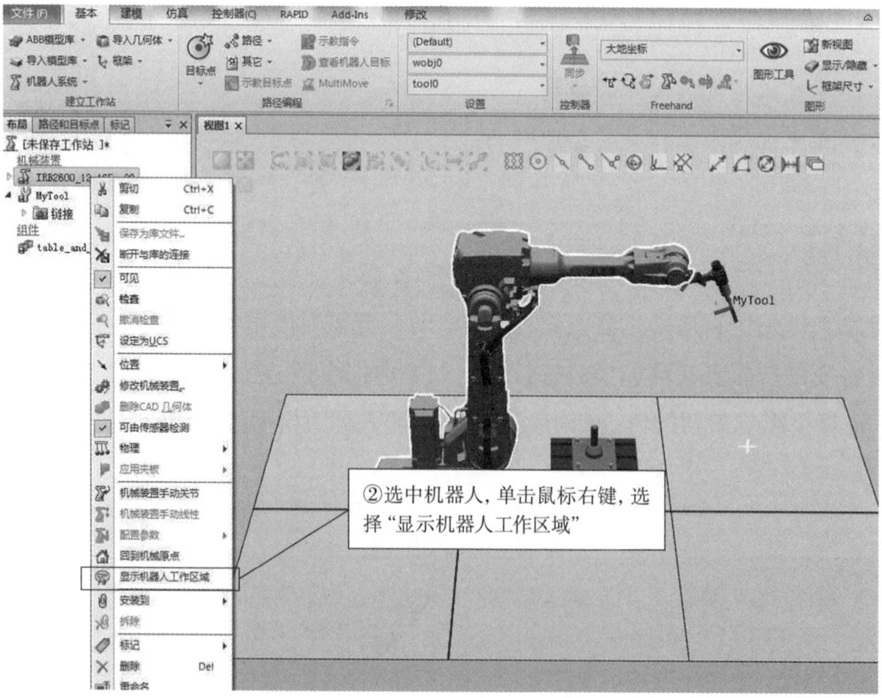

②选中机器人，单击鼠标右键，选择"显示机器人工作区域"

图 3-19

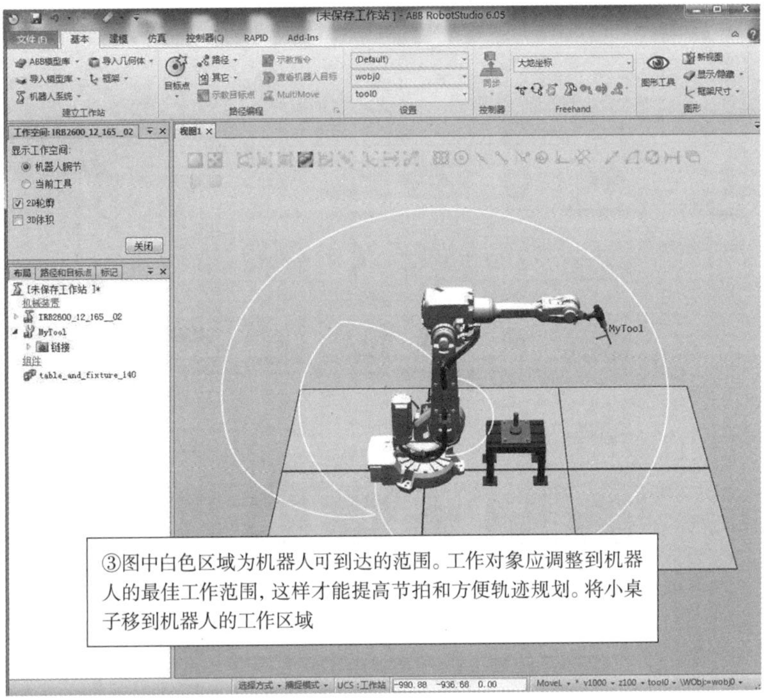

图 3-20

移动对象，可使用"Freehand"工具栏功能，如图 3-21—图 3-27 所示。

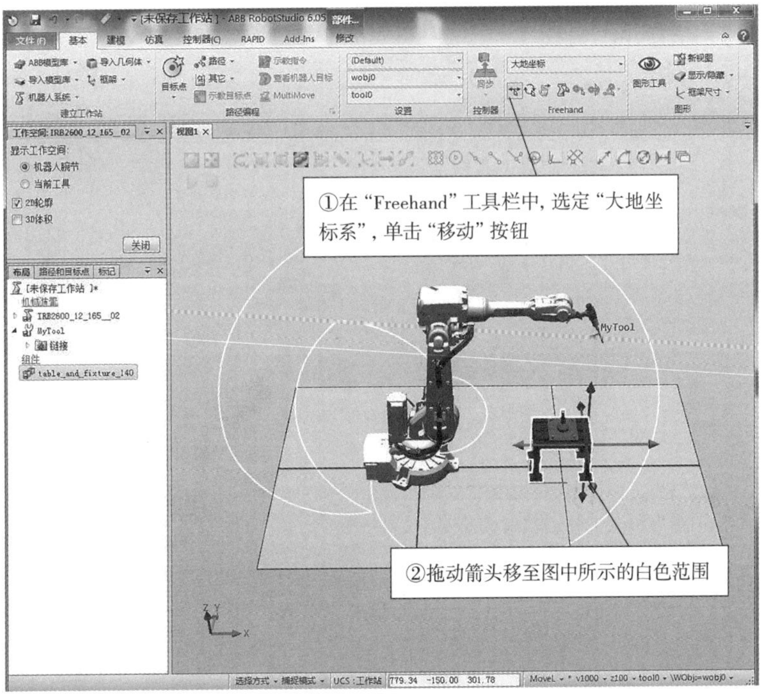

图 3-21

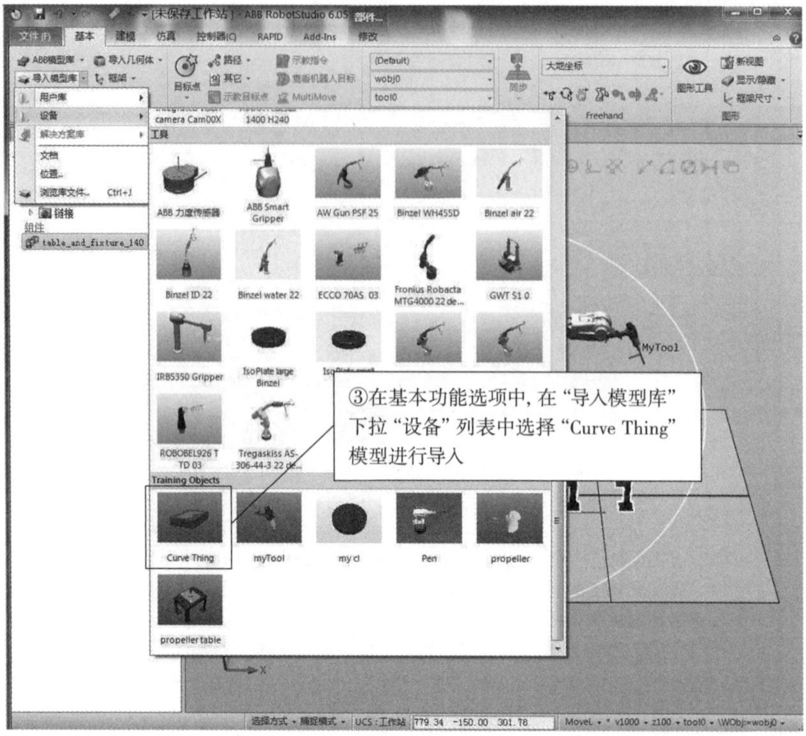
③在基本功能选项中，在“导入模型库”下拉“设备”列表中选择“Curve Thing”模型进行导入

图 3-22

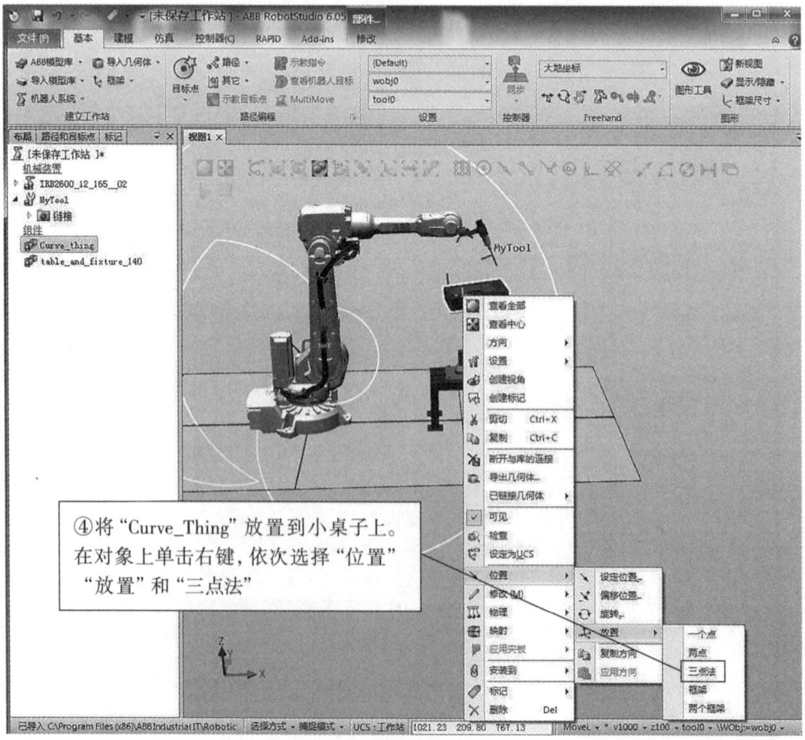
④将“Curve_Thing”放置到小桌子上。在对象上单击右键，依次选择“位置”“放置”和“三点法”

图 3-23

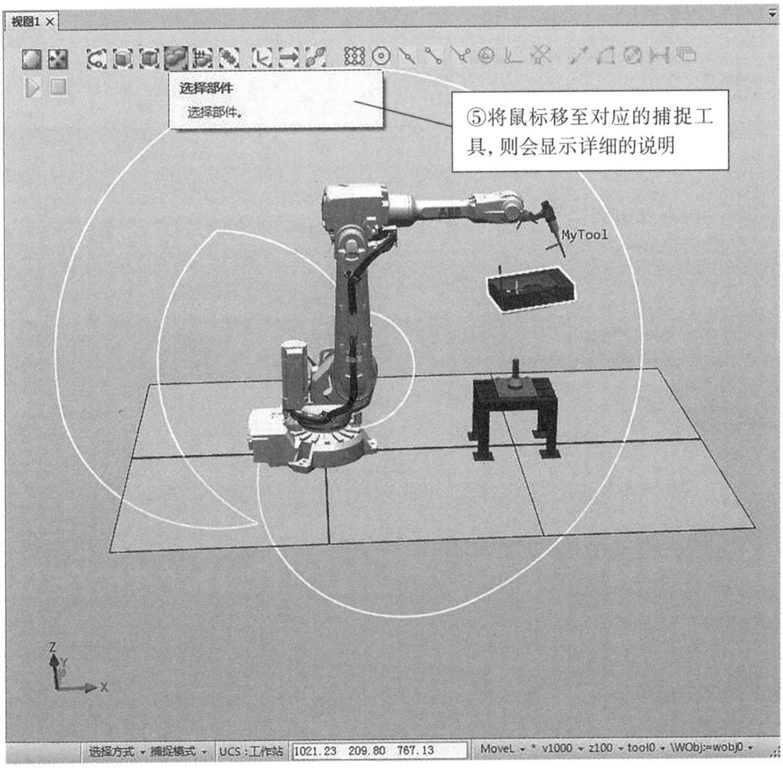
选择部件
选择部件。
⑤将鼠标移至对应的捕捉工具，则会显示详细的说明
MyTool

图 3-24

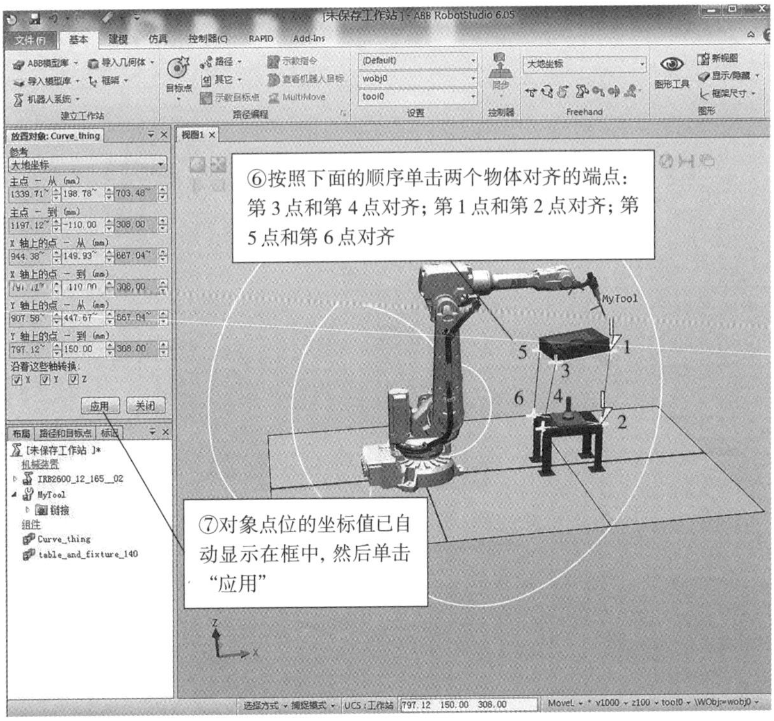
⑥按照下面的顺序单击两个物体对齐的端点：第3点和第4点对齐；第1点和第2点对齐；第5点和第6点对齐
⑦对象点位的坐标值已自动显示在框中，然后单击“应用”
MyTool

图 3-25

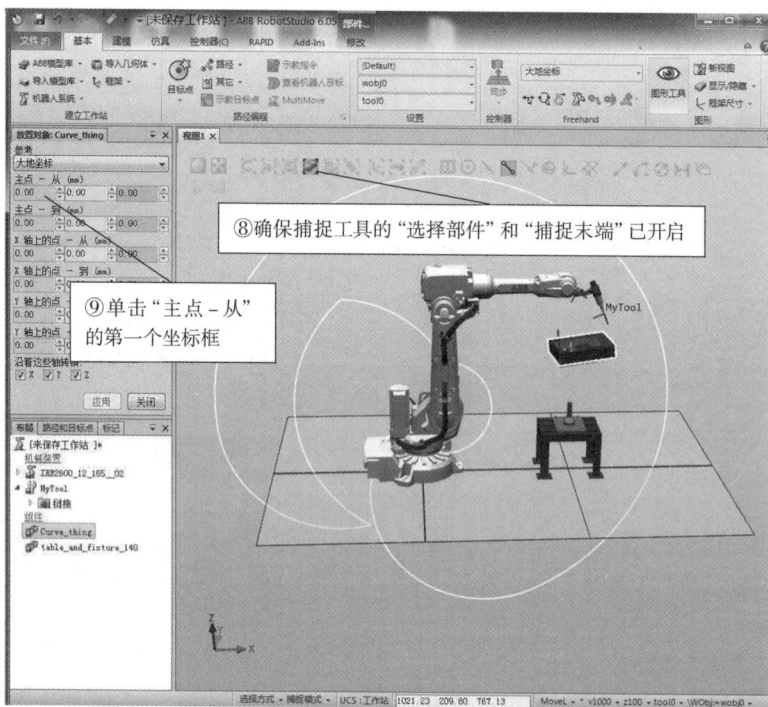

图 3-26

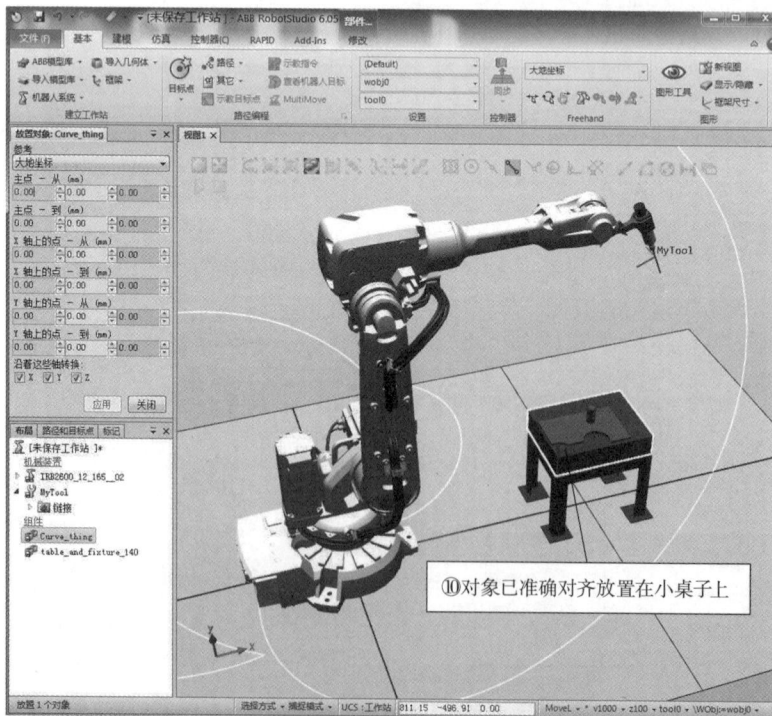

图 3-27

注意：

放置周边模型时需注意以下 4 点：

①放置模型时，如果工业机器人要在模型上加工运行，则不得把部件放置在机器人工作区域之外。

②在捕捉位置前，需先开启"选择部件"和"捕捉末端"。

③单击"主点–从"的第一个坐标框后，先捕捉部件上的第 1 个点，避免单击其他地方，以免捕捉错误。若误操作，将导致捕捉位置出错，只需再单击一次"主点–从"的第一个坐标框，重新进行捕捉即可。

④使用"三点法"捕捉位置时，单击两个部件的地方必须互相对应，以免出错。

/任务四/　创建机器人系统与手动操纵

【任务目标】

1. 学会创建工业机器人控制系统；
2. 学会工业机器人的手动操纵模式。

【实践操作】

一、创建工业机器人控制系统

创建工业机器人控制系统，具体步骤如图 3-28—图 3-33 所示。

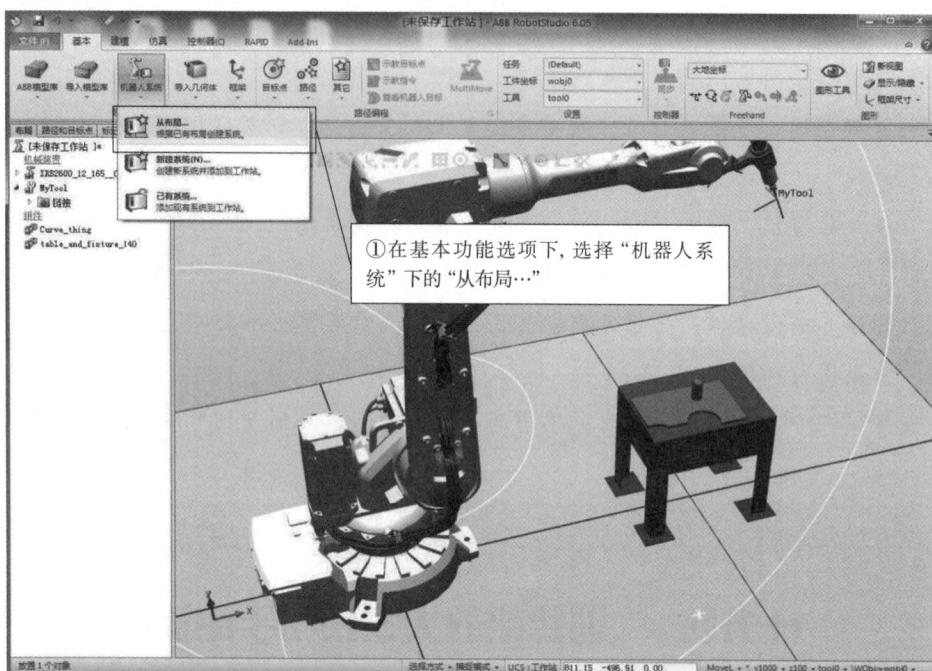

图 3-28

①在基本功能选项下,选择"机器人系统"下的"从布局…"

图 3-29

②当设置好名称和位置后,单击"下一个"按钮

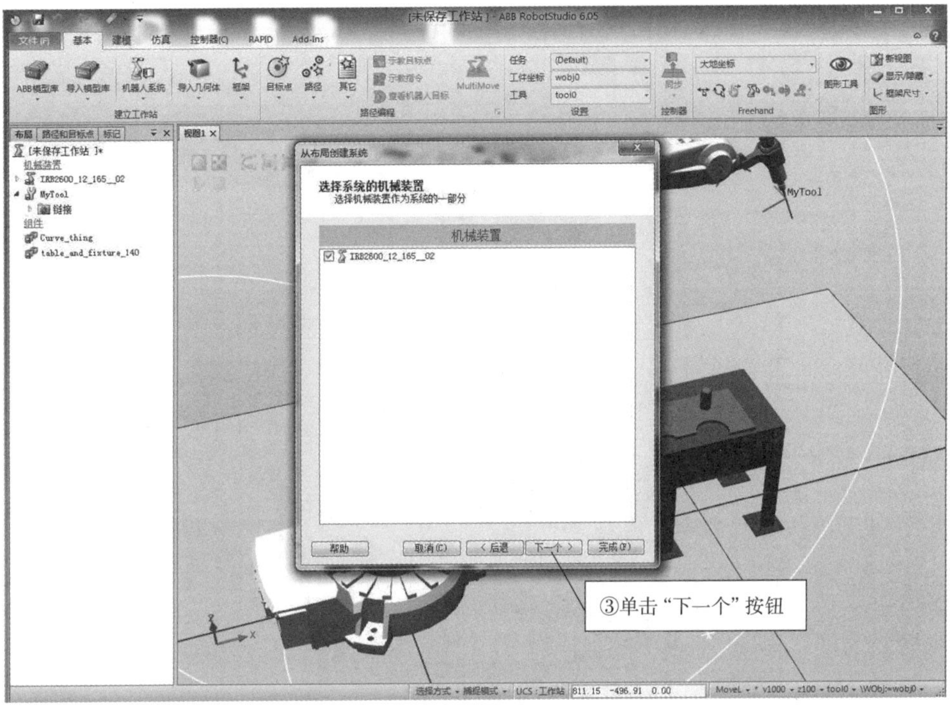
[未保存工作站] - ABB RobotStudio 6.05
从布局创建系统
选择系统的机械装置
选择机械装置作为系统的一部分
机械装置
IRB2600_12_165__02
帮助
取消(C)
< 后退
下一个 >
完成(F)
③单击“下一个”按钮
MyTool

图 3-30

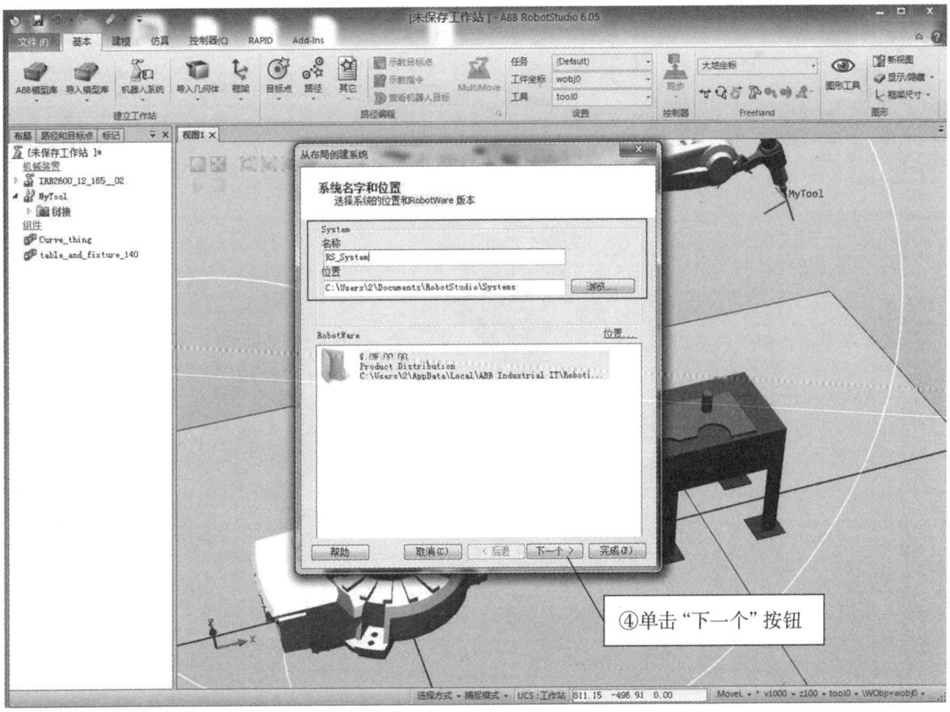
[未保存工作站] - ABB RobotStudio 6.05
从布局创建系统
系统名字和位置
选择系统的位置和RobotWare 版本
System
名称
RS_System
位置
C:\Users\2\Documents\RobotStudio\Systems
浏览...
RobotWare
位置...
Product Distribution
帮助
取消(C)
< 后退
下一个 >
完成(F)
④单击“下一个”按钮
MyTool

图 3-31

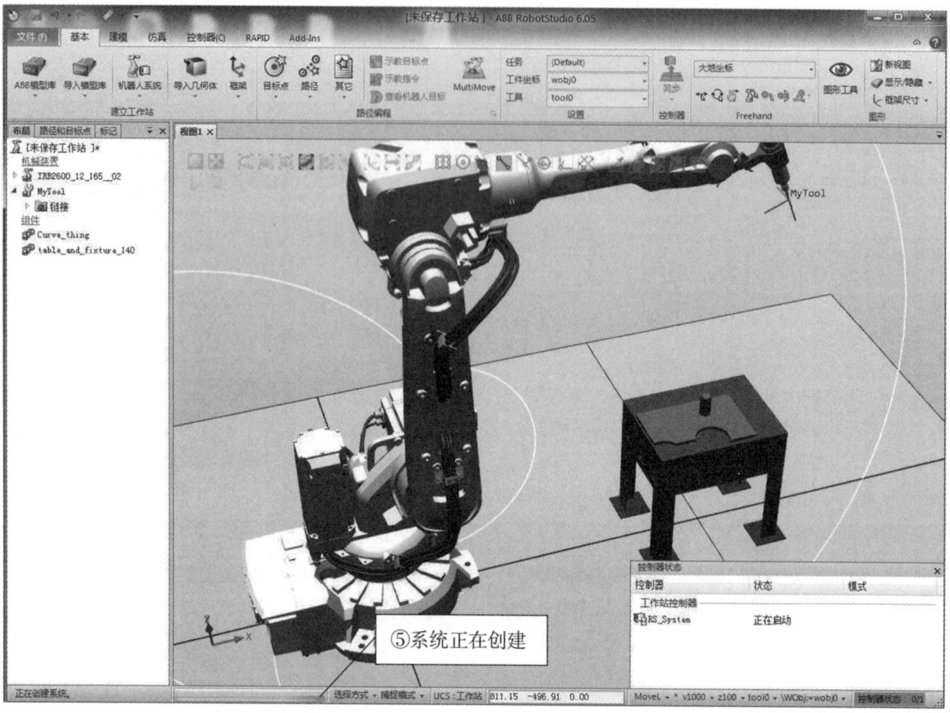
[未保存工作站] - ABB RobotStudio 6.05
文件(F)
基本
建模
仿真
控制器(C)
RAPID
Add-Ins
ABB模型库
导入模型库
机器人系统
导入几何体
框架
目标点
路径
其它
MultiMove
任务
工件坐标
工具
(Default)
wobj0
tool0
设置
同步
控制器
大地坐标
Freehand
图形工具
新视图
显示/隐藏
框架尺寸
图形
布局
路径和目标点
标记
视图1
[未保存工作站]*
机械装置
IRB2600_12_165__02
MyTool
链接
组件
Curve_thing
table_and_fixture_140
控制器状态
控制器
状态
模式
工作站控制器
RS_System
正在启动
⑤系统正在创建
正在创建系统。

图 3-32

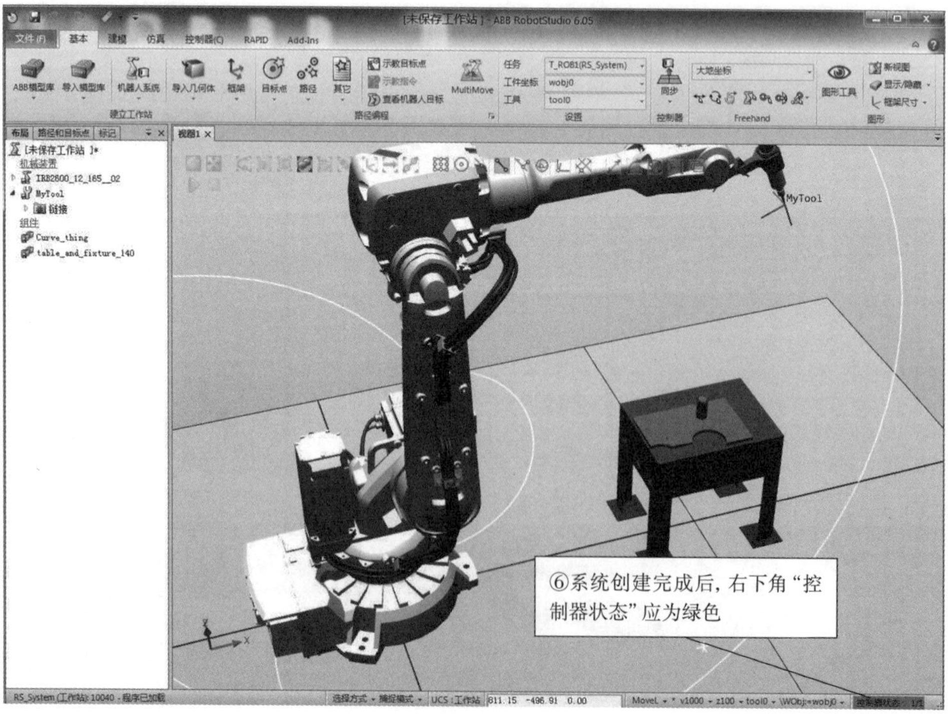
[未保存工作站] - ABB RobotStudio 6.05
文件(F)
基本
建模
仿真
控制器(C)
RAPID
Add-Ins
ABB模型库
导入模型库
机器人系统
导入几何体
框架
目标点
路径
其它
MultiMove
任务
工件坐标
工具
T_ROB1(RS_System)
wobj0
tool0
设置
同步
控制器
大地坐标
Freehand
图形工具
新视图
显示/隐藏
框架尺寸
图形
布局
路径和目标点
标记
视图1
[未保存工作站]*
机械装置
IRB2600_12_165__02
MyTool
链接
组件
Curve_thing
table_and_fixture_140
⑥系统创建完成后，右下角“控
制器状态”应为绿色

图 3-33

二、工业机器人的手动操纵

在 RobotStudio 中，可以让机器人进行手动运动并到达你需要的位置。手动操纵分为 3 种：手动关节、手动线性和手动重定位。手动操纵方式可通过直接拖动和精确手动来实现。

1. 直接拖动

（1）手动关节

手动关节运动是直接拖动机器人关节使其运动的。在创建好的机器人系统中，选择 "Freehand" 选项框中的第四项 "手动关节"，鼠标点按机器人的关节不放，移动鼠标，即可使关节运动。具体操作步骤如图 3-34 所示。

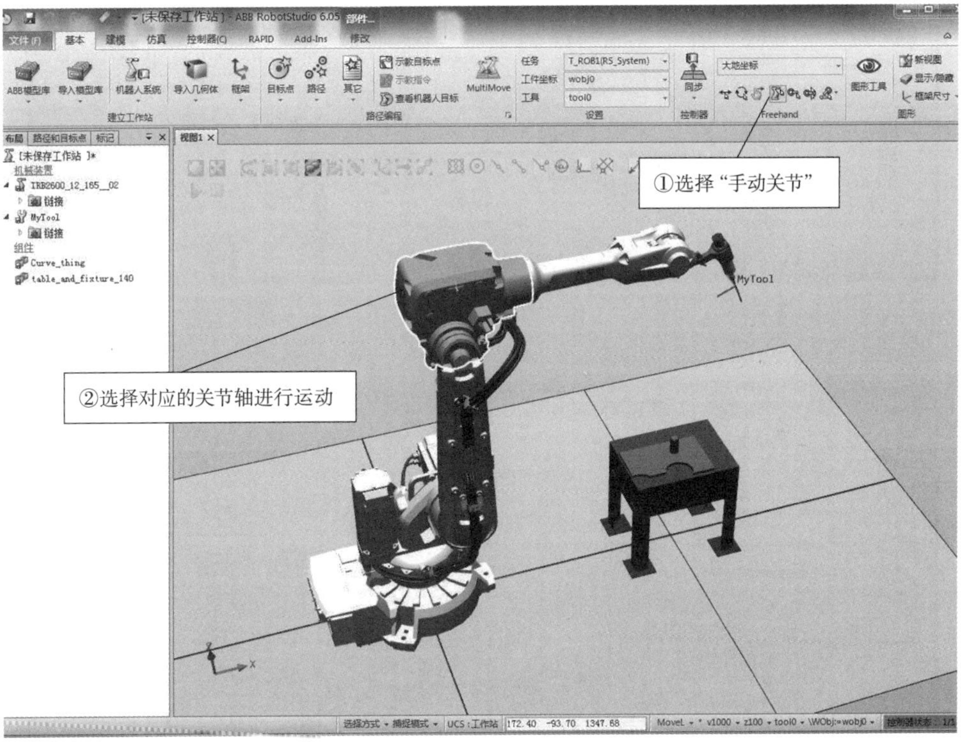

图 3-34

（2）手动线性

"设置" 工具栏中的 "工具" 为 "MyTool"，选择 "Freehand" 选项框中的第五项 "手动线性"，机器人末端出现 3 条坐标轴：拖动坐标轴，机器人即可做线性移动。具体操作步骤如图 3-35 所示。

（3）手动重定位

选中 "Freehand" 选项框中的第六项 "手动重定位"，机器人末端出现球状圆弧线，用鼠标单击圆弧线并拖动，机器人末端绕着定点运动。具体操作步骤如图 3-36 所示。

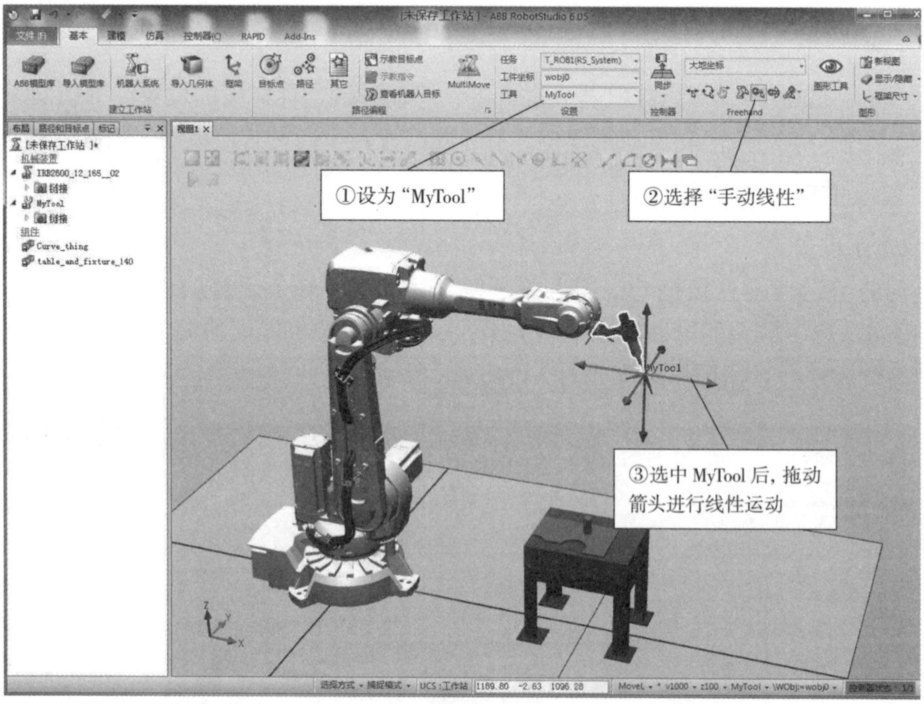
①设为“MyTool”
②选择“手动线性”
③选中 MyTool 后，拖动箭头进行线性运动

图 3-35

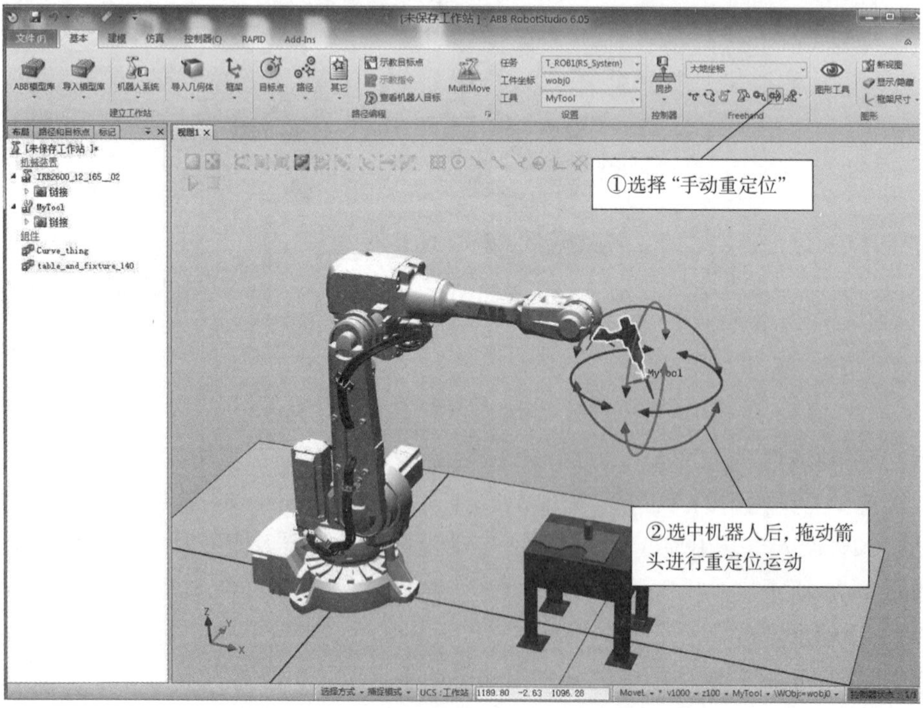
①选择“手动重定位”
②选中机器人后，拖动箭头进行重定位运动

图 3-36

2. 精确手动

精确手动的操作步骤，如图 3-37—图 3-42 所示。

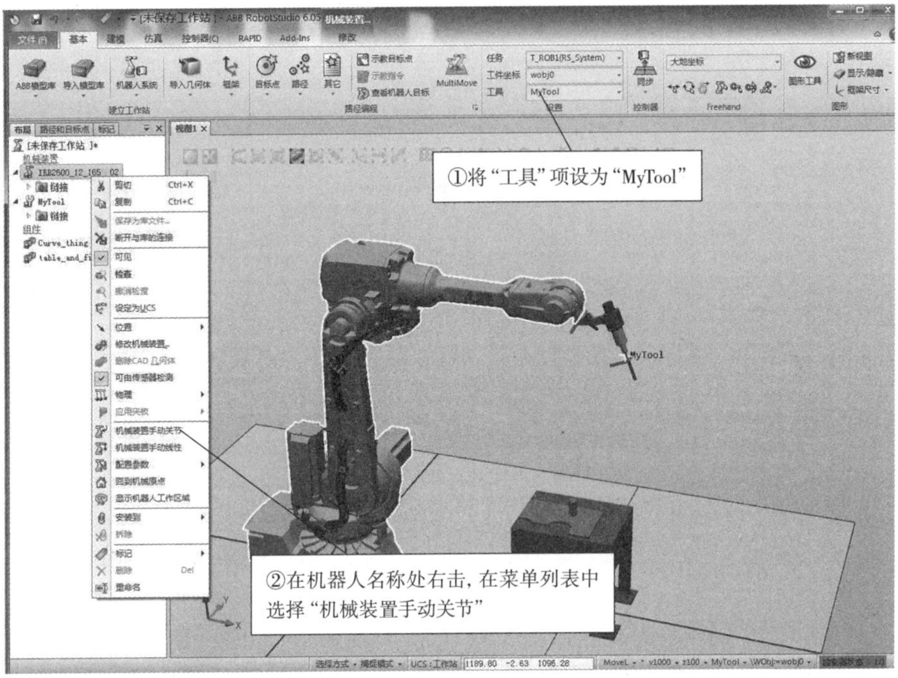

图 3-37

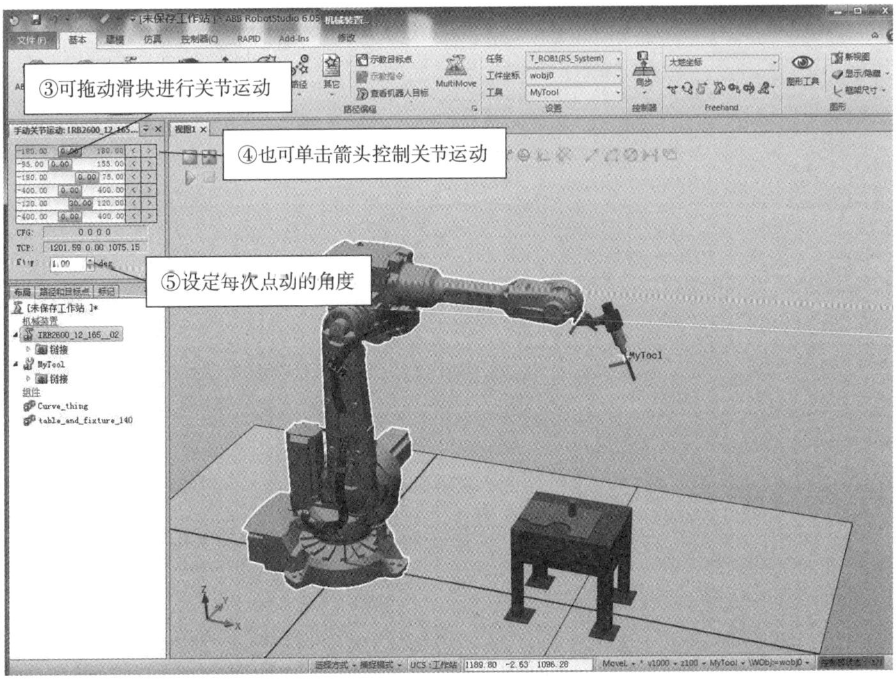

图 3-38

⑥在机器人名称处右击，在菜单列表中选择"机械装置手动线性"

图 3-39

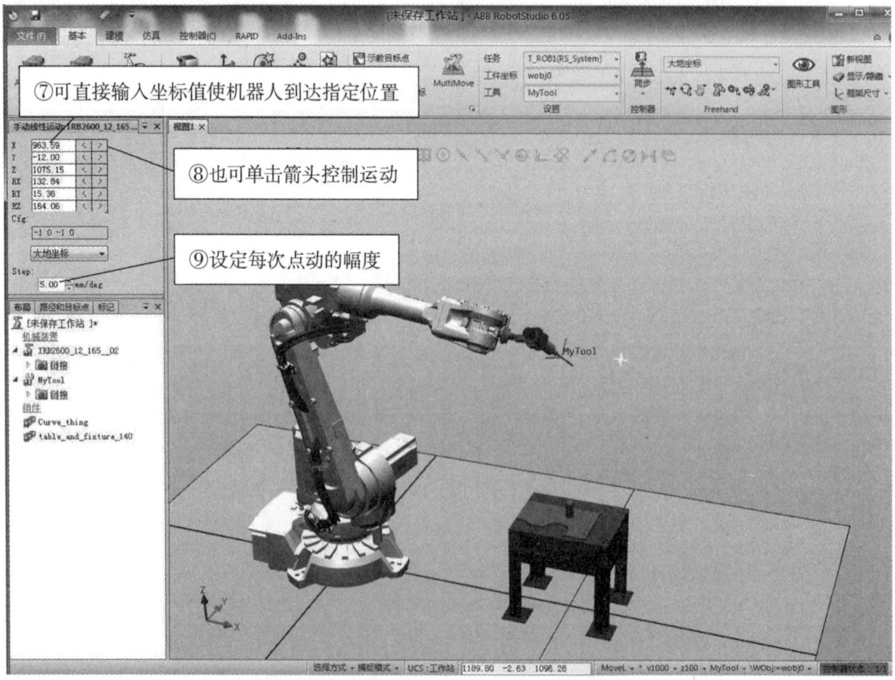

⑦可直接输入坐标值使机器人到达指定位置

⑧也可单击箭头控制运动

⑨设定每次点动的幅度

图 3-40

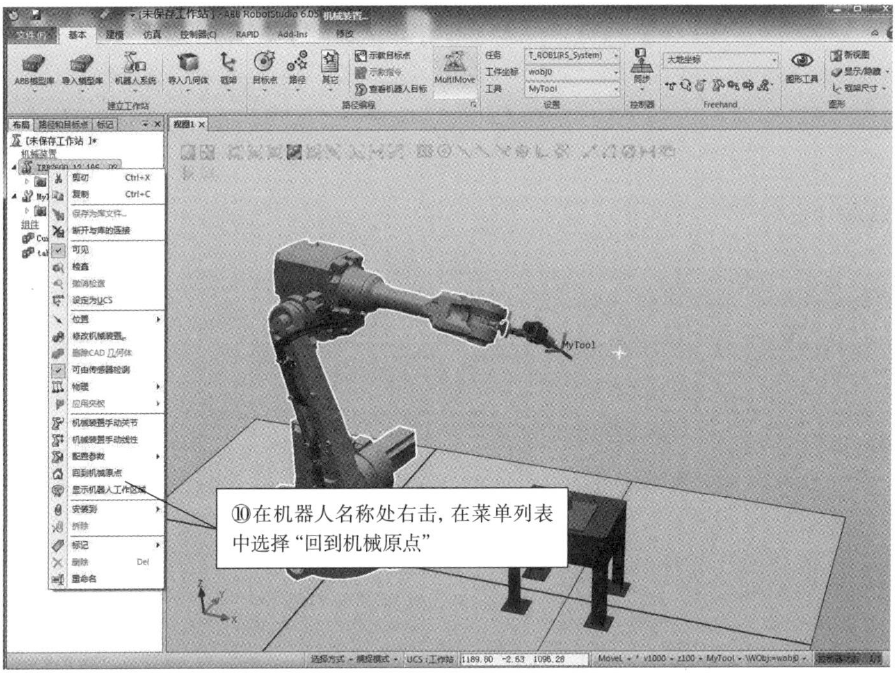

图 3-41

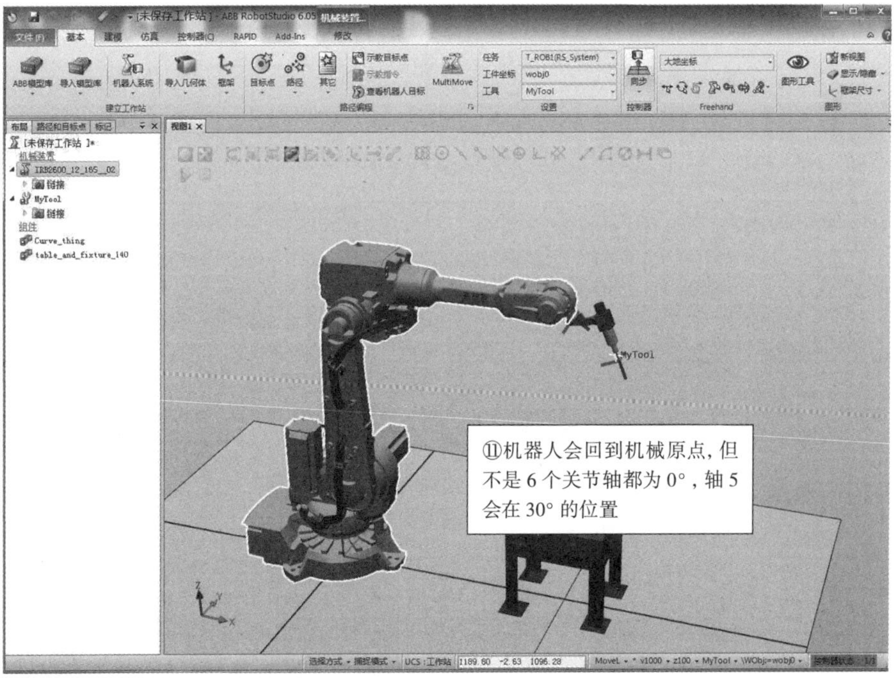

图 3-42

/任务五/ 运动轨迹程序的创建

【任务目标】

1. 会创建工业机器人工件坐标系；
2. 会创建工业机器人运动轨迹程序。

【实践操作】

一、创建工业机器人工件坐标系

在实际编程操作过程中，工件坐标系主要起两个作用：一是方便用户以工件平面为参考，手动操纵机器人。二是当机器人和工件相对位置发生变化后，通过重新定义工件坐标，机器人即可正常作业，无须对机器人重新进行示教，特别是在某道工序中示教点较多的情况下，显得尤为重要。

创建工业机器人工件坐标系的具体操作步骤如图 3-43—图 3-48 所示。

图 3-43

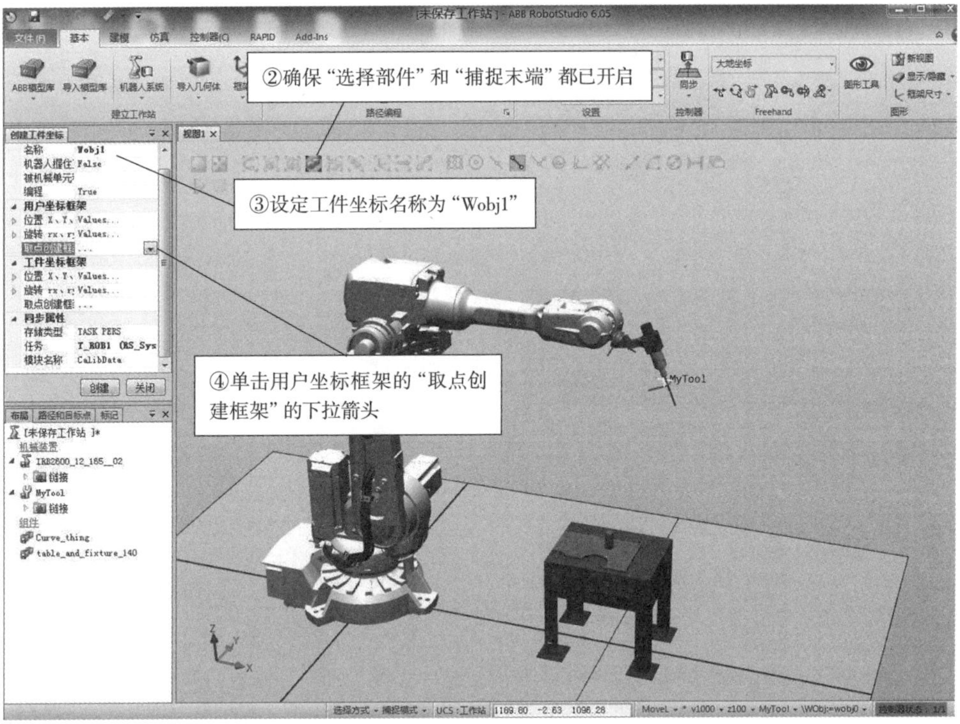
②确保“选择部件”和“捕捉末端”都已开启
③设定工件坐标名称为“Wobj1”
④单击用户坐标框架的“取点创建框架”的下拉箭头

图 3-44

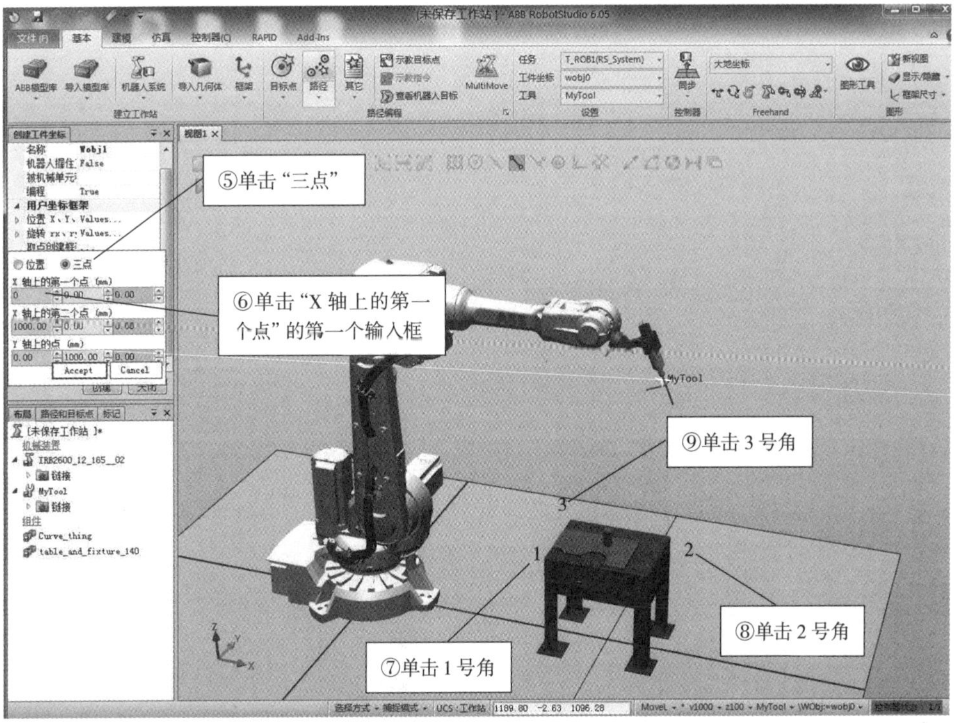
⑤单击“三点”
⑥单击“X 轴上的第一个点”的第一个输入框
⑨单击 3 号角
⑧单击 2 号角
⑦单击 1 号角

图 3-45

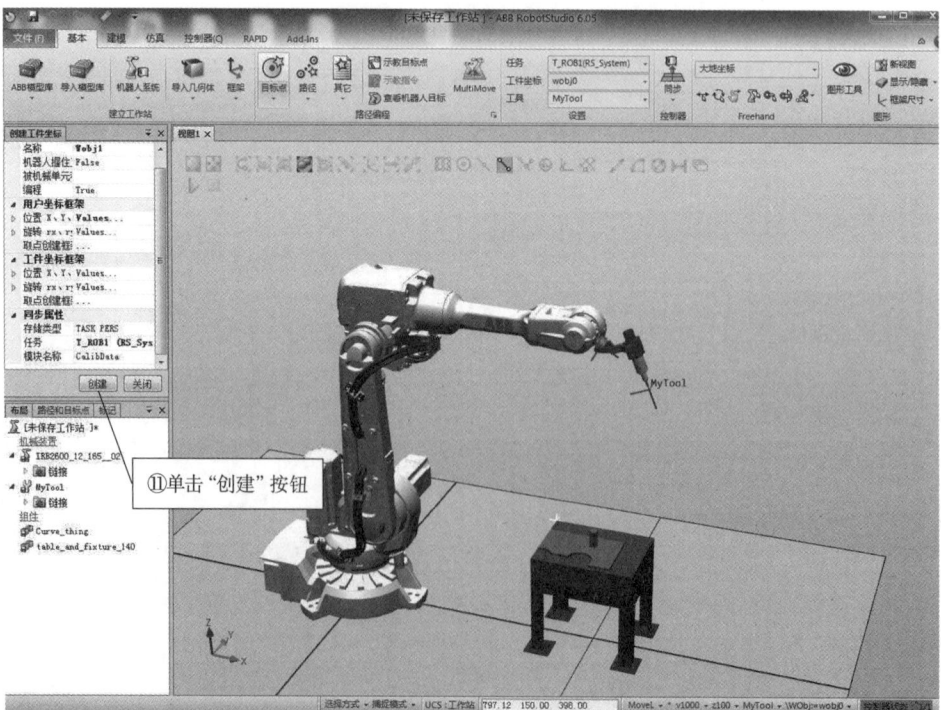

图 3-46

图 3-47

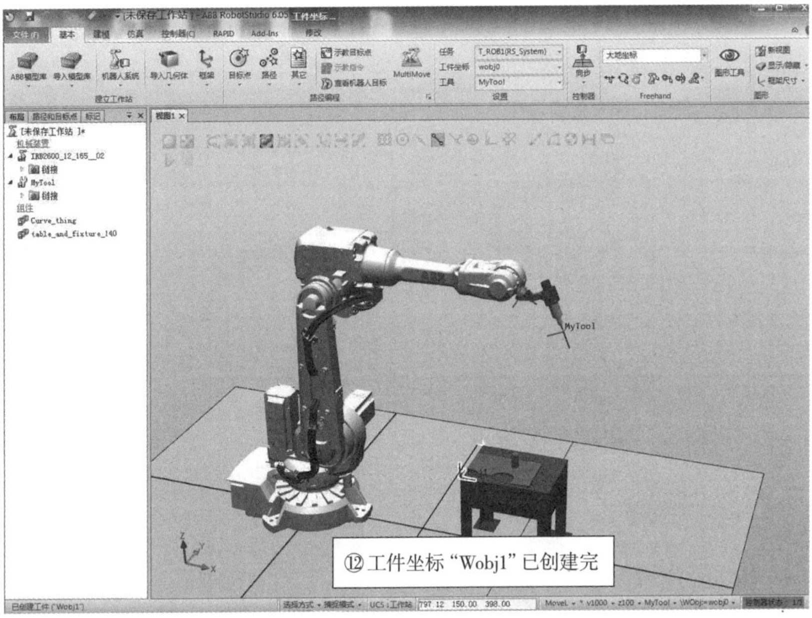

图 3-48

二、创建工业机器人运动轨迹程序

在 RobotStudio 中的工业机器人与真实机器人一样，也是通过 RAPID 程序指令控制运动轨迹。生成的轨迹程序经过后处理后可下载到真实的机器人中运行。生成轨迹的具体操作步骤如图 3-49—图 3-62 所示。

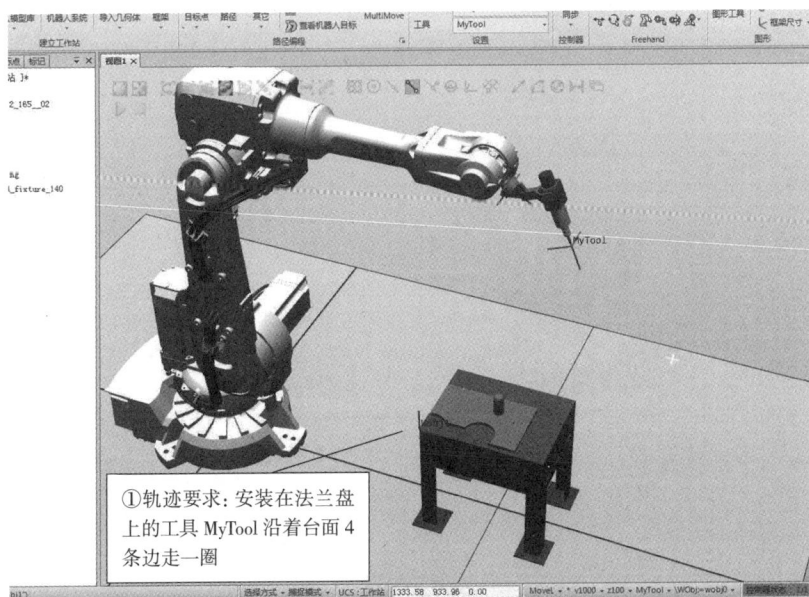

图 3-49

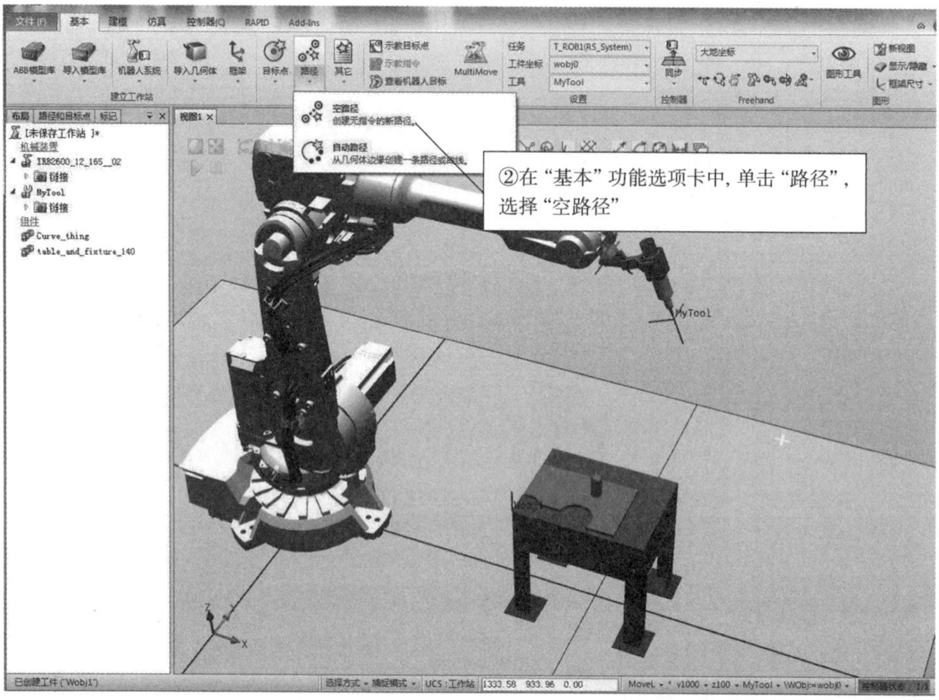
空路径
创建无指令的新路径。
自动路径
从几何体边缘创建一条路径或曲线。
②在“基本”功能选项卡中，单击“路径”，选择“空路径”

图 3-50

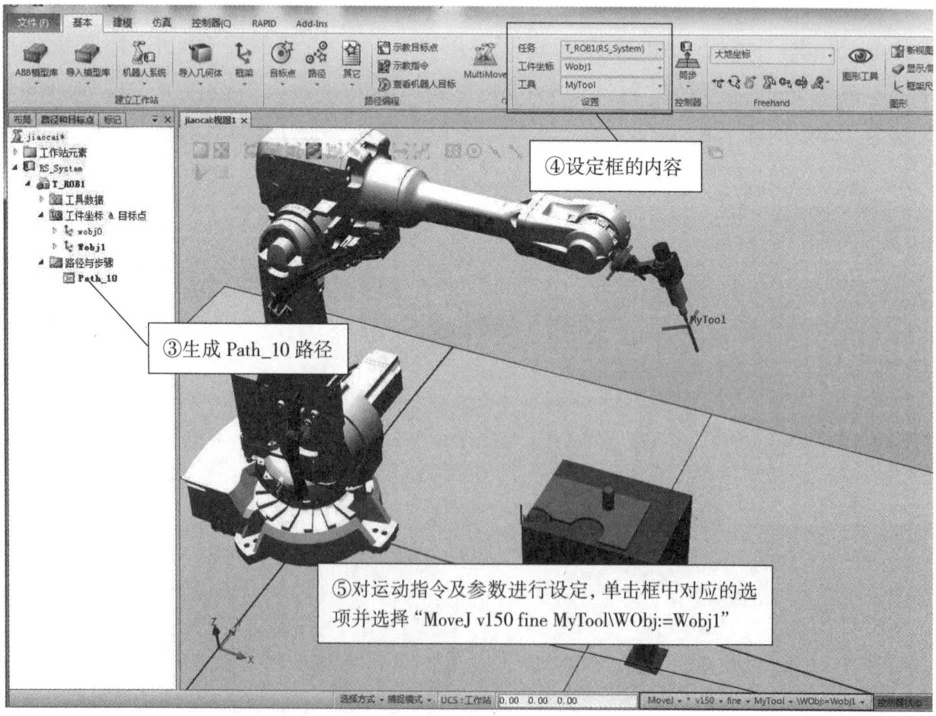
④设定框的内容
③生成 Path_10 路径
⑤对运动指令及参数进行设定，单击框中对应的选项并选择“MoveJ v150 fine MyTool\WObj:=Wobj1”

图 3-51

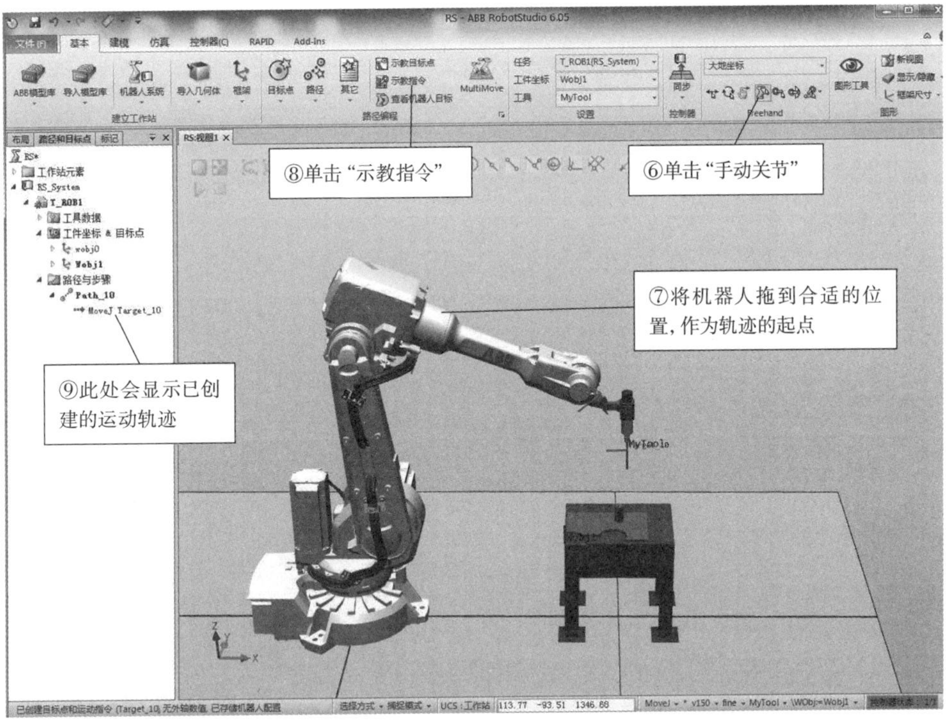

图 3-52

图 3-53

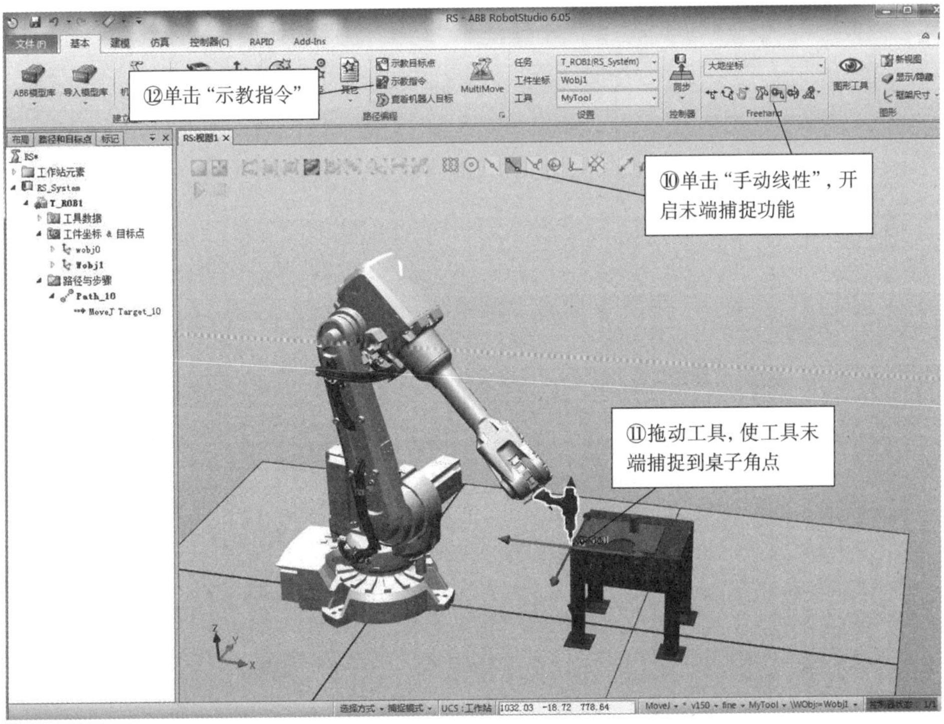

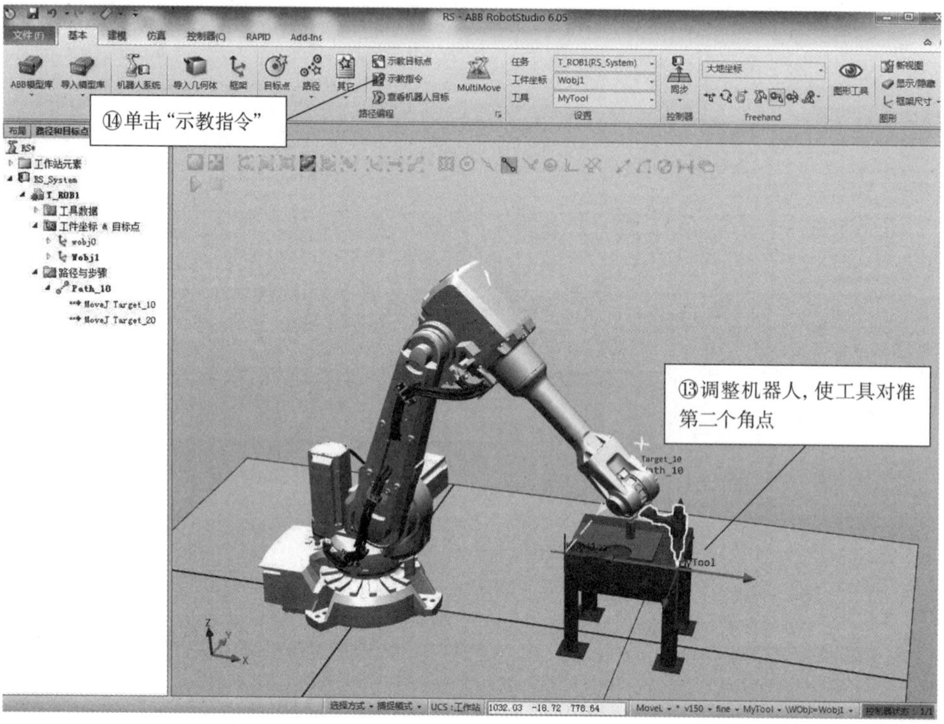

图 3-54

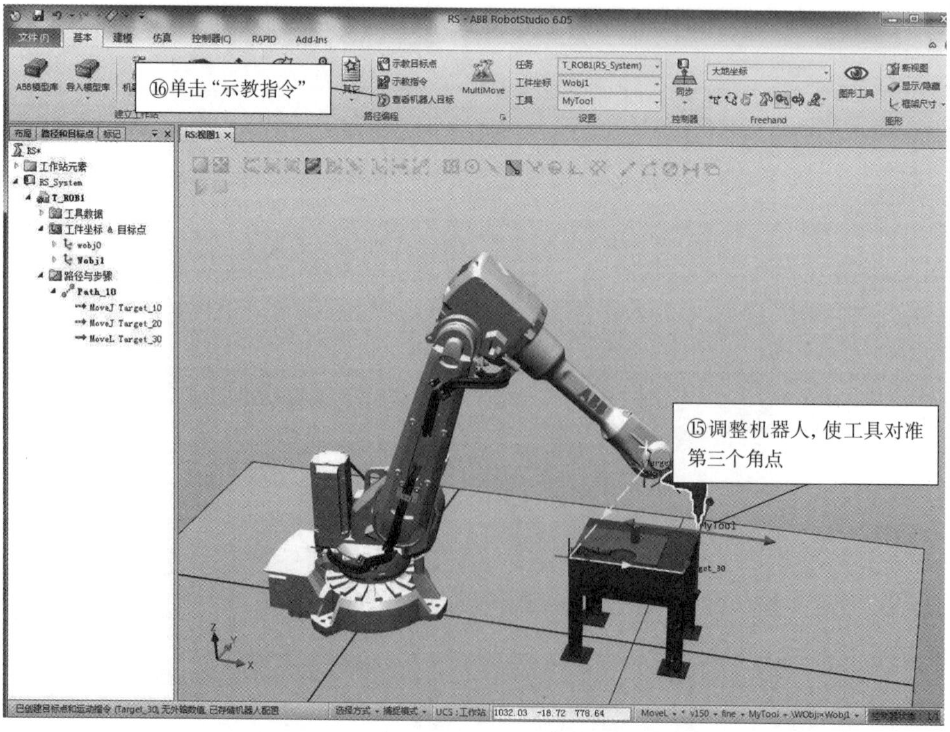

图 3-55

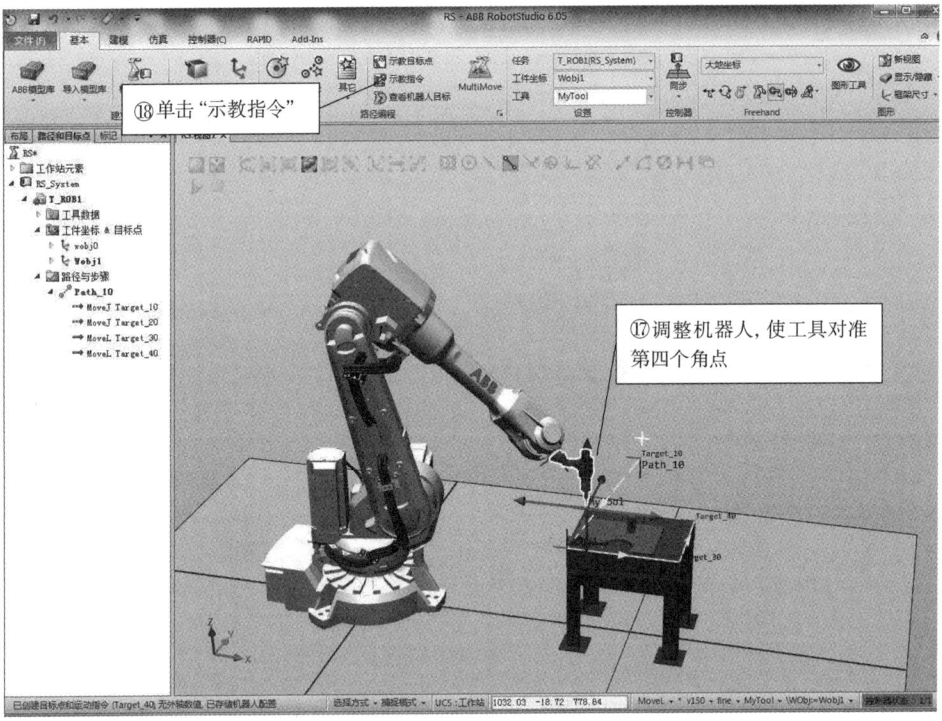

图 3-56

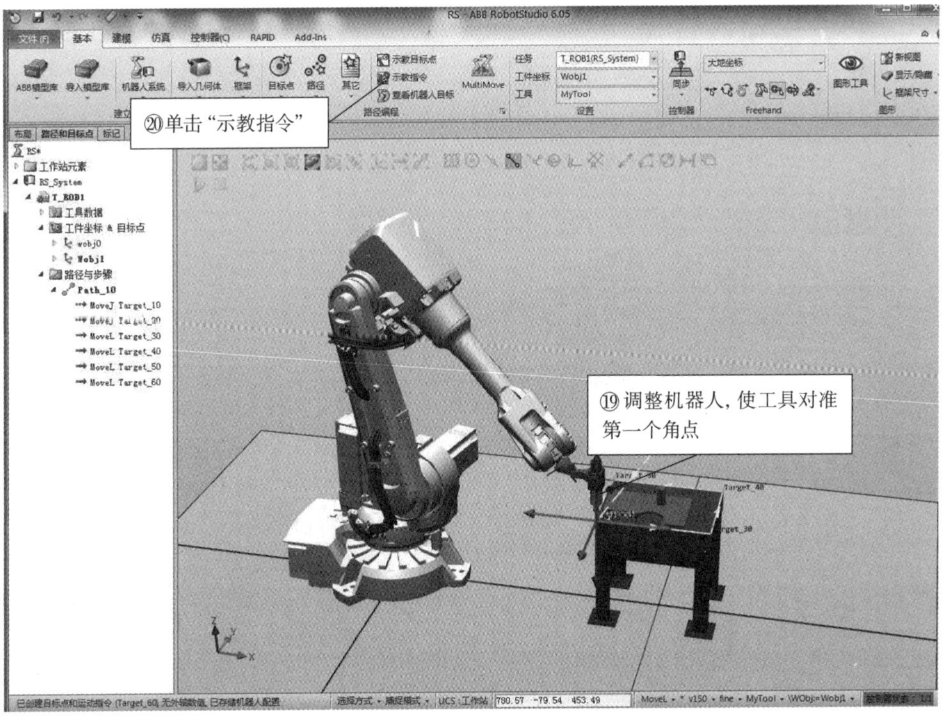

图 3-57

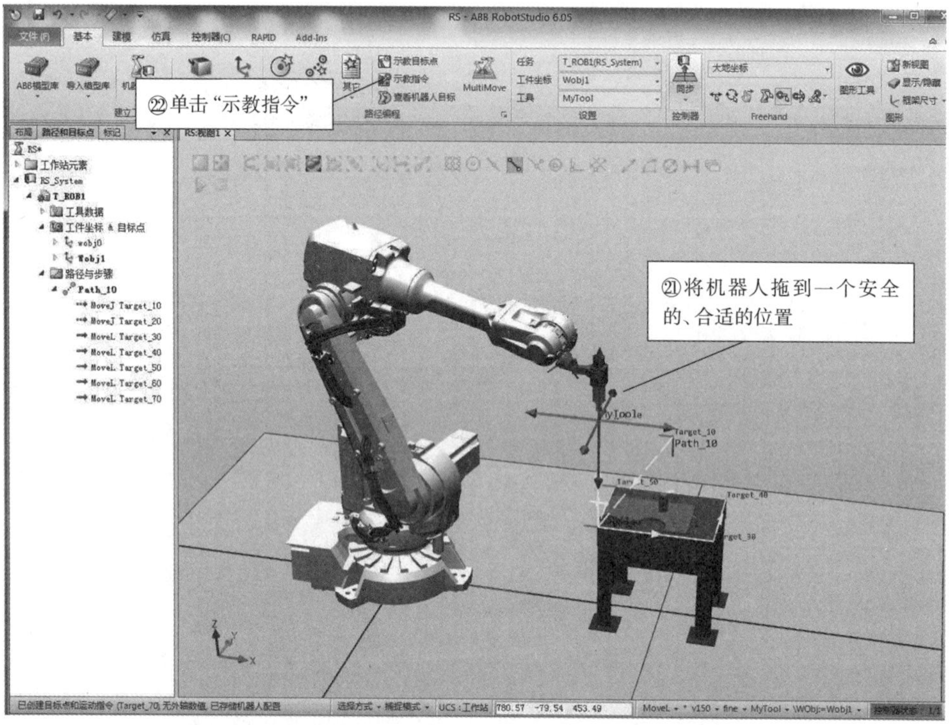

图 3-58

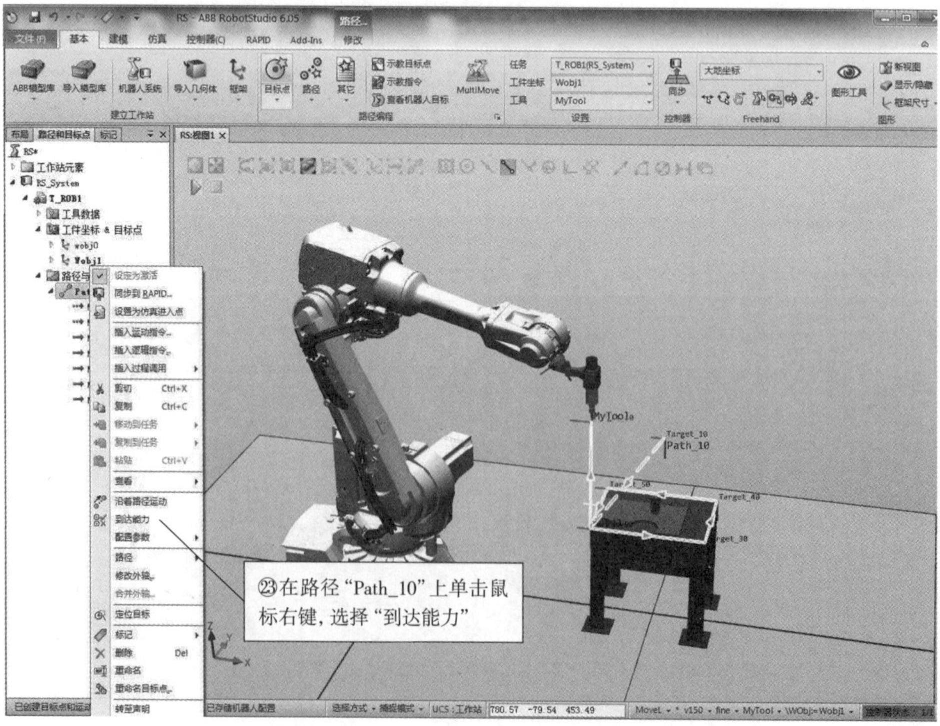

图 3-59

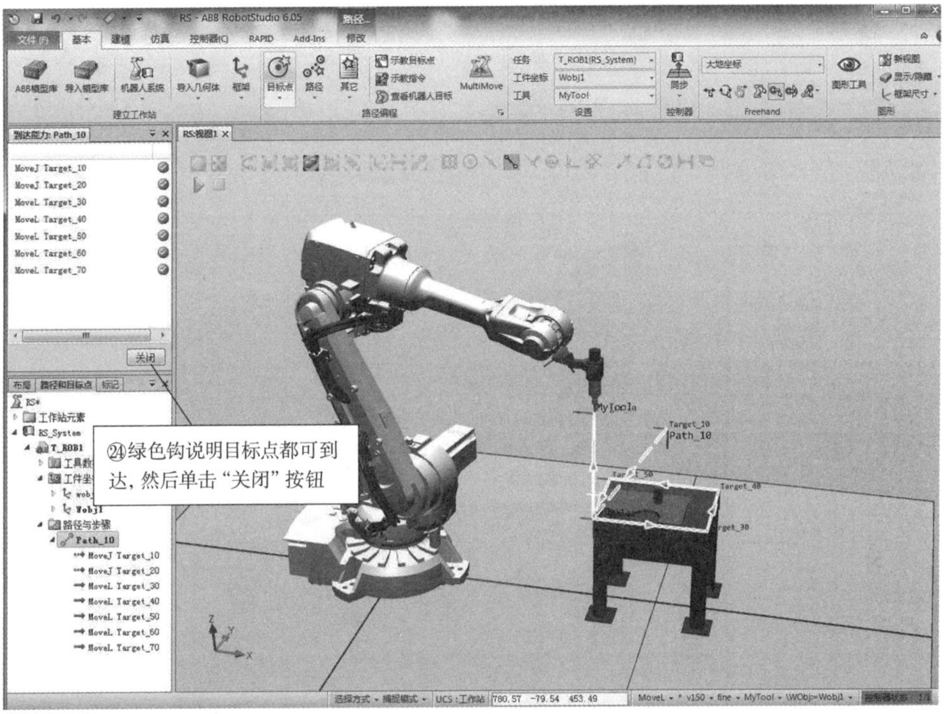

图 3-60

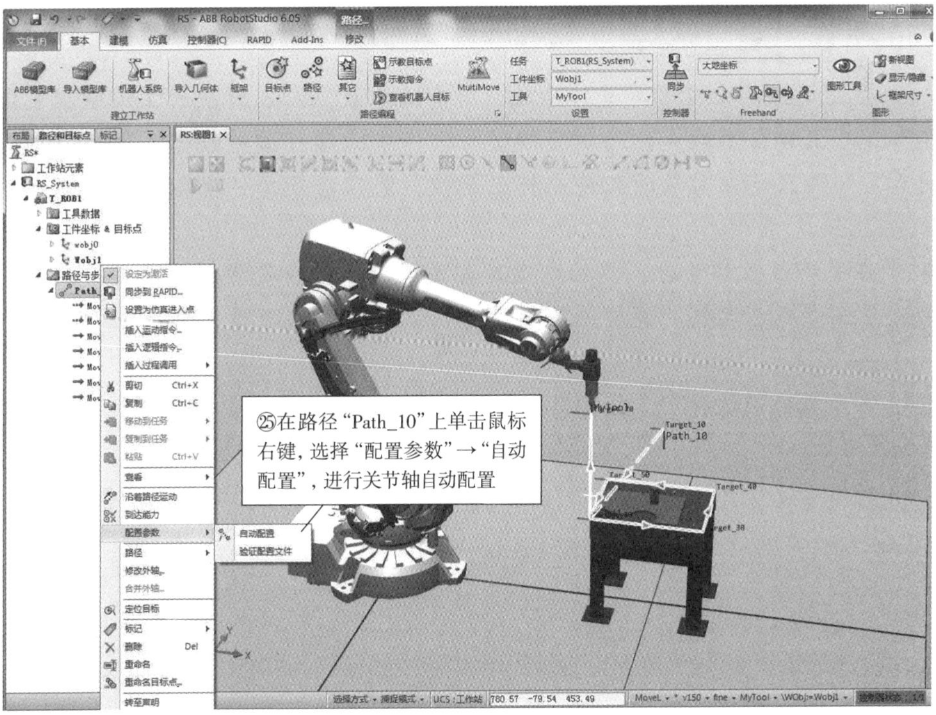

图 3-61

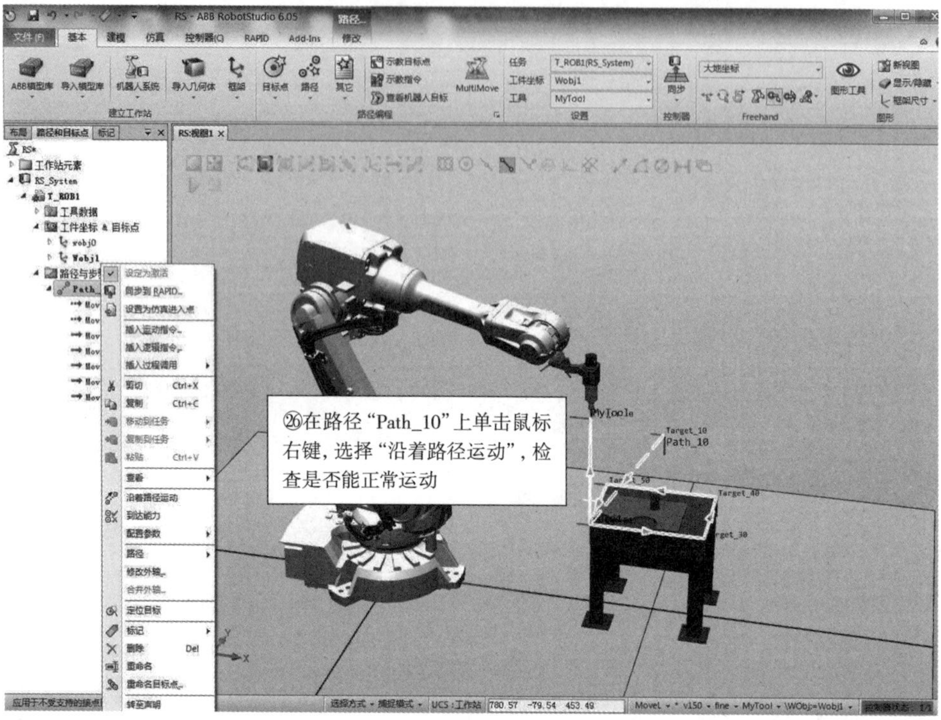

图 3-62

注意：

在创建机器人轨迹指令程序时，需注意以下情况：

（1）在设定工件坐标后再进行示教，所有的示教点都在对应的工件坐标中建立。如果在 wobj0 上建立示教点，而实际模型与软件中的摆放偏差较大，则必须重新示教所有的点。如果只是在对应的工件坐标上示教，则只修改工件坐标，而无须重复示教所有的点。

（2）在手动线性移动时，要注意观察各关节轴是否会接近极限而无法拖动，这时就需要适当作出姿态调整。调整关节轴角度的方法请参考项目三任务四中的精确手动控制。

（3）在示教轨迹过程中，如果出现机器人无法到达工件的情况，应适当调整工件的位置再进行示教。

（4）在示教过程中，要适当调整视角，这样可以更好地观察机器人的动作和位置。

/任务六/　系统仿真及录制视频

【任务目标】

1. 会仿真运行机器人轨迹；
2. 会将机器人的仿真录制成视频。

【实践操作】

一、仿真运行机器人轨迹

在 RobotStudio 中创建好工业机器人的运动轨迹之后，可以对此轨迹进行仿真运行操作。

仿真运行机器人轨迹的具体操作步骤，如图 3-63—图 3-68 所示。

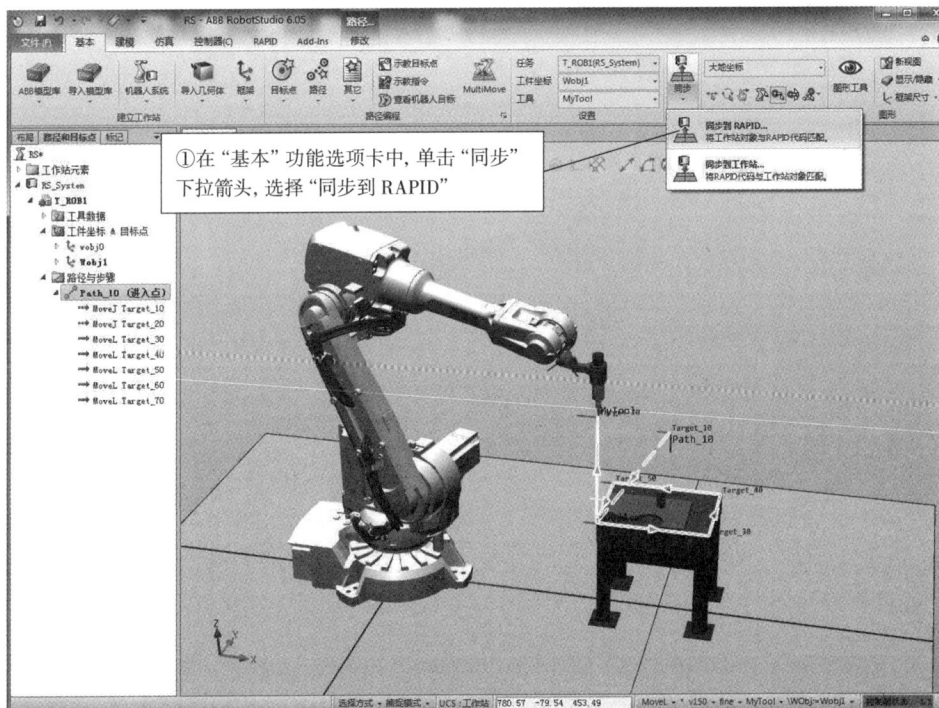

图 3-63

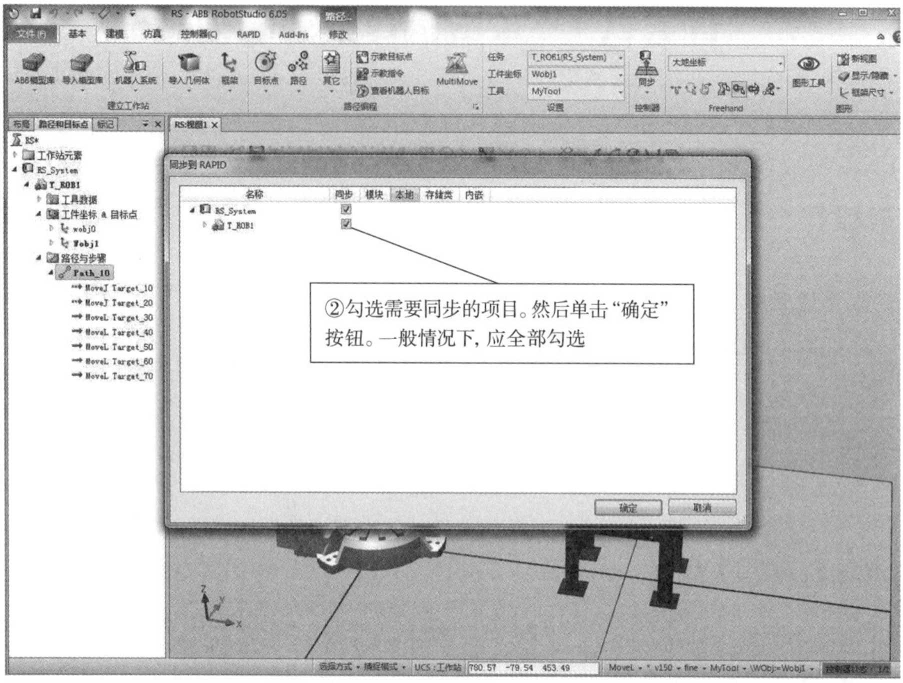
同步到 RAPID
名称
同步
模块
本地
存储类
内嵌
RS_System
T_ROB1
②勾选需要同步的项目。然后单击“确定”按钮。一般情况下，应全部勾选
确定
取消

图 3-64

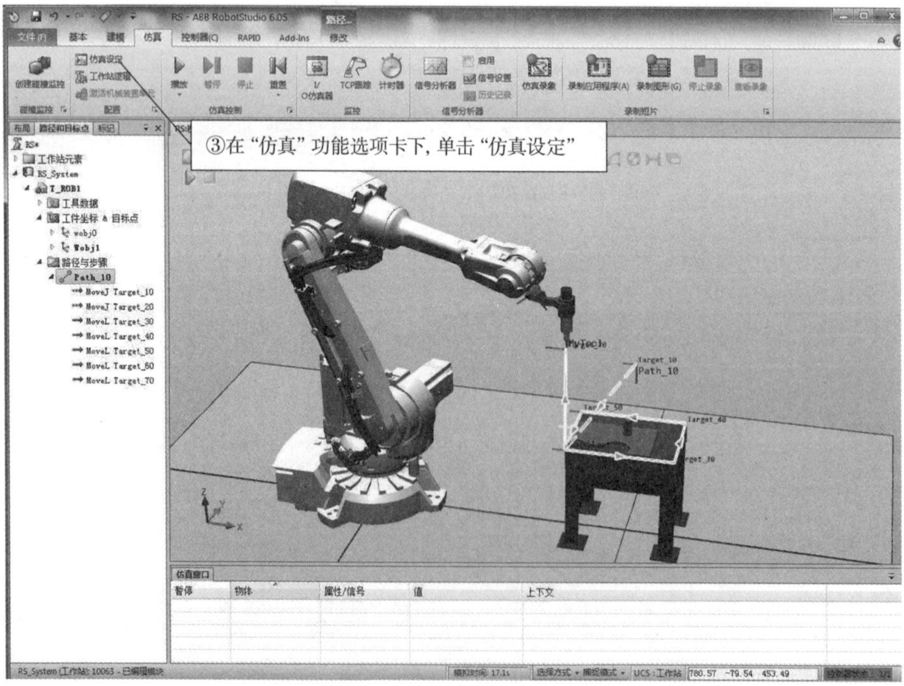
仿真设定
③在“仿真”功能选项卡下，单击“仿真设定”
Path_10

图 3-65

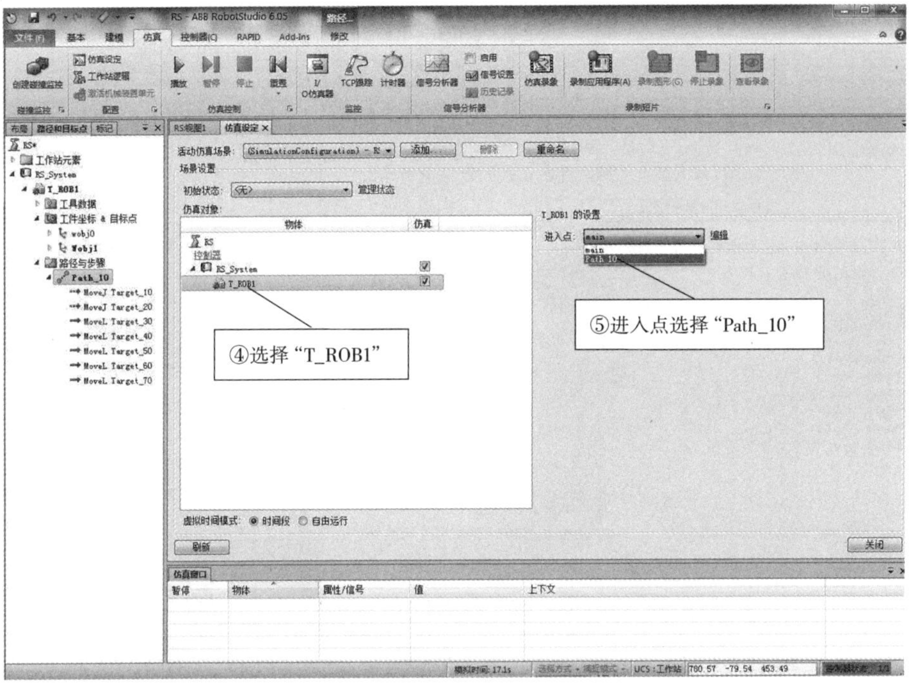

图 3-66

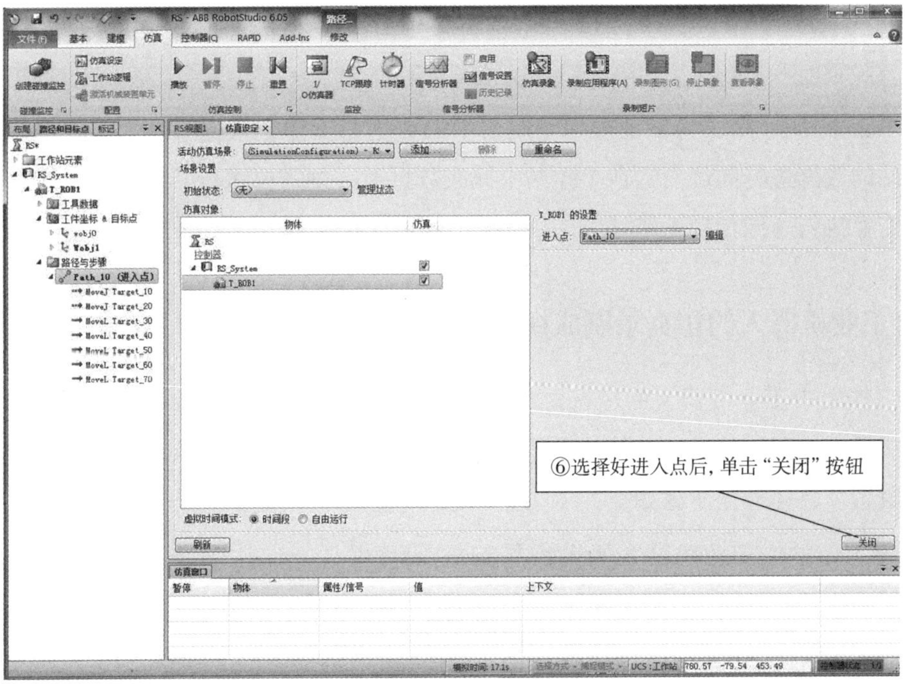

图 3-67

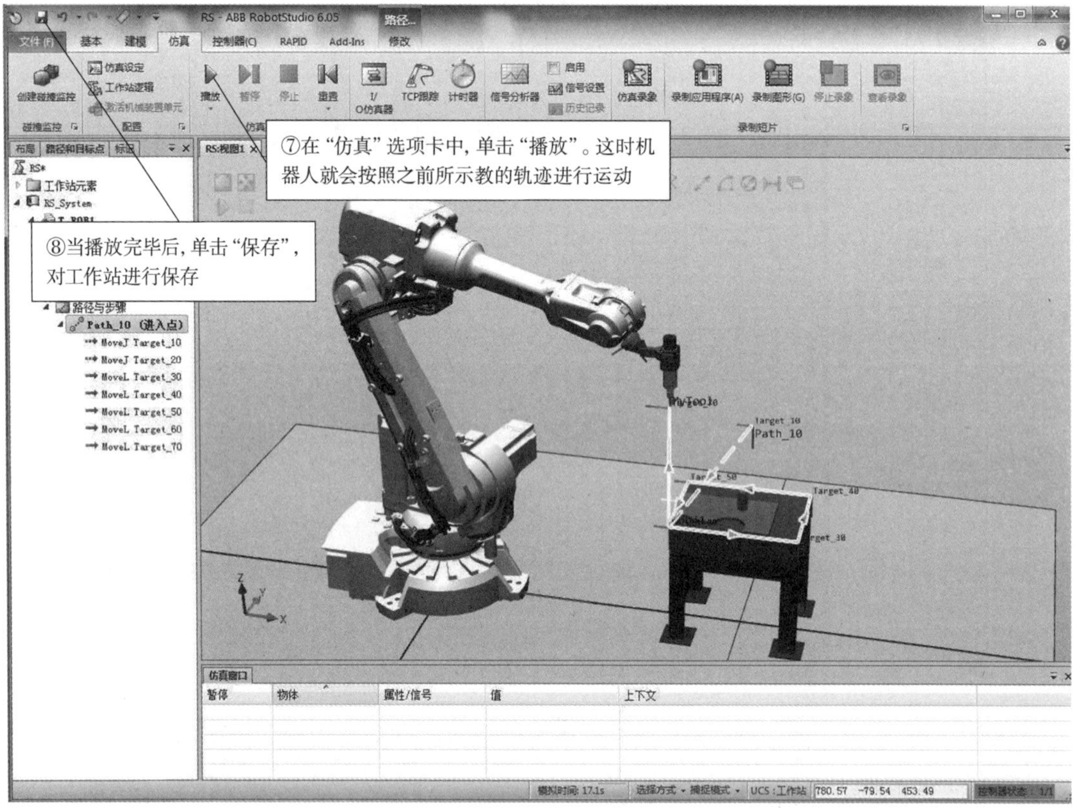

图 3-68

在 RobotStudio 中，为保证虚拟控制器中的数据与工作站数据一致，需要虚拟控制器与工作站的数据进行同步。当在工作站中修改数据后，则需要执行"同步到 RAPID"；反之，则需要执行"同步到工作站"。

二、将工业机器人的仿真录制成视频

将工作站中工业机器人的运行录制成视频，方便在未安装 RobotStudio 的计算机上查看工业机器人的运行情况。此外，还可将工作站制作成 .exe 可执行文件，以实现更灵活的工作站查看。具体操作步骤如下：

1. 将工作站中工业机器人的运行录制成视频

将工作站中工业机器人的运行录制成视频，具体操作步骤如图 3-69—图 3-71 所示。

2. 将工作站中工业机器人的运行录制成视频

将工作站中工业机器人的运行录制成视频，具体操作步骤如图 3-72—图 3-75 所示。

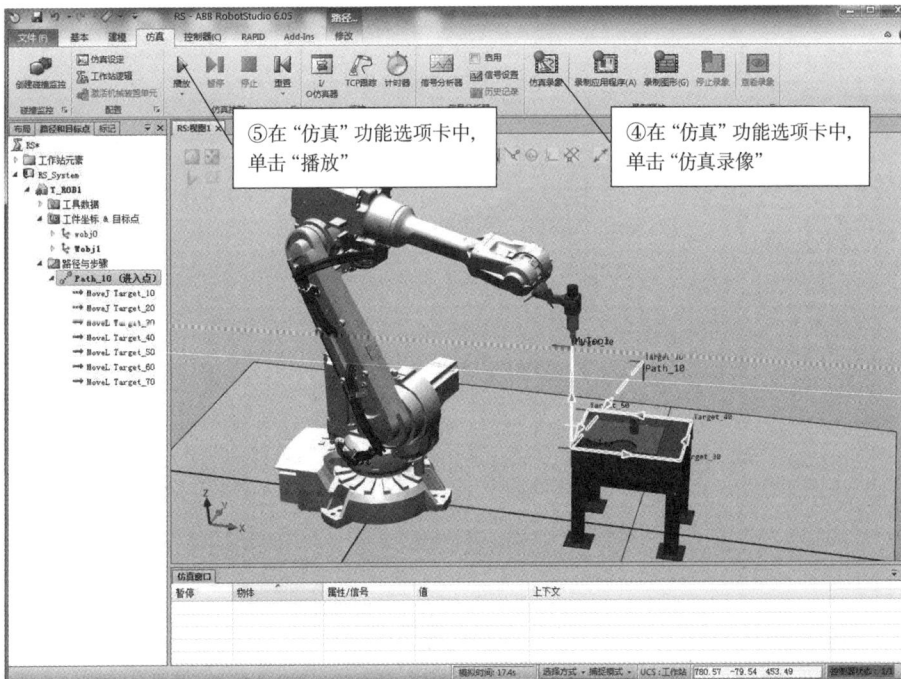

图 3-69

图 3-70

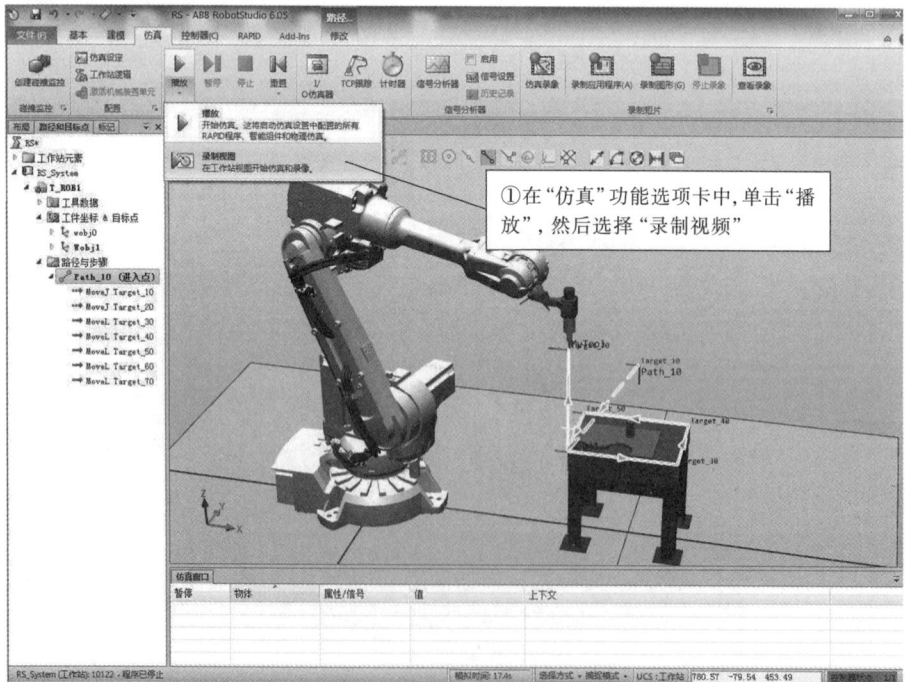

⑦当完成工作后，单击"保存"，对工作站镜像进行保存

⑥在"仿真"功能选项卡中，单击"查看录像"，可以查看录制的视频

图 3-71

①在"仿真"功能选项卡中，单击"播放"，然后选择"录制视频"

图 3-72

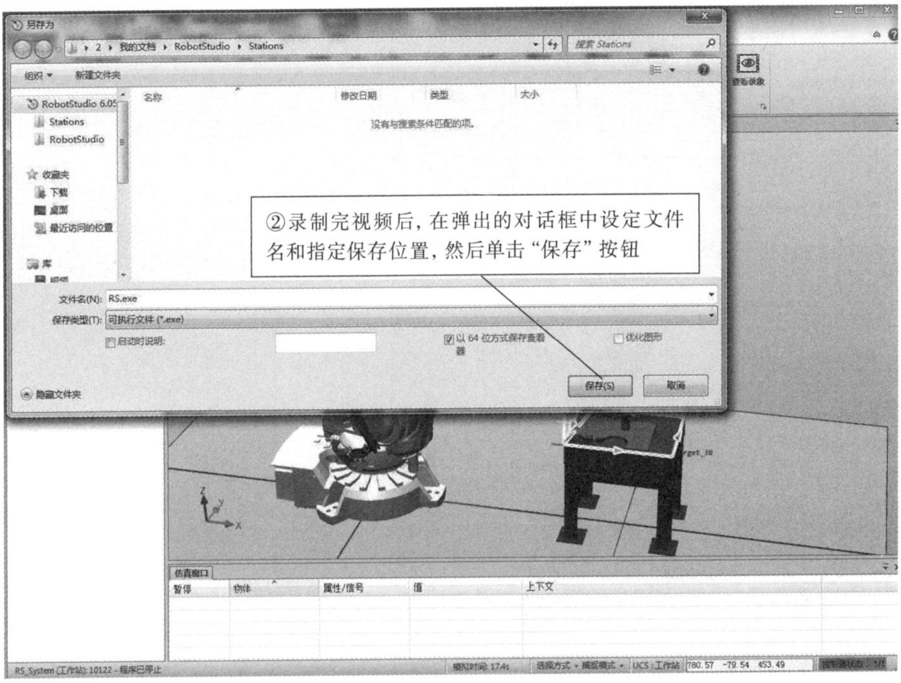
另存为
2 ▸ 我的文档 ▸ RobotStudio ▸ Stations
搜索 Stations
组织 ▾
新建文件夹
RobotStudio 6.05
Stations
RobotStudio
收藏夹
下载
桌面
最近访问的位置
库
名称
修改日期
类型
大小
没有与搜索条件匹配的项。
②录制完视频后，在弹出的对话框中设定文件名和指定保存位置，然后单击“保存”按钮
文件名(N): RS.exe
保存类型(T): 可执行文件 (*.exe)
启动时说明:
以 64 位方式保存查看器
优化图形
保存(S)
取消
隐藏文件夹
仿真窗口
暂停
物体
属性/信号
值
上下文

图 3-73

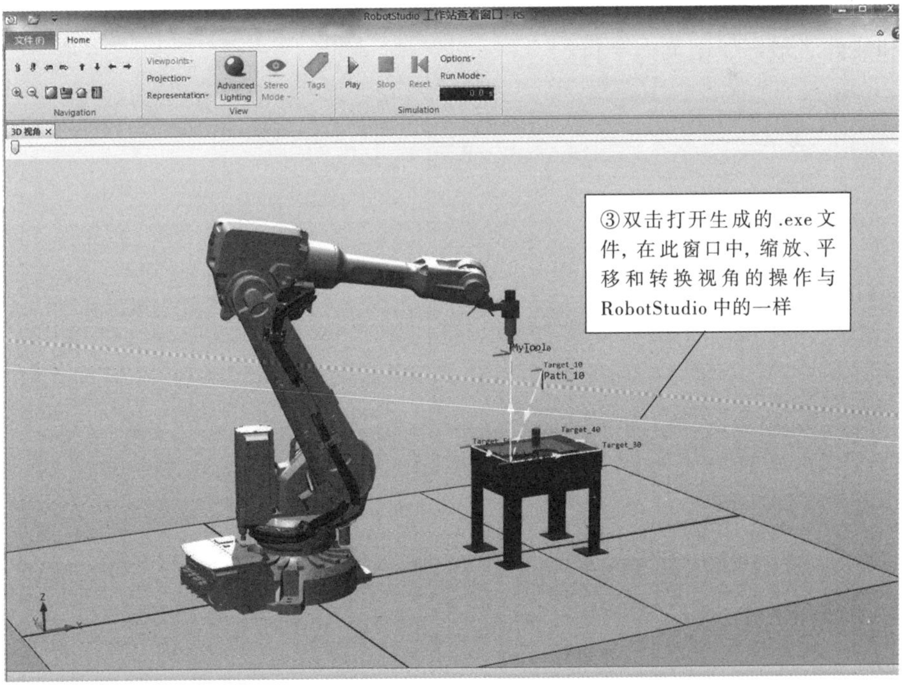
RobotStudio 工作站查看窗口 - RS
文件(F)
Home
Viewpoints
Projection
Representation
Navigation
Advanced Lighting
Stereo Mode
Tags
View
Play
Stop
Reset
Options
Run Mode
Simulation
3D 视角
③双击打开生成的.exe文件，在此窗口中，缩放、平移和转换视角的操作与RobotStudio中的一样
MyTool

图 3-74

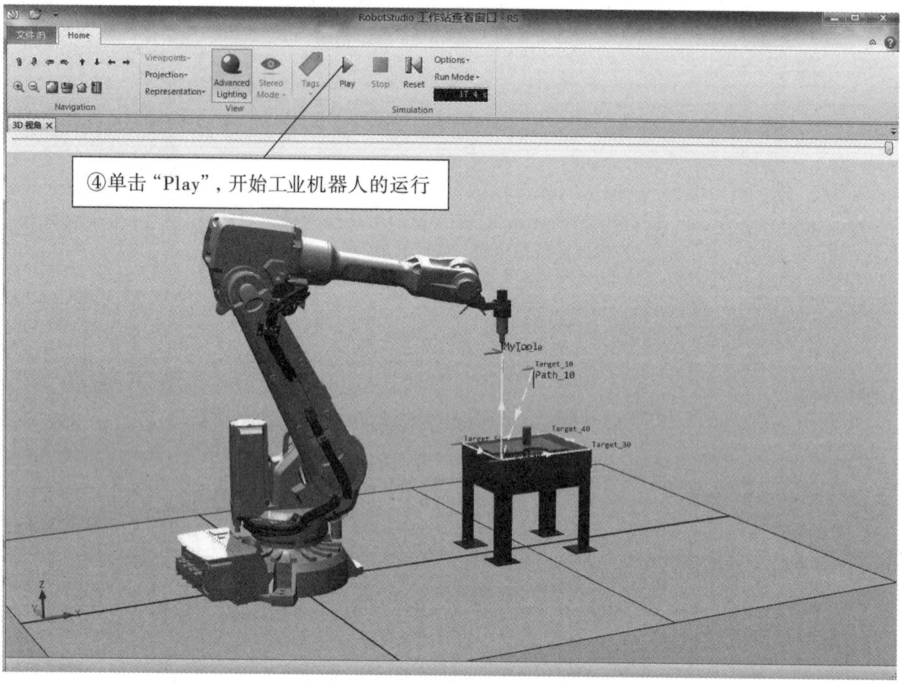

图 3-75

为了提高与不同版本 RobotStudio 的兼容性，建议在 RobotStudio 进行保存操作时，保存路径和文件名最好使用英文字符。

项目四｜工业机器人工作站系统模型的创建

项目描述

工业机器人工作站系统模型帮助我们根据实际情况或所需样式对系统进行可视化；允许我们详细说明系统的结构或行为；给出了一个指导构造系统的模板。

项目要求

1. 能用 RobotStduio 建模功能进行 3D 模型创建；
2. 会正确使用测量工具进行测量操作；
3. 能利用软件的建模功能完成机械装置和工具的创建。

项目内容

任务一　建模功能的使用
任务二　测量工具的使用
任务三　创建机械装置
任务四　创建用户工具
任务五　创建焊枪工具
任务六　创建可动工具
任务七　创建多头工具

/任务一/　建模功能的使用

【任务目标】

1. 会使用建模功能创建 RobotStudio 的 3D 模型；
2. 会对 3D 模型进行相关设置。

【实践操作】

当使用 RobotStudio 对机器人进行仿真验证时，例如验证节拍和到达能力等，如果对周边模型的细节要求不是很高，可以使用与实际大小相当的模型来代替，这样不仅可以节约仿真验证的时间，还能提高效率，如图 4-1 所示。

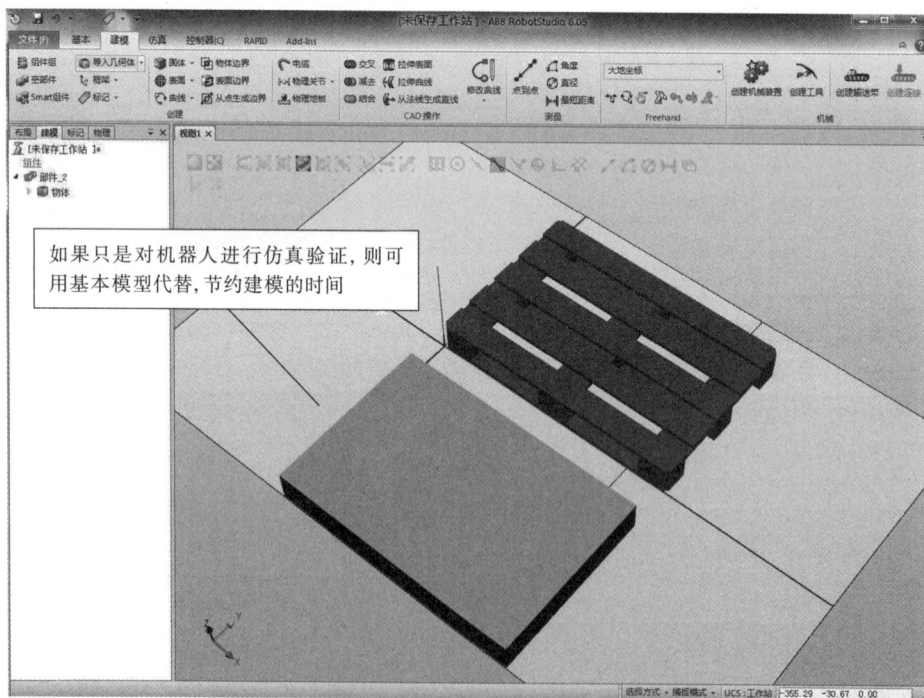

图 4-1

如果需要精致的 3D 模型，可以通过第三方建模软件进行建模，并通过 "*.sat" "*.stl" 等格式导入 RobotStudio 中来完成建模布局工作。

一、使用建模功能创建 RobotStudio 的 3D 模型

具体操作步骤，如图 4-2—图 4-5 所示。

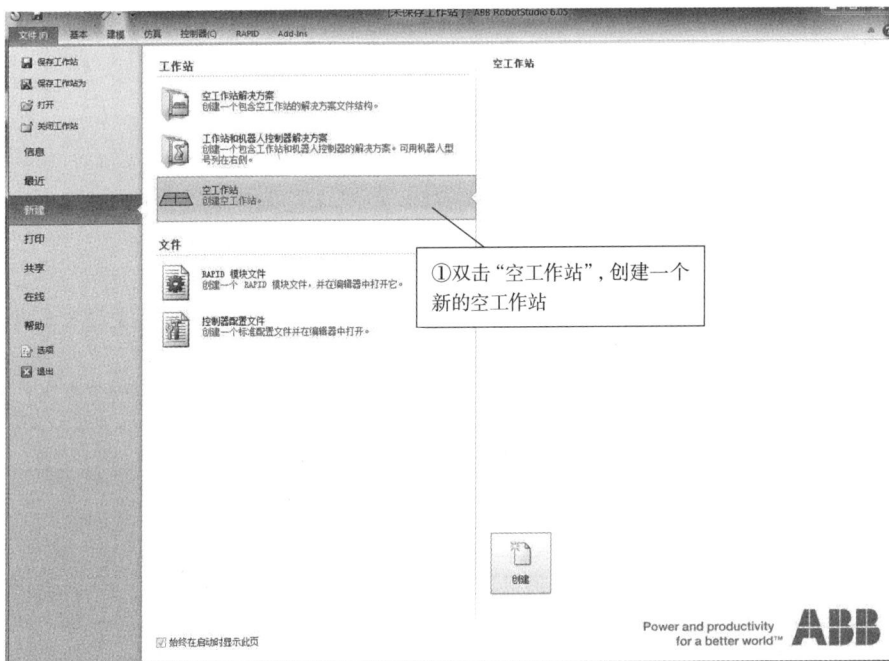

①双击"空工作站"，创建一个新的空工作站

图 4-2

②在"建模"功能选项卡下单击"固体"，选择"矩形体"

图 4-3

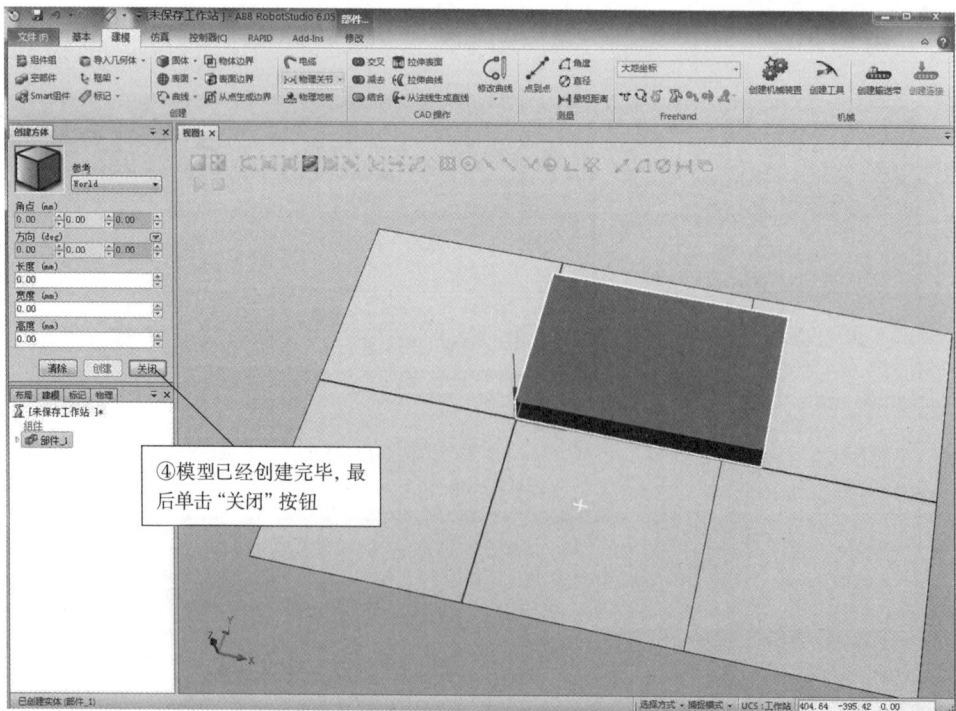

③按照长方体的数据进行参数输入,长度:
1 190 mm,宽度:800 mm,高度:140 mm,
然后单击"创建"按钮

图 4-4

④模型已经创建完毕,最
后单击"关闭"按钮

图 4-5

二、对 3D 模型进行相关的设置

具体操作步骤，如图 4-6—图 4-9 所示。

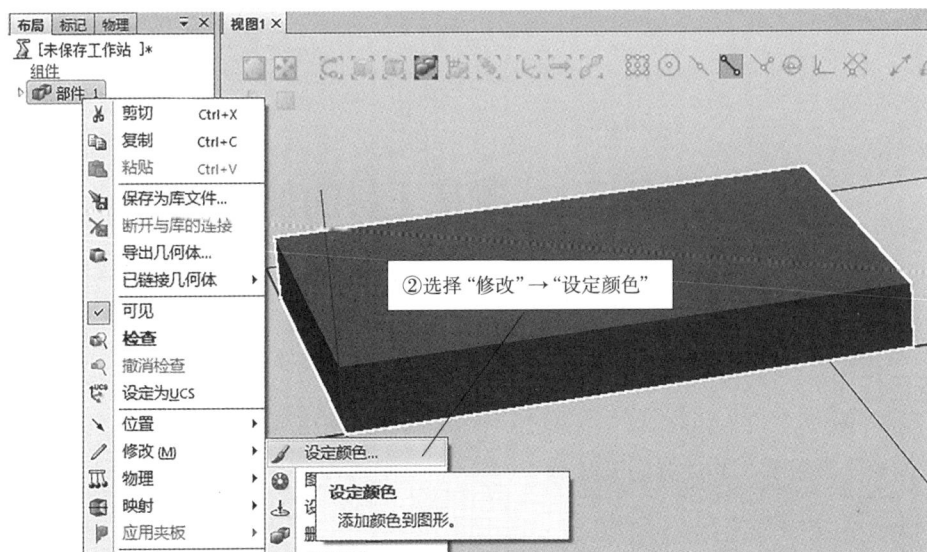

图 4-6

图 4-7

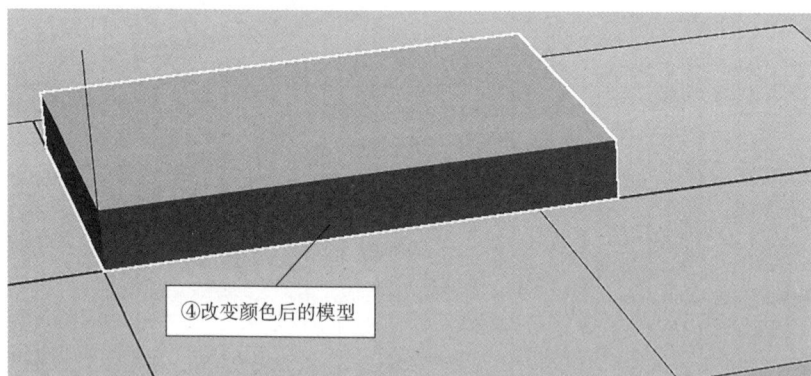

图 4-8

图 4-9

/任务二/ 测量工具的使用

【任务目标】

会正确使用测量工具进行测量操作。

【实践操作】

以矩形体、圆柱、锥体模型为例，学习如何利用测量工具对几何体进行测量。

一、测量长度

测量长度时，主要使用"点到点"功能。测量矩形体长度的步骤如图4-10、图4-11所示。

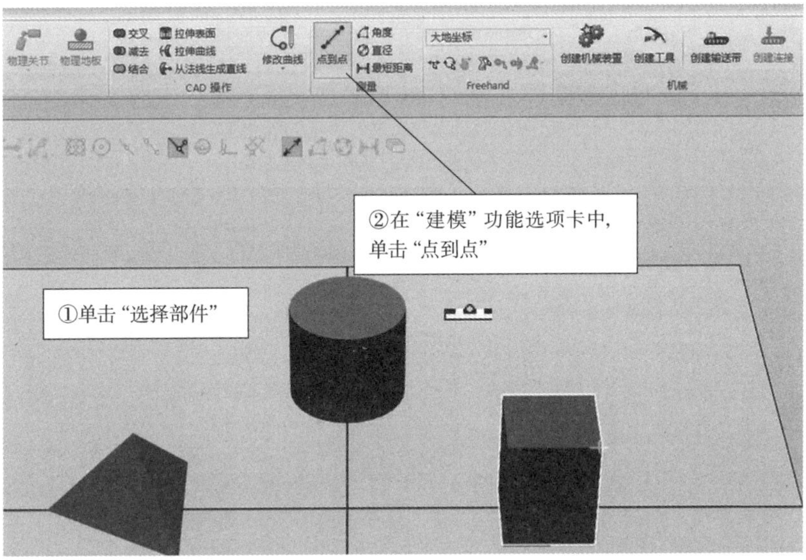

②在"建模"功能选项卡中，单击"点到点"

①单击"选择部件"

图 4-10

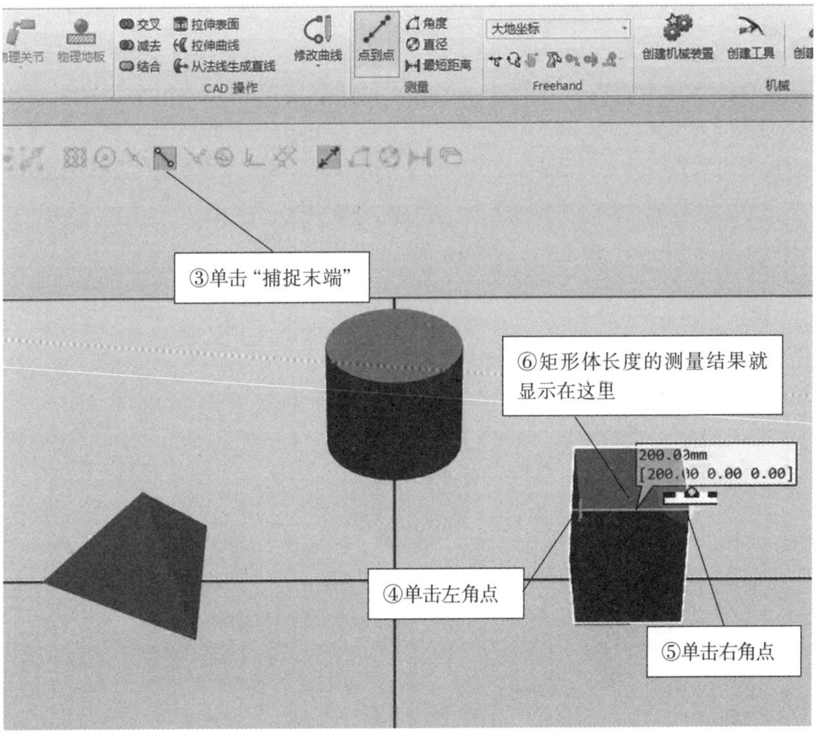

③单击"捕捉末端"

⑥矩形体长度的测量结果就显示在这里

200.03mm
[200.00 0.00 0.00]

④单击左角点

⑤单击右角点

图 4-11

二、测量圆柱体的直径

测量圆柱体的直径时，主要使用"建模"功能选项卡中的"直径"功能，具体测量圆柱体直径的步骤，如图 4-12、图 4-13 所示。

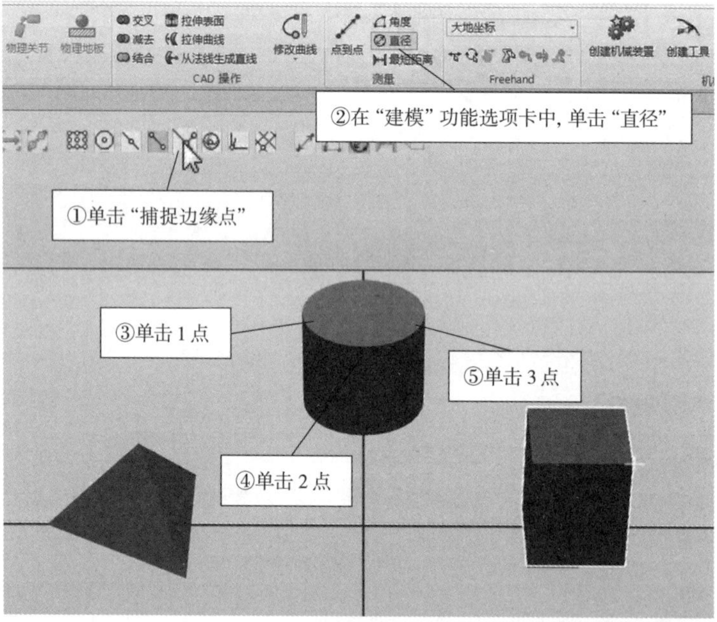

图 4-12

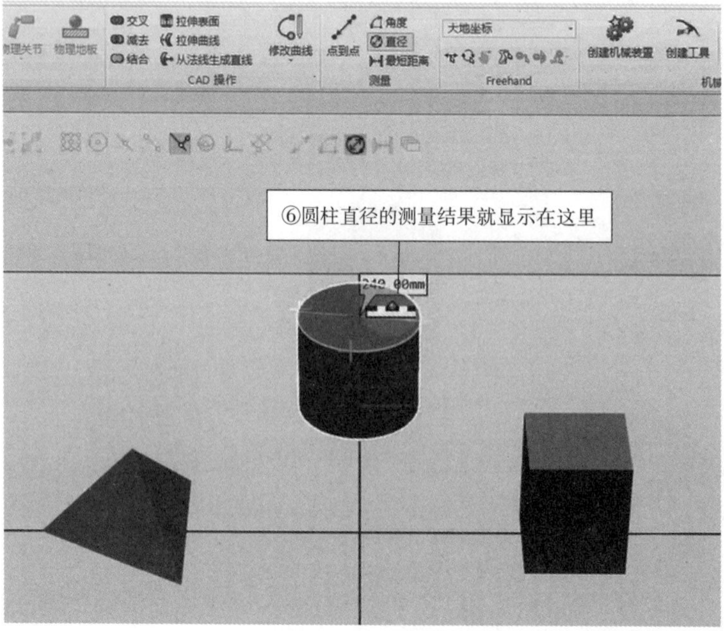

图 4-13

三、测量锥体的角度

测量锥体角度时，主要使用"建模"功能选项卡中的"测量角度"功能，具体测量锥体顶角角度的步骤如图 4-14、图 4-15 所示。

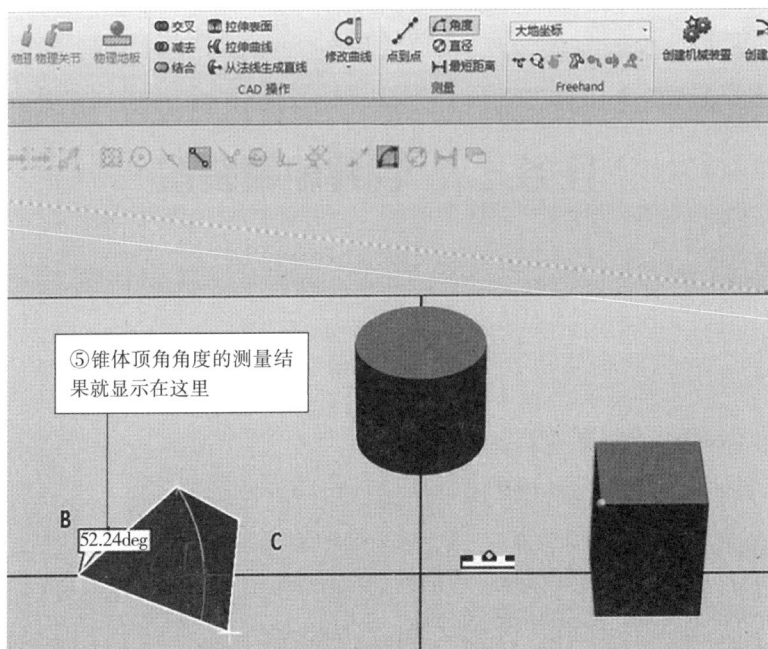

图 4-14

图 4-15

四、测量两个物体间的最短距离

测量两个物体间的最短距离时，主要使用"建模"选项卡中的"最短距离"功能，具体测量两个物体间的最短距离的步骤如图 4-16 所示。

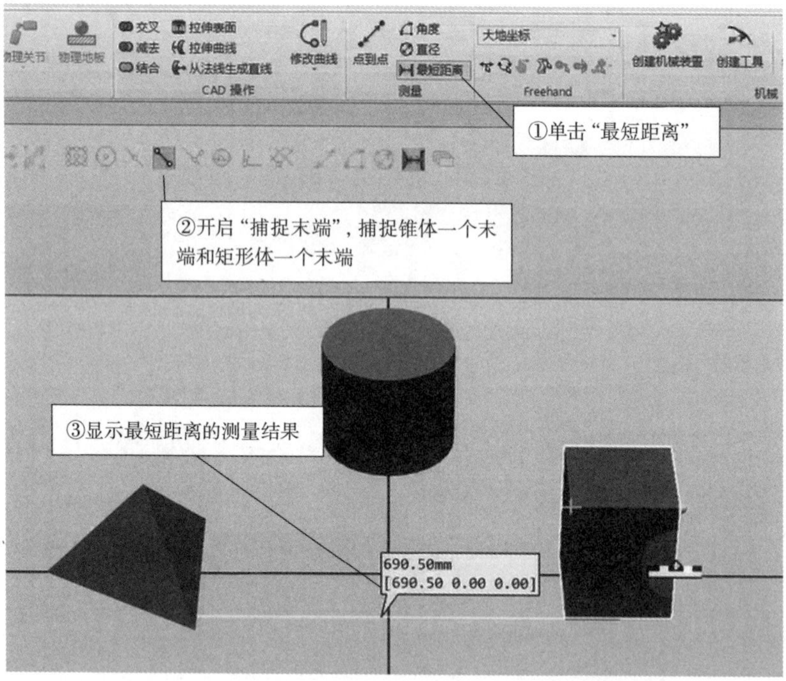

图 4-16

/任务三/ 创建机械装置

【任务目标】

1. 会创建一个简易气缸底座和活塞模型；
2. 会建立简易气缸活塞的机械运动特性。

【实践操作】

在实践中，为了更好地展示效果，会为机器人周边的模型制作动画效果，如夹具、传送带、滑台等。以创建一个能够做往复运动的简易气缸活塞（图4-17）为例开展这项任务。
具体步骤如图4-18—图4-38所示。

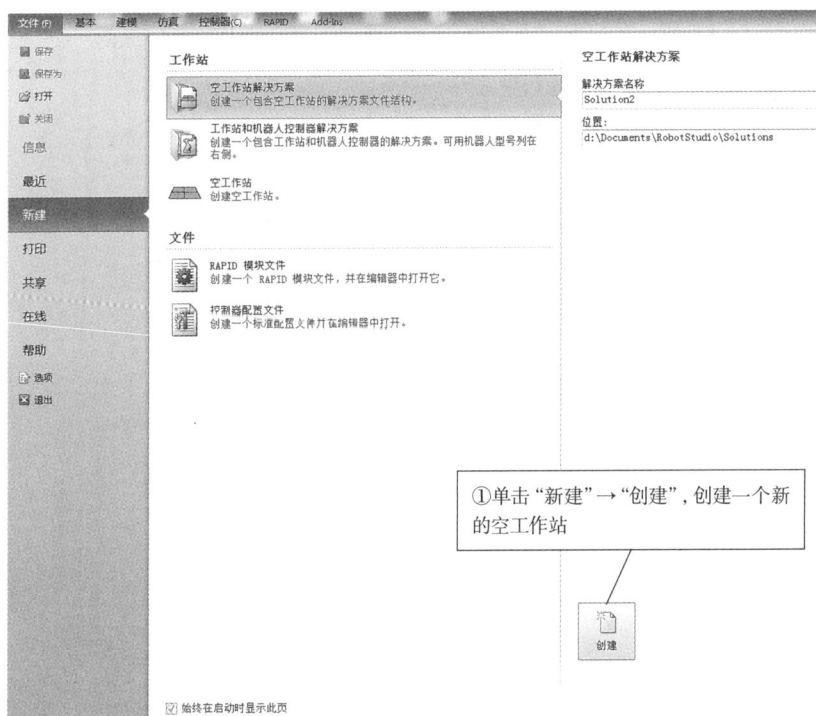

图 4-17

①单击"新建"→"创建"，创建一个新的空工作站

图 4-18

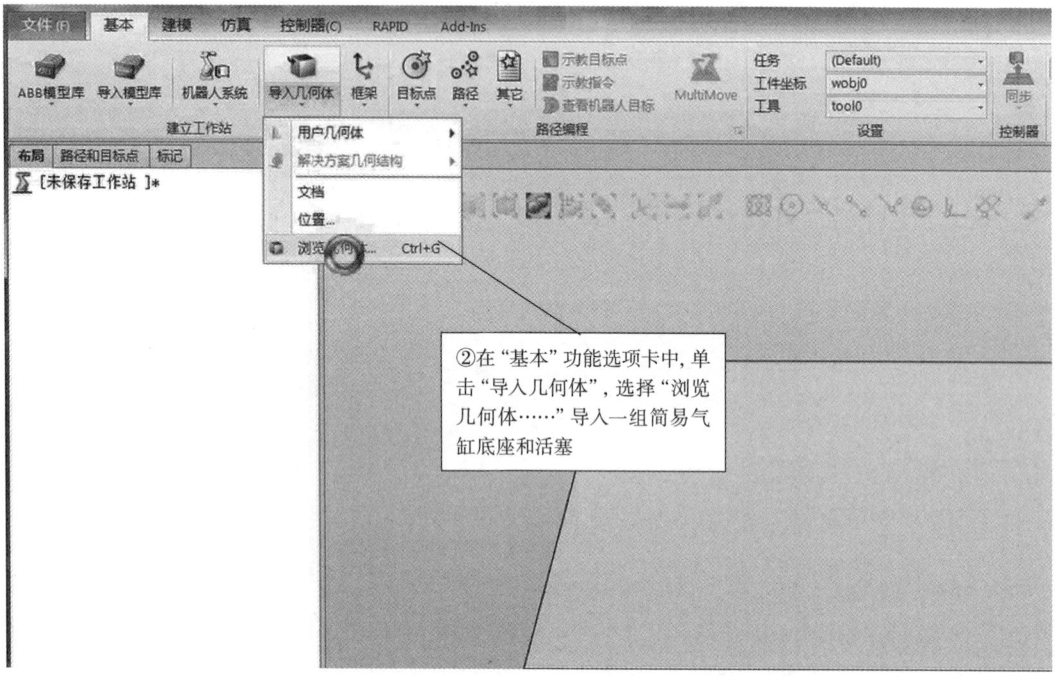

②在"基本"功能选项卡中，单击"导入几何体"，选择"浏览几何体……"导入一组简易气缸底座和活塞

图 4-19

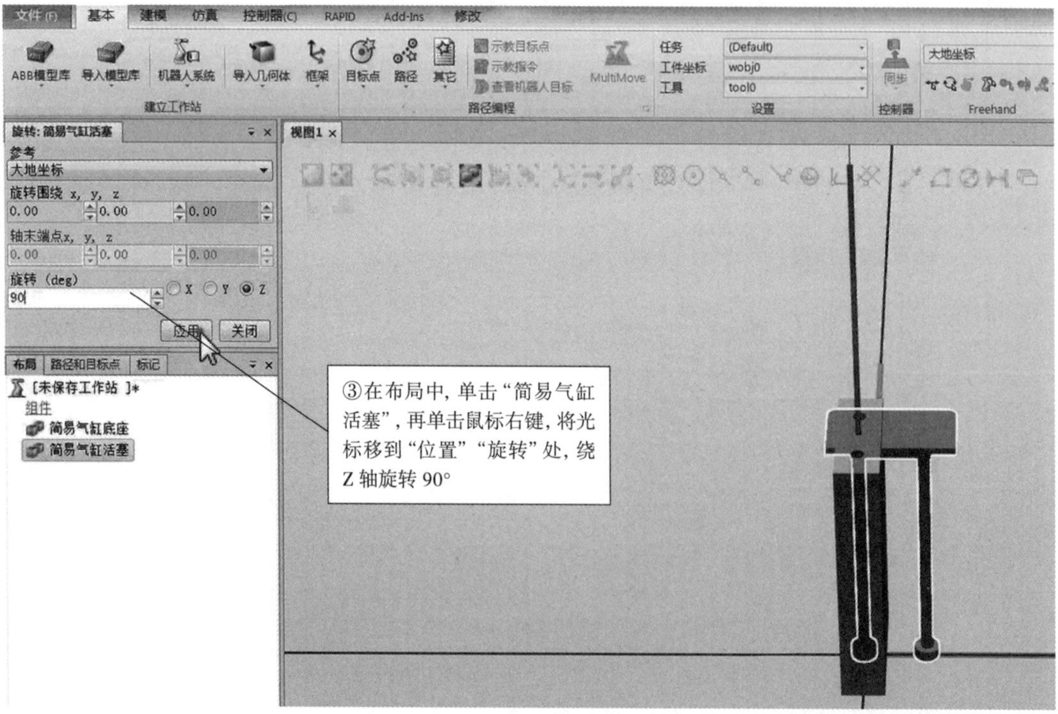

③在布局中，单击"简易气缸活塞"，再单击鼠标右键，将光标移到"位置""旋转"处，绕 Z 轴旋转 90°

图 4-20

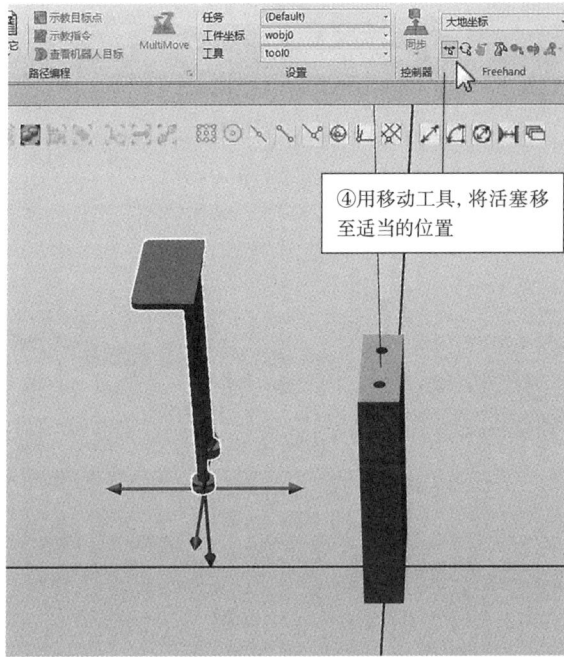

图 4-21

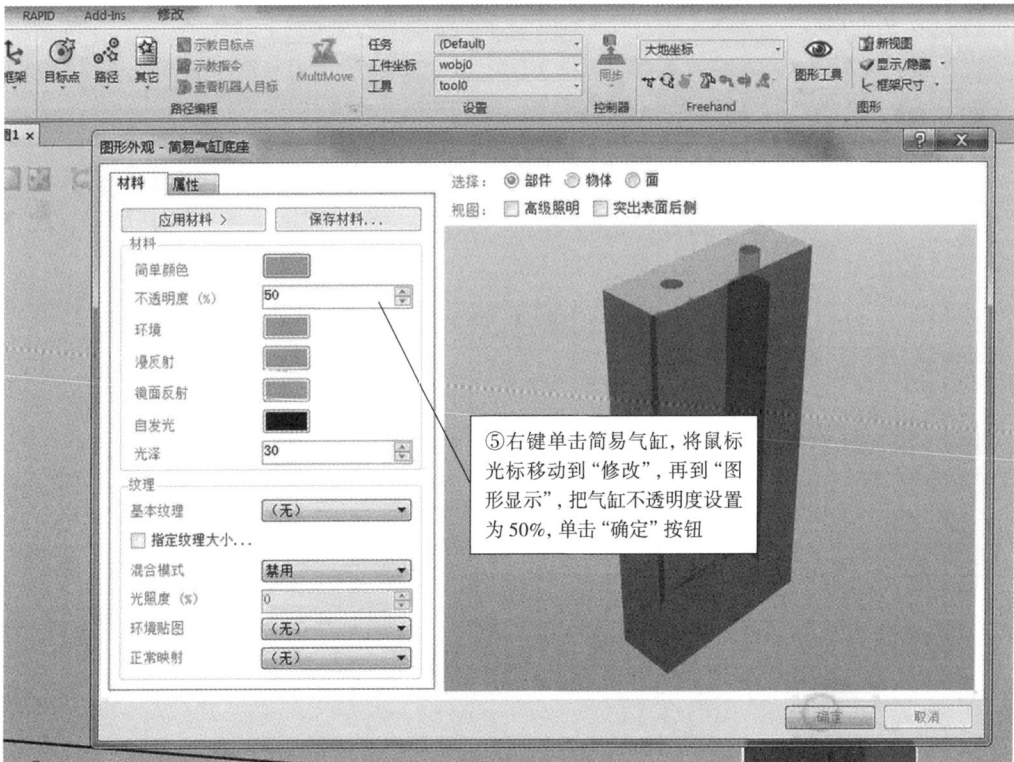

图 4-22

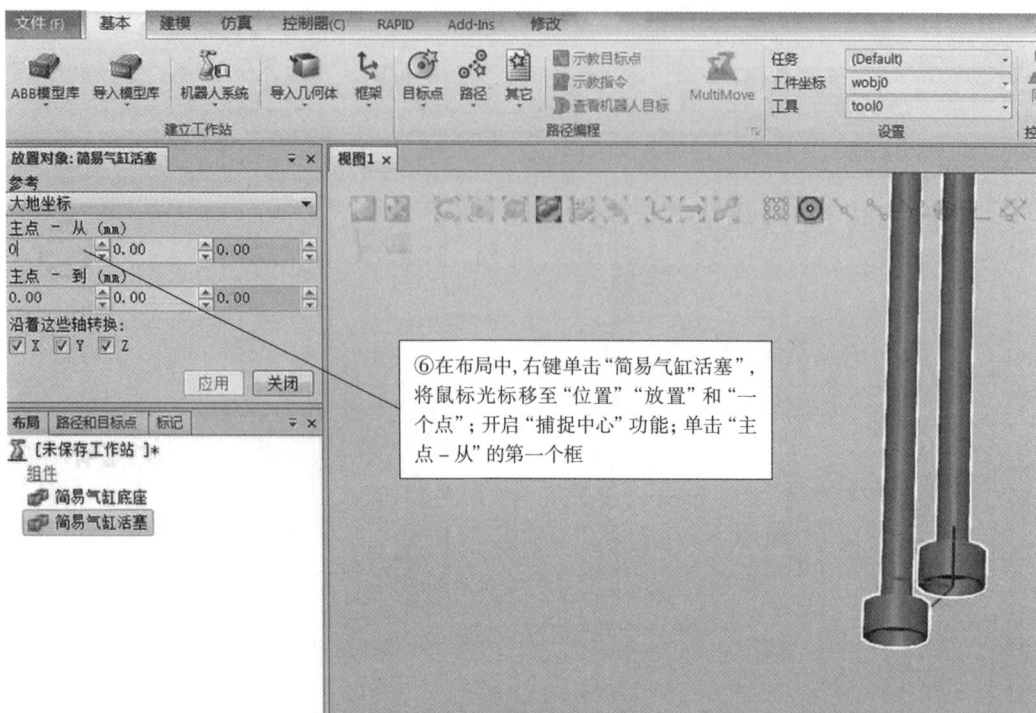

图 4-23

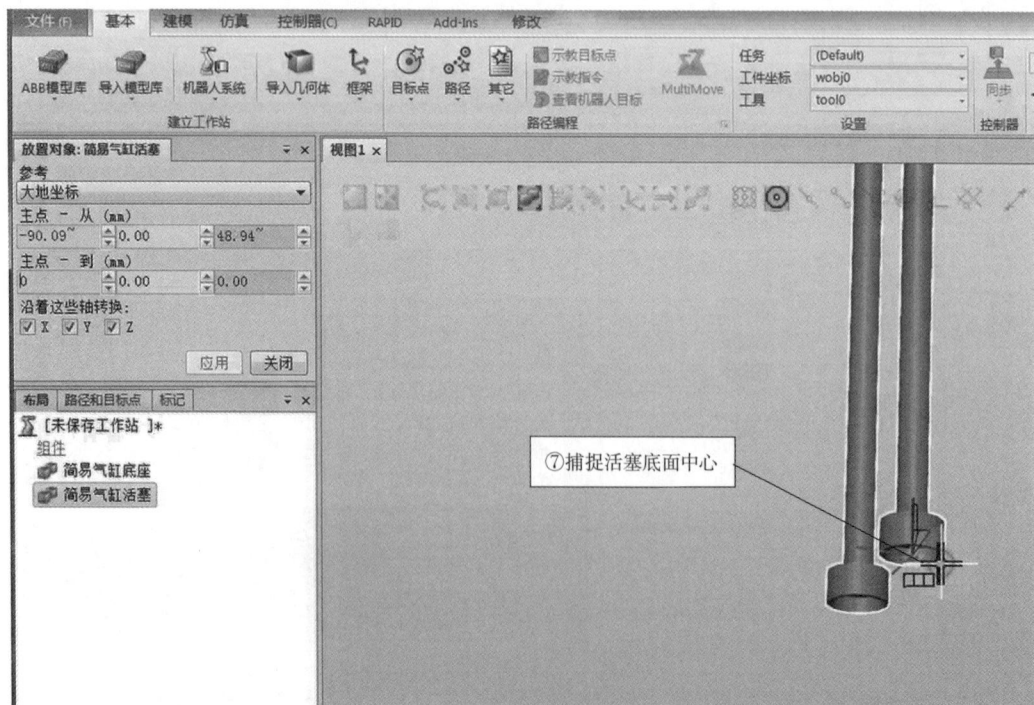

图 4-24

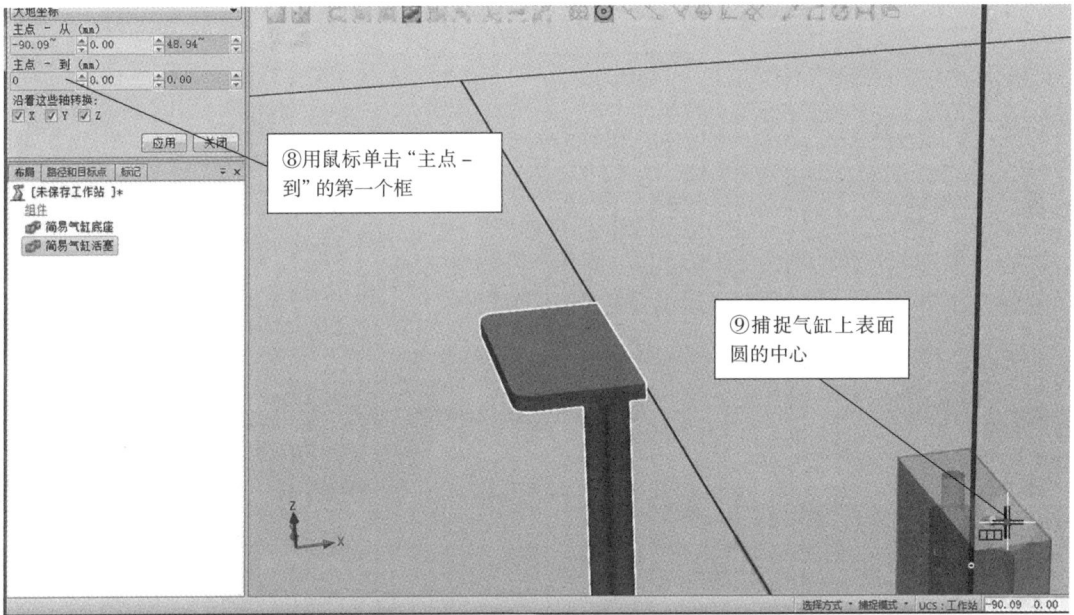

图 4-25

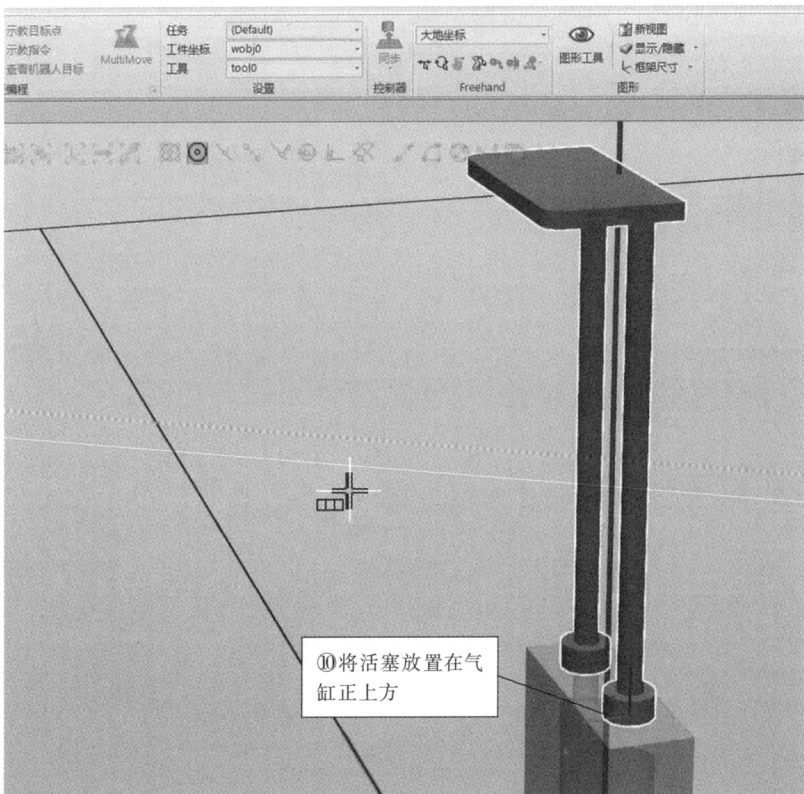

图 4-26

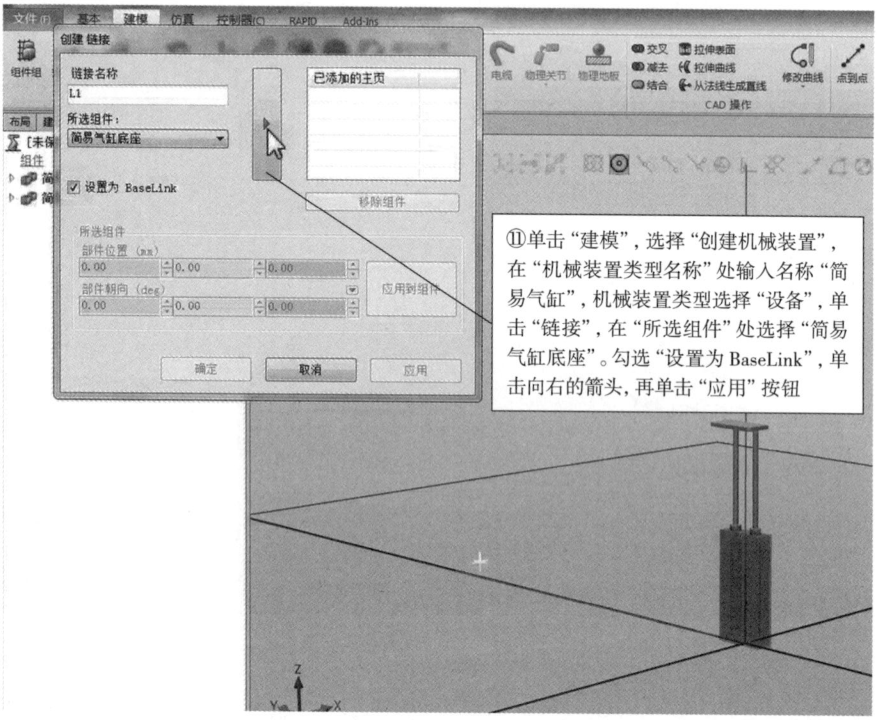
⑪单击“建模”，选择“创建机械装置”，在“机械装置类型名称”处输入名称“简易气缸”，机械装置类型选择“设备”，单击“链接”，在“所选组件”处选择“简易气缸底座”。勾选“设置为 BaseLink”，单击向右的箭头，再单击“应用”按钮
创建 链接
链接名称
L1
所选组件：
简易气缸底座
设置为 BaseLink
已添加的主页
移除组件
确定
取消
应用

图 4-27

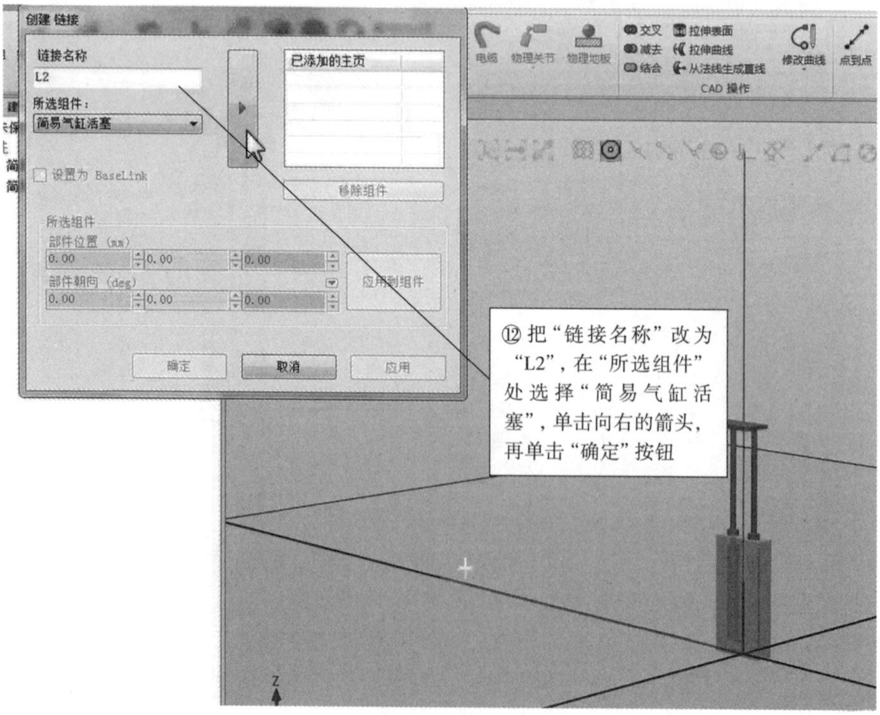
⑫把“链接名称”改为“L2”，在“所选组件”处选择“简易气缸活塞”，单击向右的箭头，再单击“确定”按钮
创建 链接
链接名称
L2
所选组件：
简易气缸活塞
设置为 BaseLink
已添加的主页
移除组件
确定
取消
应用

图 4-28

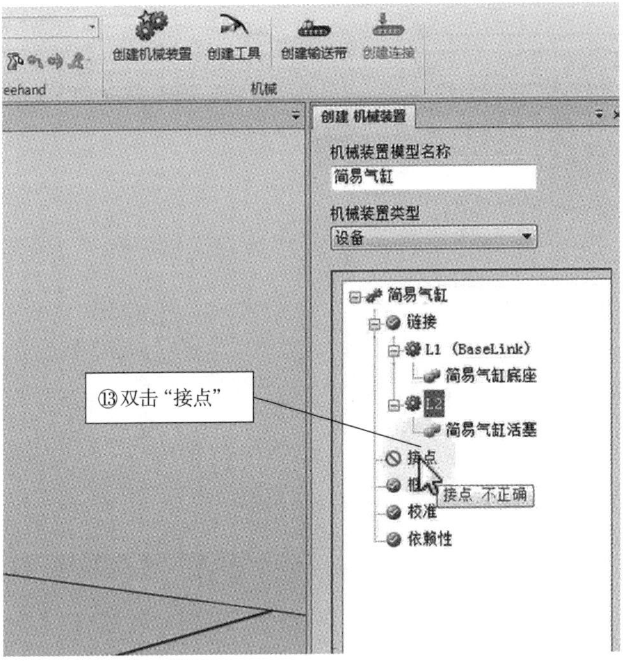
创建机械装置
创建工具
创建输送带
创建连接
机械
创建 机械装置
机械装置模型名称
简易气缸
机械装置类型
设备
简易气缸
链接
L1 (BaseLink)
简易气缸底座
L2
简易气缸活塞
接点
校准
依赖性
⑬双击“接点”
接点 不正确

图 4-29

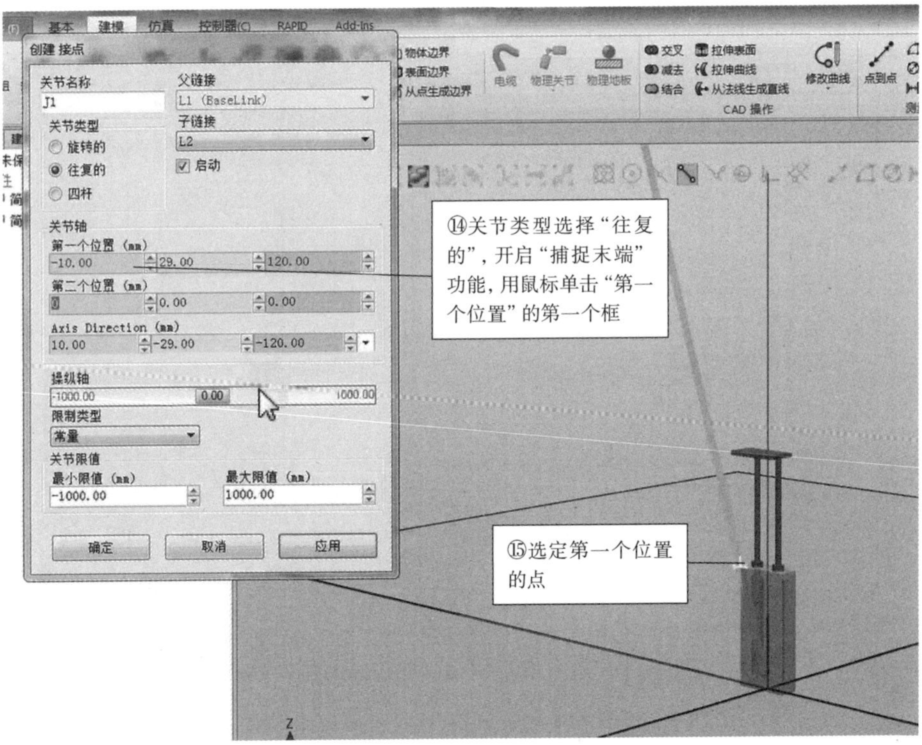
创建 接点
关节名称
J1
父链接
L1 (BaseLink)
子链接
L2
启动
关节类型
旋转的
往复的
四杆
关节轴
第一个位置 (mm)
-10.00
29.00
120.00
第二个位置 (mm)
0.00
0.00
Axis Direction (mm)
10.00
-29.00
-120.00
操纵轴
-1000.00
0.00
1000.00
限制类型
常量
关节限值
最小限值 (mm)
-1000.00
最大限值 (mm)
1000.00
确定
取消
应用
⑭关节类型选择“往复的”，开启“捕捉末端”功能，用鼠标单击“第一个位置”的第一个框
⑮选定第一个位置的点

图 4-30

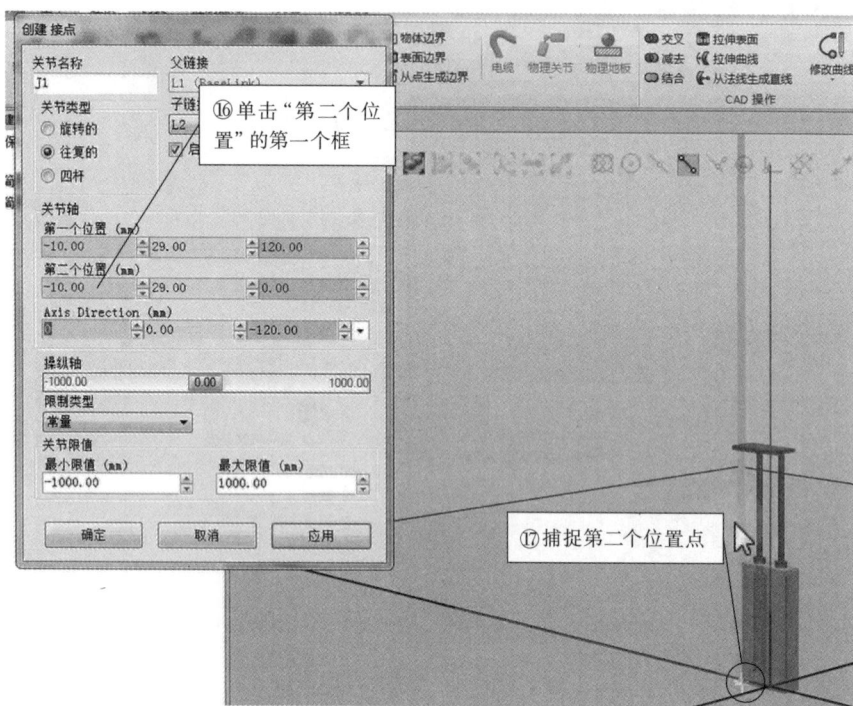

图 4-31

图 4-32

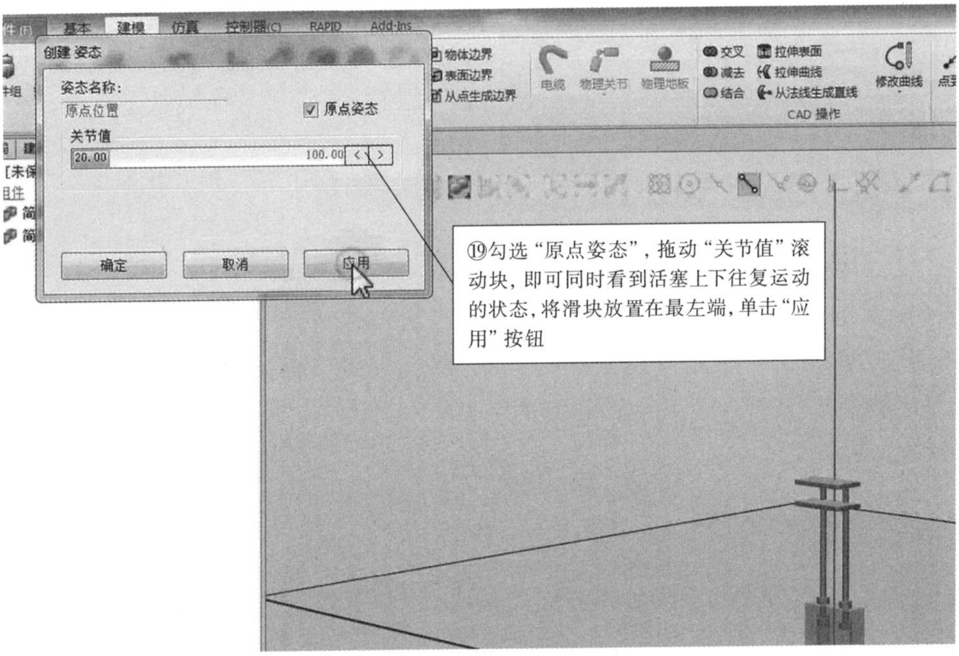
创建 姿态
姿态名称:
原点位置
原点姿态
关节值
20.00
100.00
确定
取消
应用
⑲勾选“原点姿态”，拖动“关节值”滚动块，即可同时看到活塞上下往复运动的状态，将滑块放置在最左端，单击“应用”按钮

图 4-33

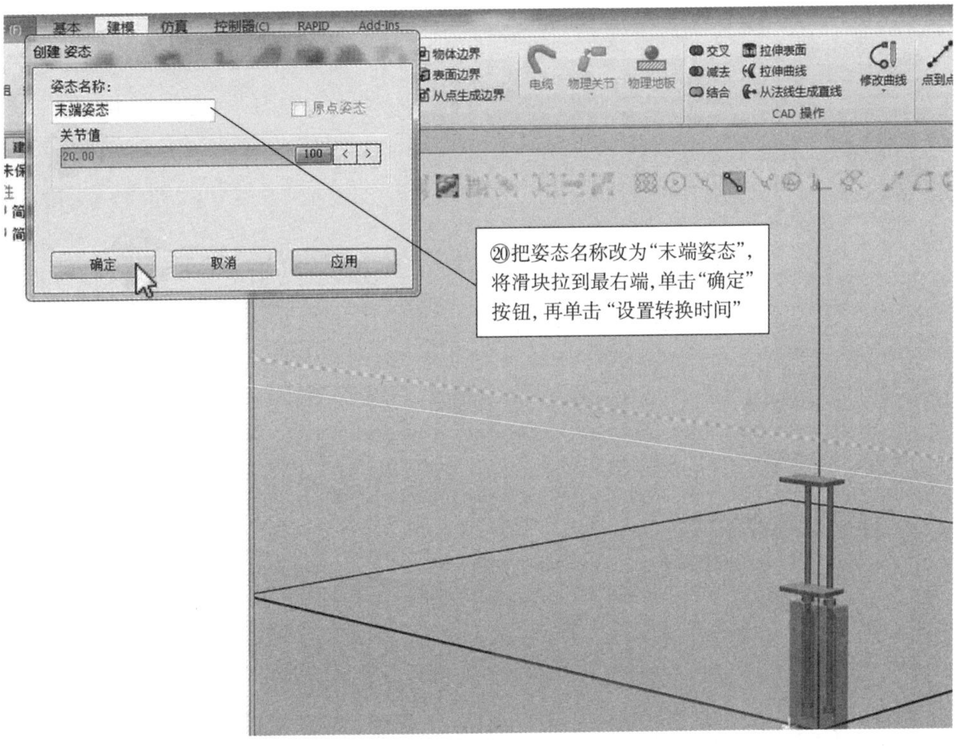
创建 姿态
姿态名称:
末端姿态
原点姿态
关节值
20.00
100
确定
取消
应用
⑳把姿态名称改为“末端姿态”，将滑块拉到最右端，单击“确定”按钮，再单击“设置转换时间”

图 4-34

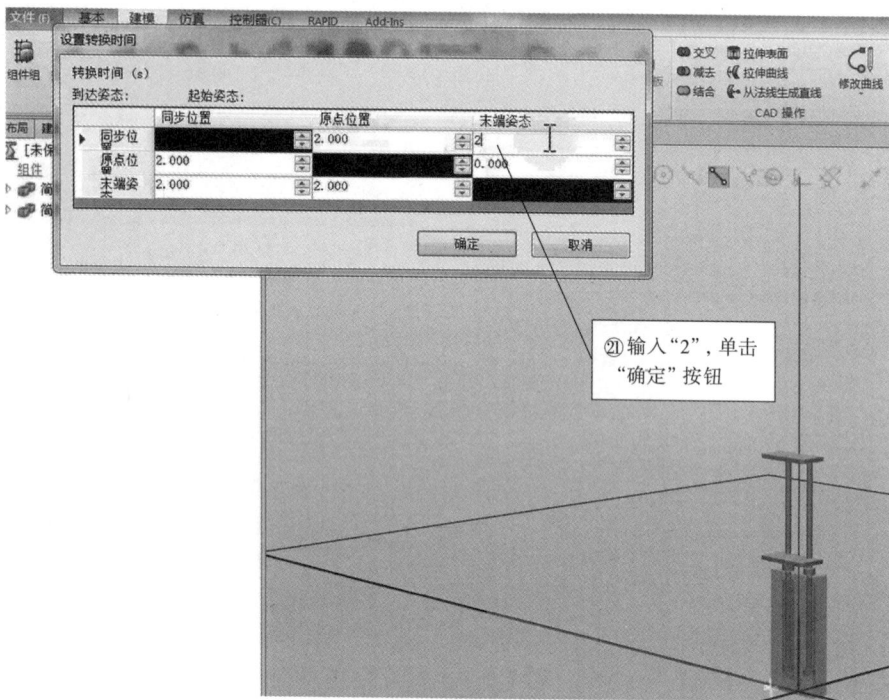

图 4-35

图 4-36

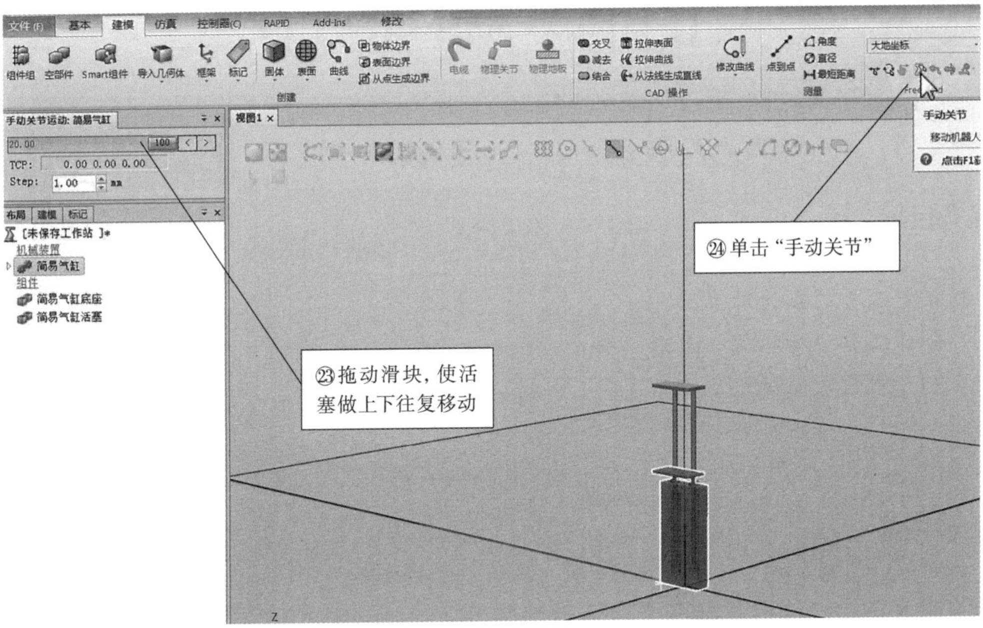

图 4-37

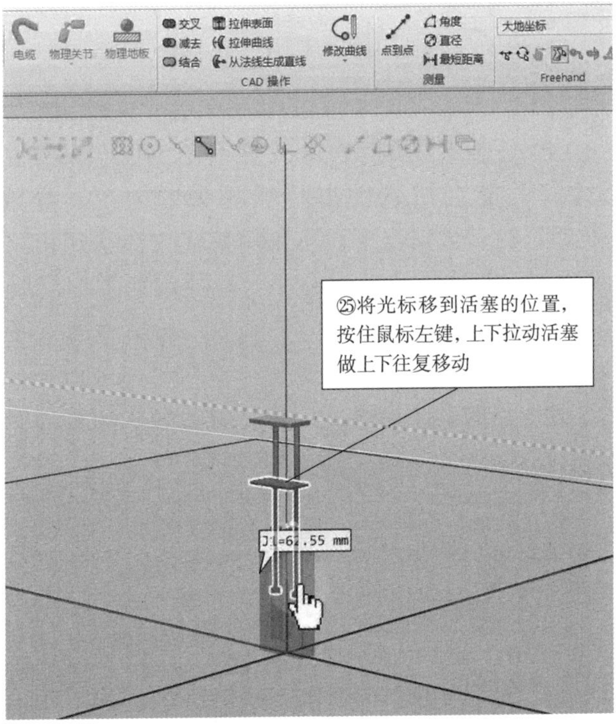

图 4-38

至此，创建机械装置内容学习完毕。

/任务四/ 创建用户工具

【任务目标】

1. 设定工具的本地原点；
2. 创建工具坐标框架、创建工具；
3. 创建机器人系统检测。

【实践操作】

在构建工业机器人工作站时，机器人法兰盘末端会安装用户自定义的工具，我们希望用户自定义的工具能够像 RobotStudio 模型库中的工具一样，安装时应自动安装到机器人法兰盘末端并保证坐标方向一致，同时能在工具末端自动生成工具坐标系，从而避免仿真误差。在本任务中，将学习如何导入 3D 工具模型并创建成具有机器人工作站特征的工具。

一、设定工具的本地原点

用户自定义的 3D 模型由不同的 3D 绘图软件绘制并转换成特定文件格式后导入 RobotStudio 软件中，可能会出现图形特征丢失的情况，导致某些关键特征在 RobotStudio 中无法处理。在多数情况下，可采用替代方法达到相同的处理效果。在本任务中，以吸盘工具为例，解决在创建过程中可能遇到的类似问题。下面介绍针对此类问题的解决方法。在图形处理过程中，为了避免工作站地面特征影响视线和捕捉，先将地面特征设定为隐藏。

设定吸盘工具的本地原点的具体步骤，如图 4-39、图 4-40 所示。

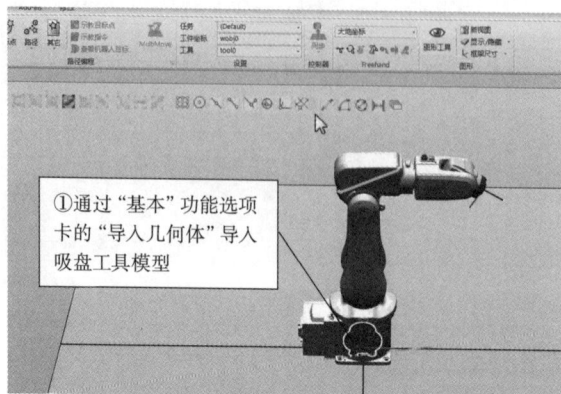

①通过"基本"功能选项卡的"导入几何体"导入吸盘工具模型

图 4-39

②用移动工具把吸盘工具移到合适的位置

图 4-40

为了将吸盘工具正确安装到法兰盘上，需要对齐吸盘工具的本地坐标系与法兰盘工具坐标系。因此，必须修改吸盘工具的本地原点，以确保两者之间的正确对齐。这样，吸盘工具才能准确安装到法兰盘上，如图 4-41 所示。

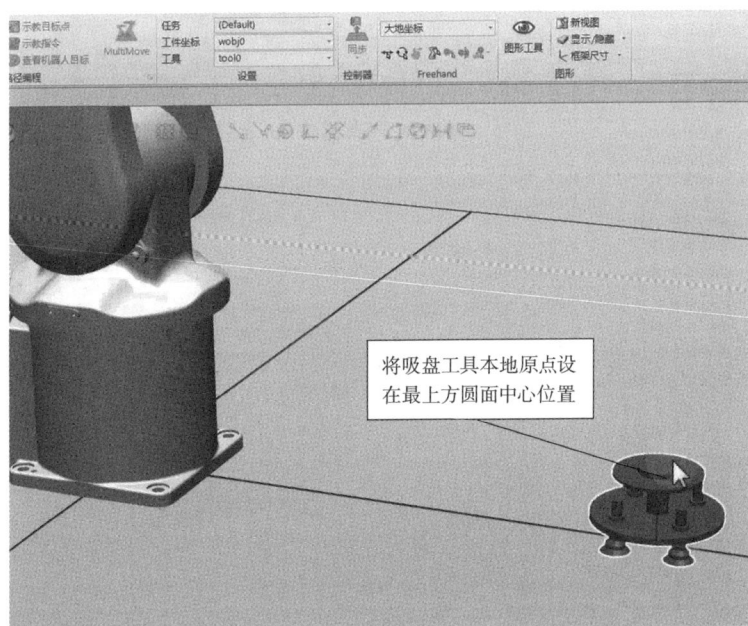

将吸盘工具本地原点设在最上方圆面中心位置

图 4-41

开启捕捉中心功能和选择目标点功能，在布局中单击"吸盘工具"，按鼠标右键，将光标移到"修改"处，单击"设定坐标原点"，随后单击"位置X、Y、Z（mm）"的第一个框，如图4-42、图4-43所示。

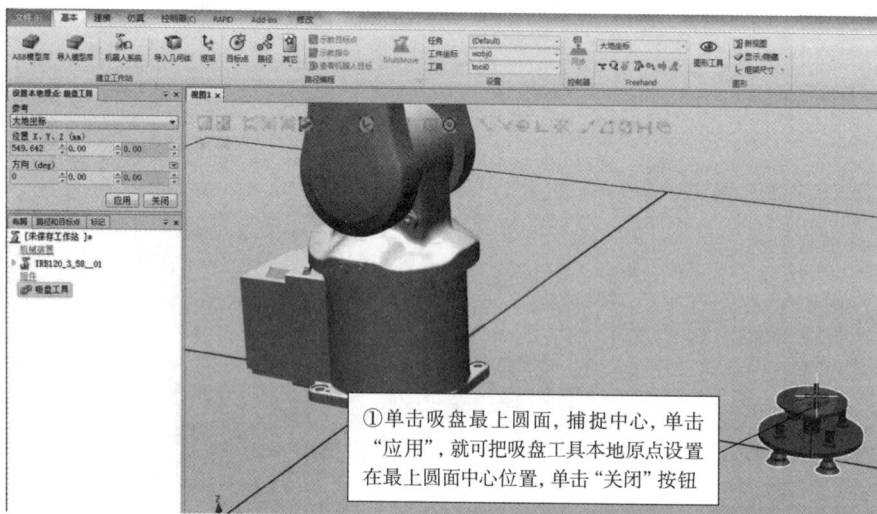

图 4-42

图 4-43

　　吸盘工具的安装原理：使吸盘工具模型的本地坐标系与机器人法兰盘坐标系重合，工具末端的工具坐标系框架称为机器人的工具坐标系。因此，需要对工具模型进行以下处理：一是在工具法兰盘安装端创建本地坐标系框架；二是在工具末端创建工具坐标系框架。这样，自建的工具就具有与系统库中默认工具相同的属性。

　　接下来，放置工具模型的位置。确保其法兰盘接触面与大地坐标系正交，便于处理坐标系的方向。具体操作步骤如图4-44—图4-46所示。

图 4-44

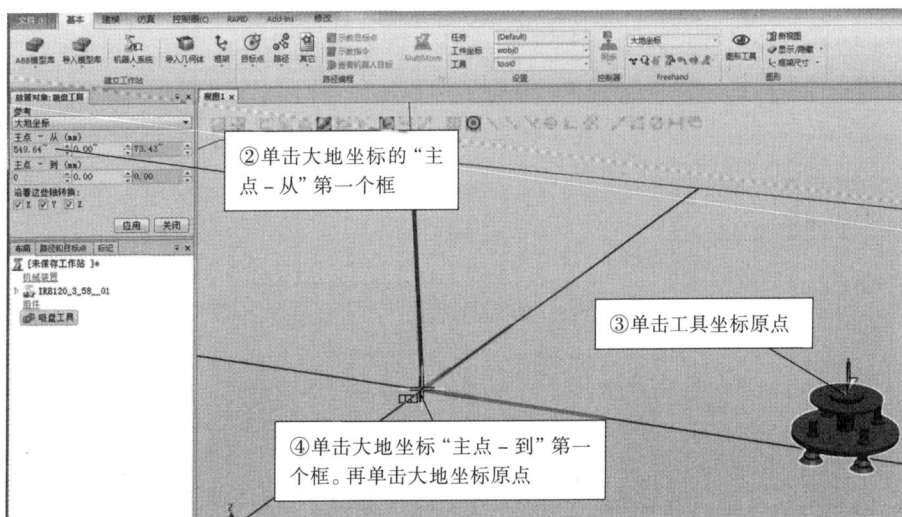

图 4-45

图 4-46

为了将吸盘工具正确安装到法兰盘上，需要调整吸盘工具本地坐标的 Z 轴方向，具体操作步骤如图 4-47 和图 4-48 所示。

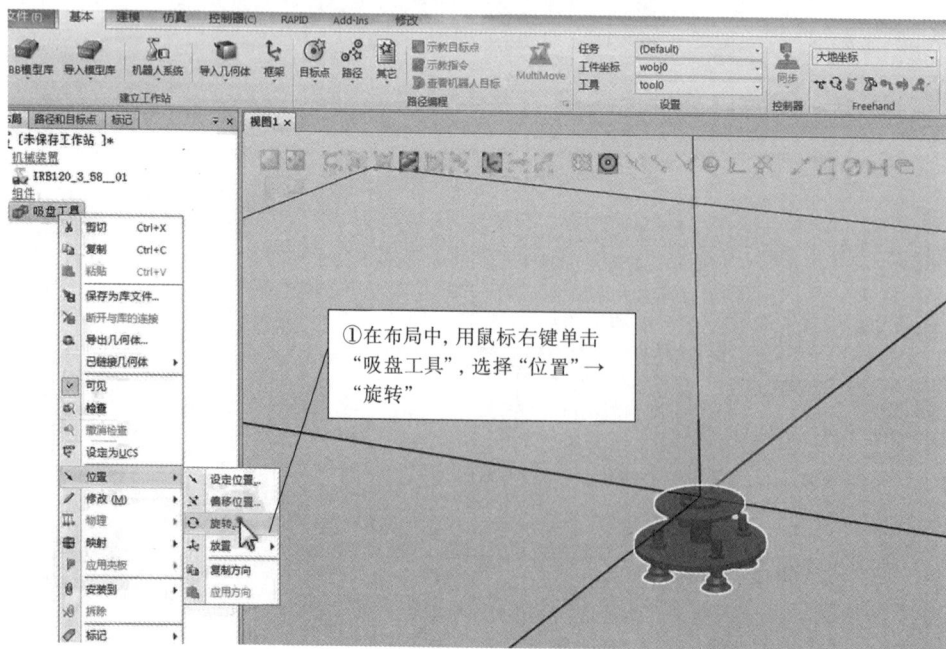

图 4-47

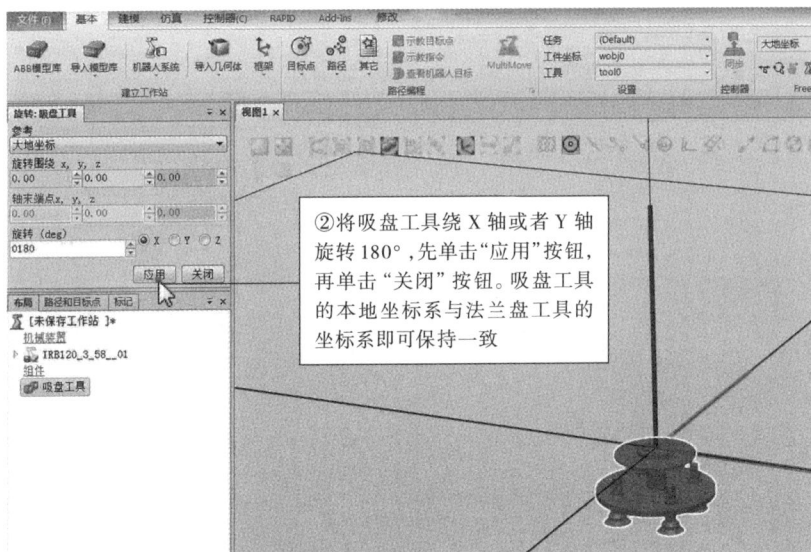

图 4-48

到此，吸盘工具本地坐标系的原点以及坐标系方向就已全部设定完成。

二、创建工具坐标框架和创建工具

需要在如图 4-49 所示的 4 个吸盘最前端的端面位置中心为原点创建一个机器人工具坐标系，即 TCP。在之后的操作中，将此框架作为吸盘工具坐标系框架。具体步骤如图 4-49—图 4-51 所示。

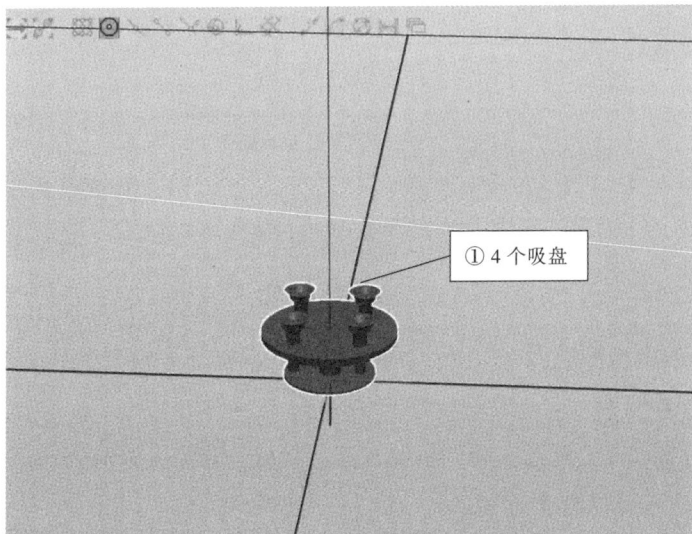

图 4-49

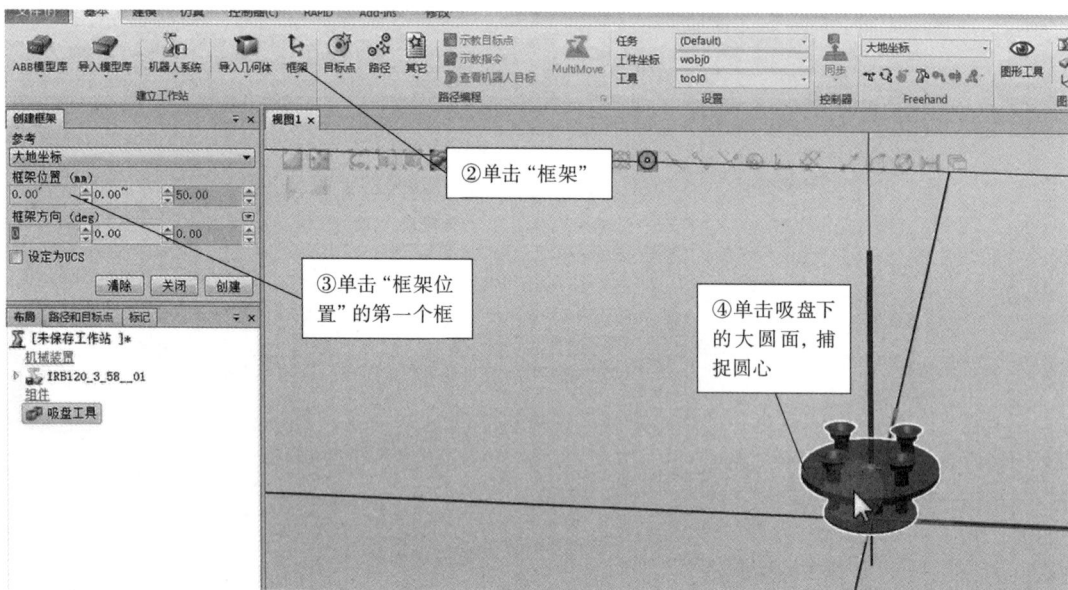

图 4-50

图 4-51

　　设置好工具的本地原点及 TCP 后，还要创建工具操作才能使用工具，创建工具的步骤如图 4-52、图 4-53 所示。

　　由图 4-53 可知，该工具已安装到机器人法兰盘处，安装位置及姿态正是所需的位置。至此，已完成创建工具的整个过程。

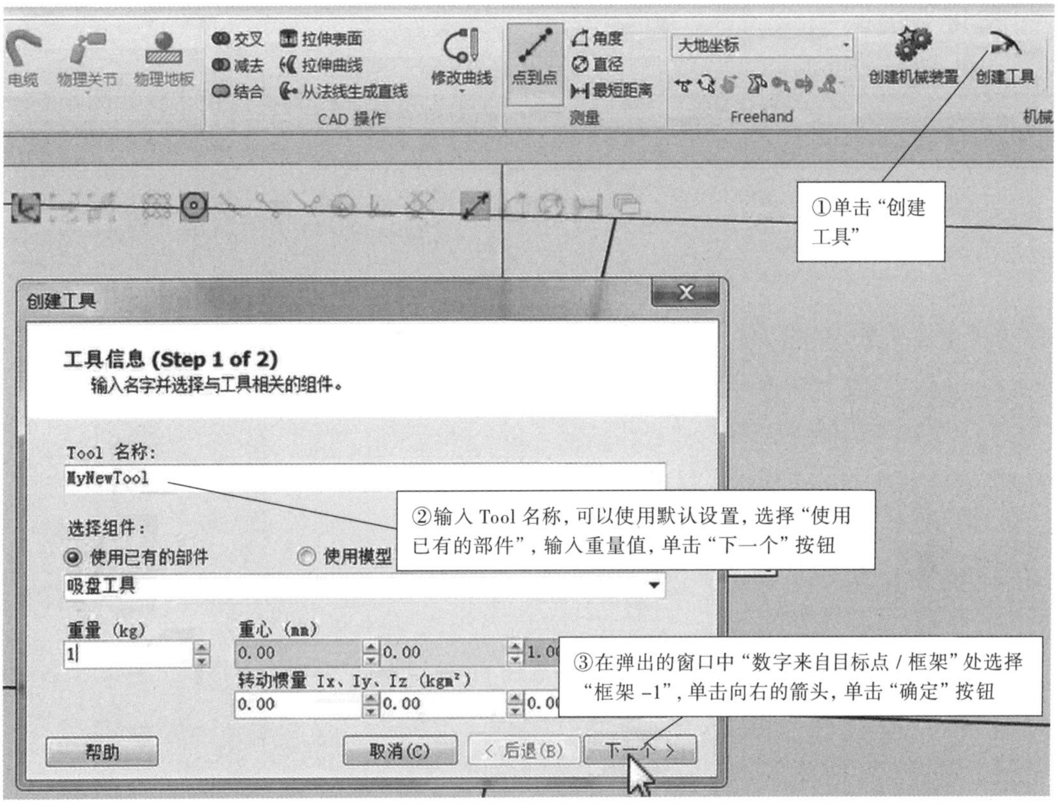

①单击"创建工具"

创建工具

工具信息 (Step 1 of 2)
输入名字并选择与工具相关的组件。

Tool 名称:

MyNewTool

②输入 Tool 名称,可以使用默认设置,选择"使用已有的部件",输入重量值,单击"下一个"按钮

选择组件:

◉ 使用已有的部件　　○ 使用模型

吸盘工具

重量 (kg)　　重心 (mm)
1　　　　　　0.00　　0.00　　1.00

③在弹出的窗口中"数字来自目标点／框架"处选择"框架 –1",单击向右的箭头,单击"确定"按钮

转动惯量 Ix、Iy、Iz (kgm²)
0.00　　　0.00　　0.00

帮助　　　　　取消(C)　　〈 后退(B)　　下一个 〉

图 4-52

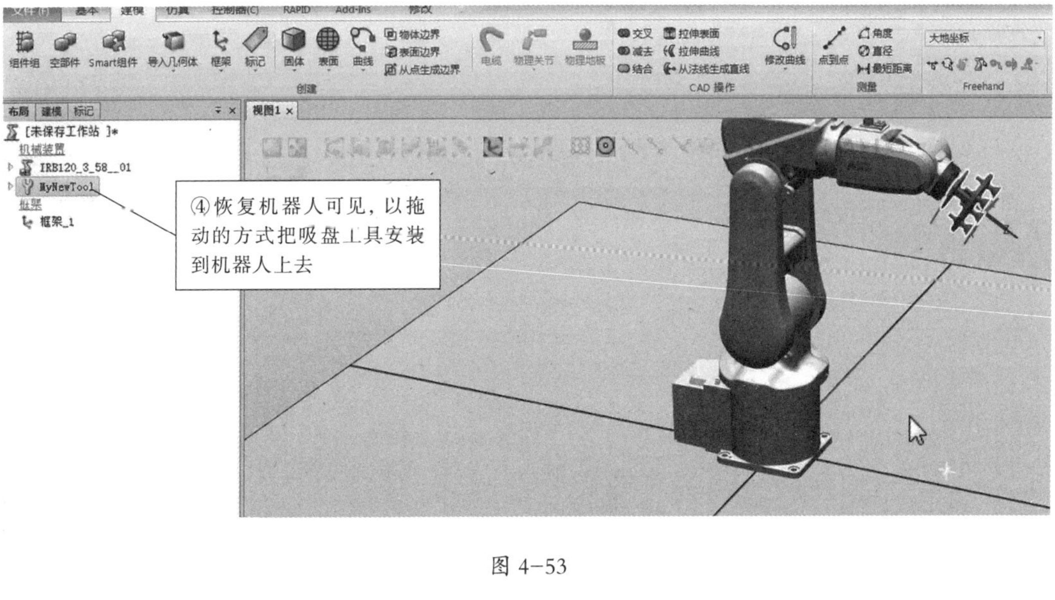

④恢复机器人可见,以拖动的方式把吸盘工具安装到机器人上去

图 4-53

三、验证方法

创建一个机器人控制系统，检验该工具是否能正常使用，具体操作步骤如图 4-54—图 4-59 所示。

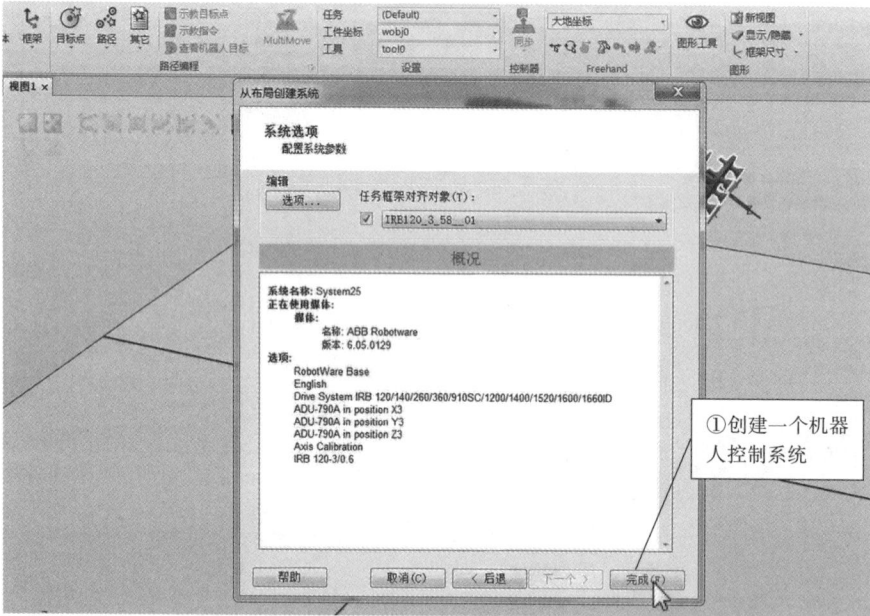

图 4-54

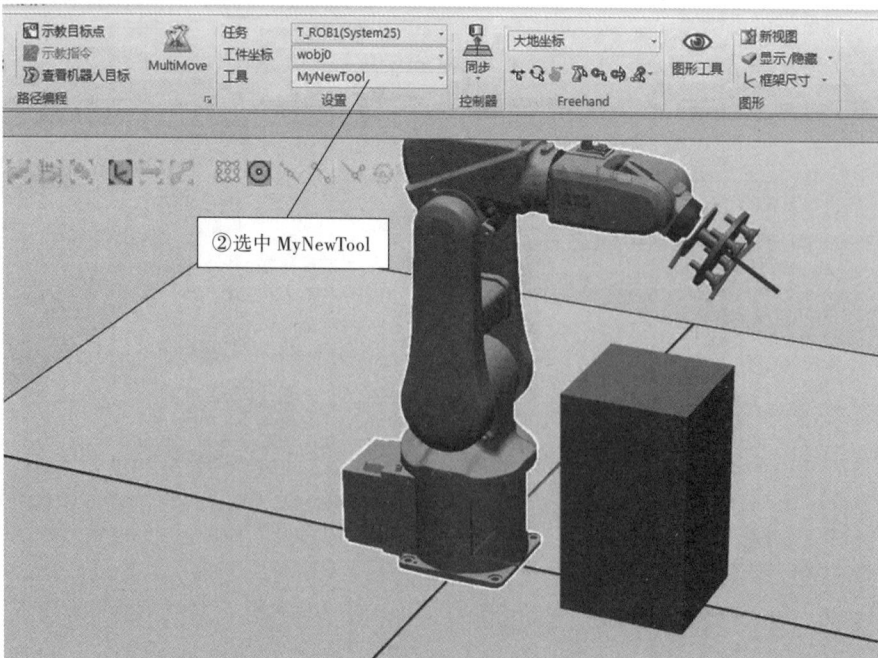

图 4-55

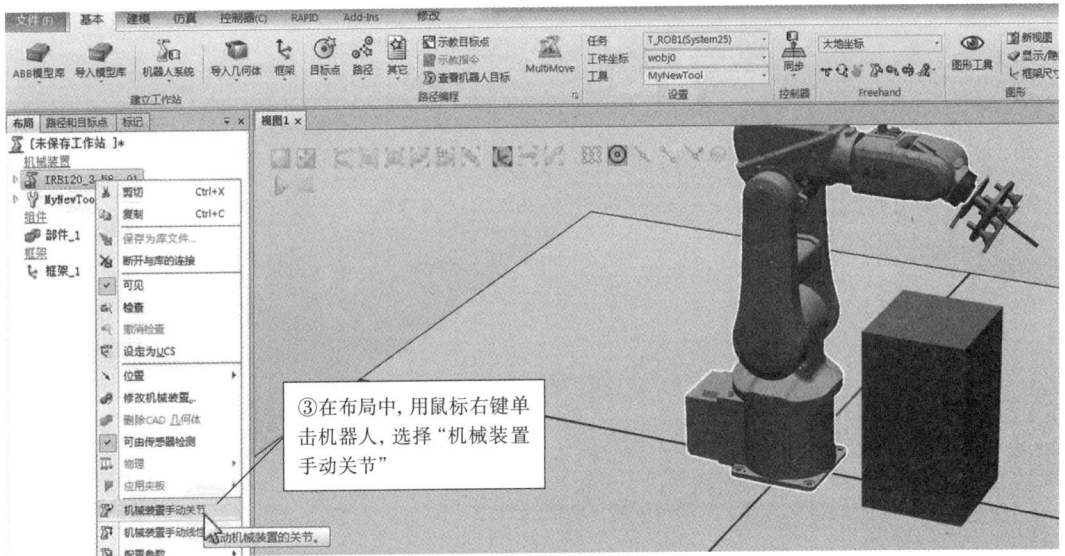

图 4-56

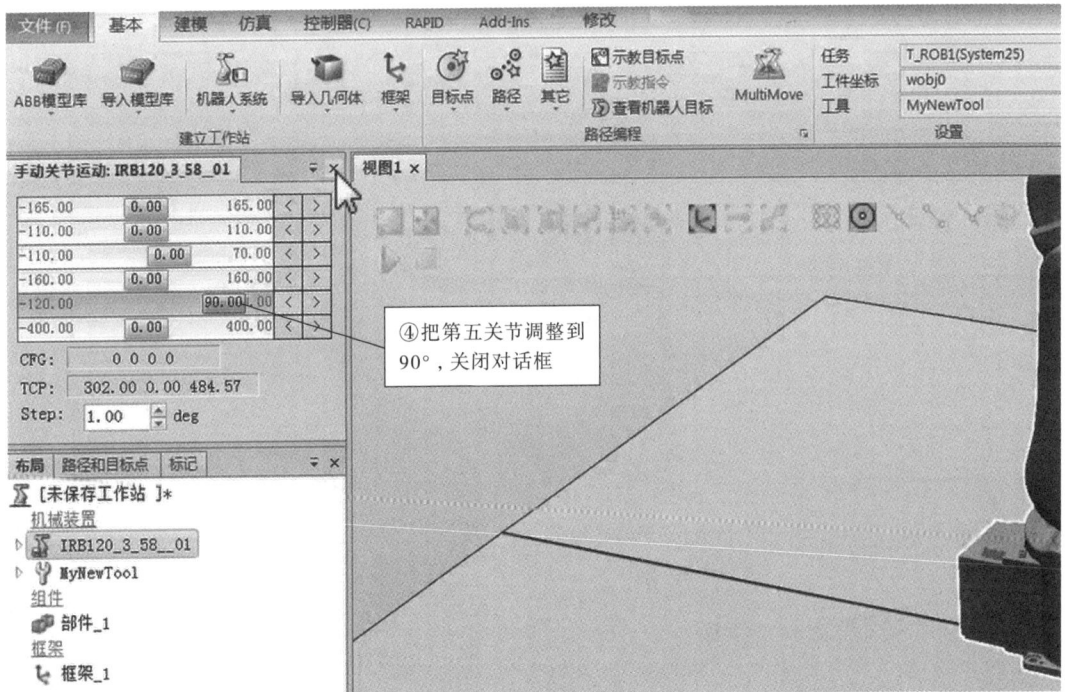

图 4-57

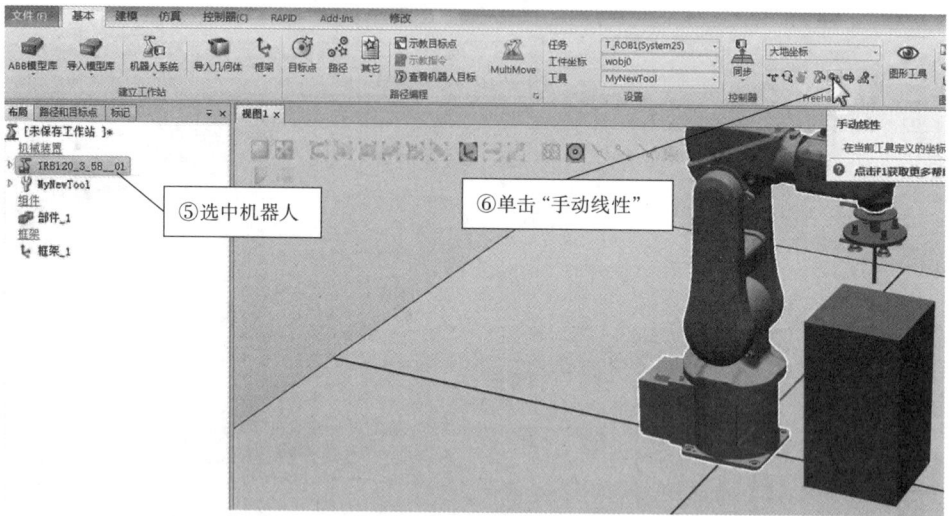

图 4-58

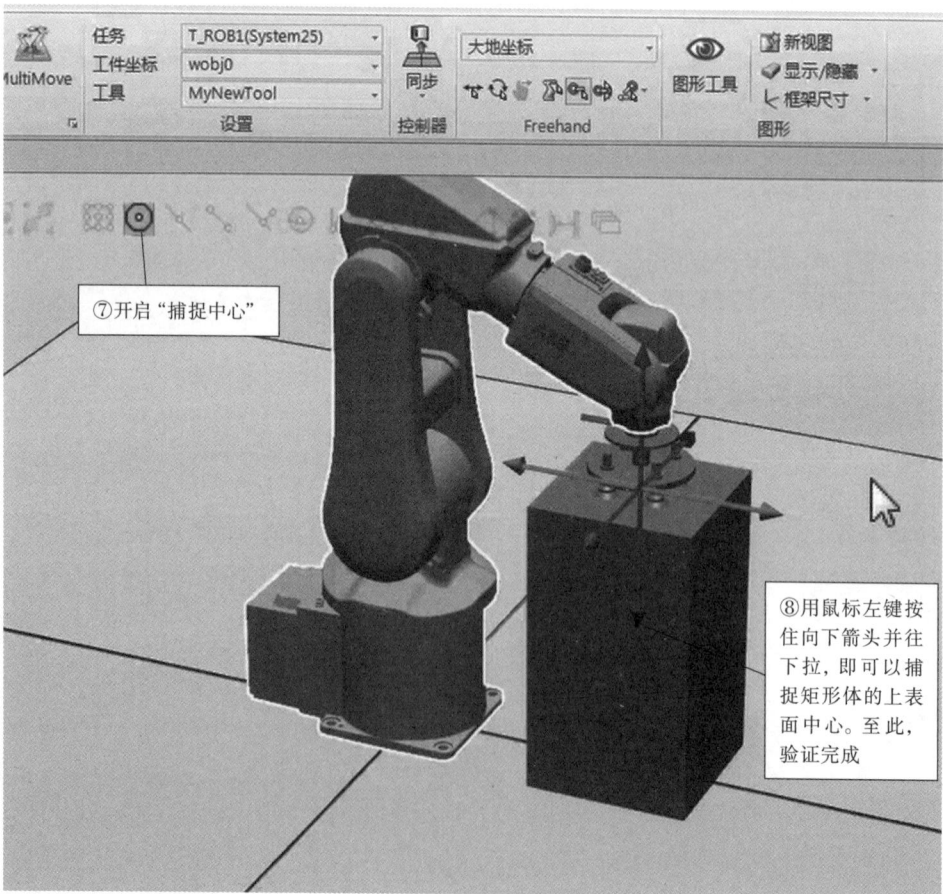

图 4-59

/任务五/ 创建焊枪工具

【任务目标】

1. 会设定工具的本地原点；
2. 会创建工具的坐标系框架；
3. 会创建工具。

【实践操作】

一、设定工具的本地原点

设定工具的本地原点，具体步骤如图 4-60—图 4-62 所示。

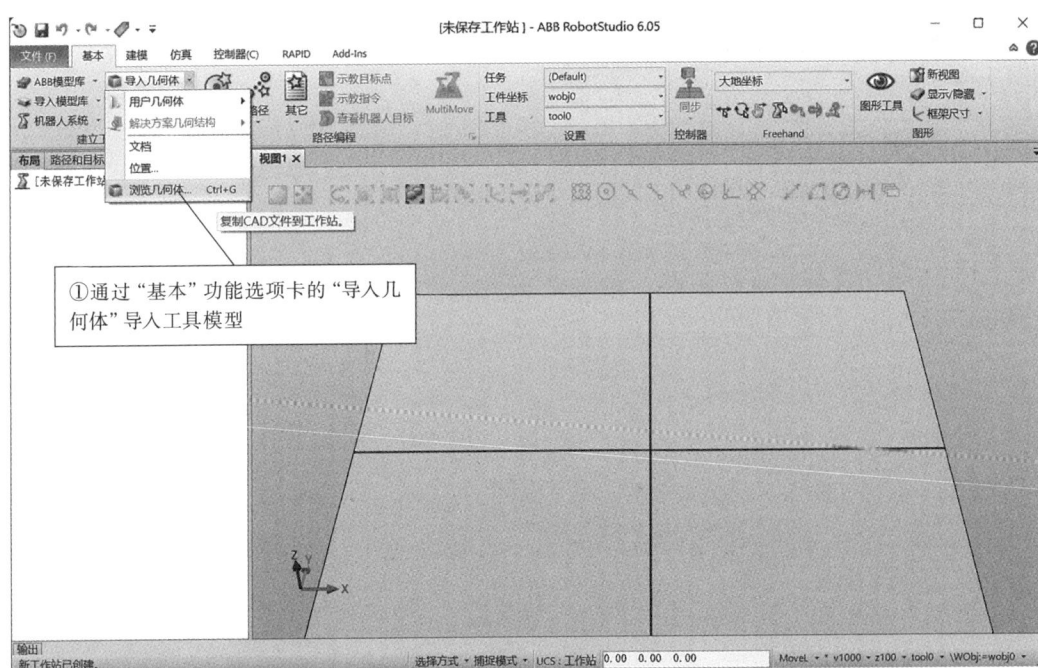

图 4-60

在弹出的对话框中，打开"hanqiang.stp"文件路径，导入焊枪工具。按住"Ctrl+Shift+鼠标左键"旋转图形，如图 4-61 所示。

图 4-61

放置工具模型，使其法兰盘所接触的面与大地坐标系正交，以便于处理坐标系的方向，如图 4-62 所示。

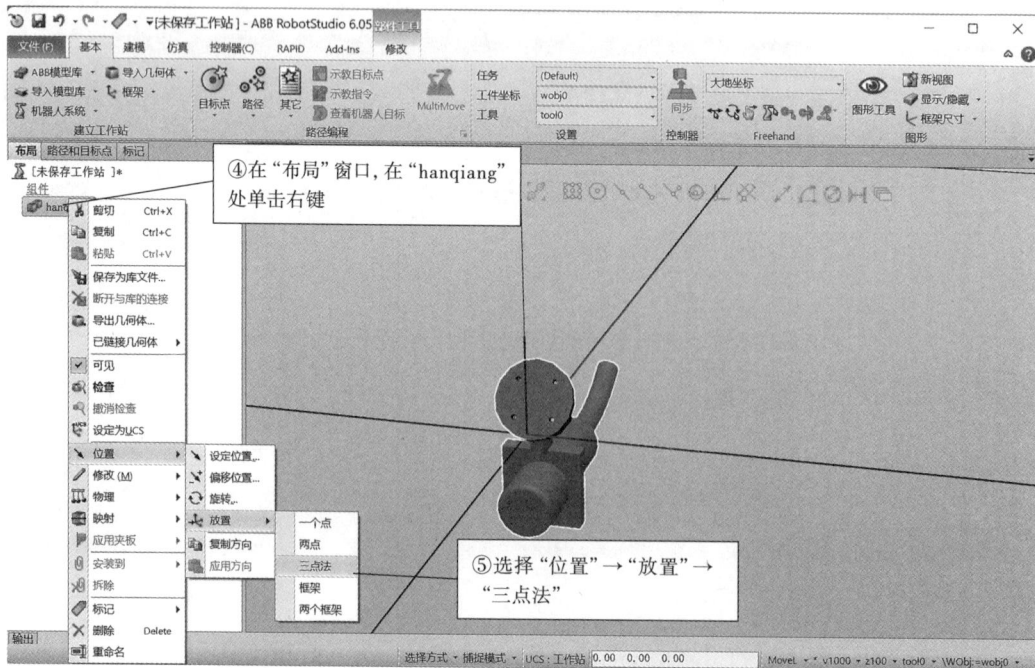

图 4-62

将工具法兰盘端的平面与工作站的地面重合。具体操作如图 4-63—图 4-65 所示。

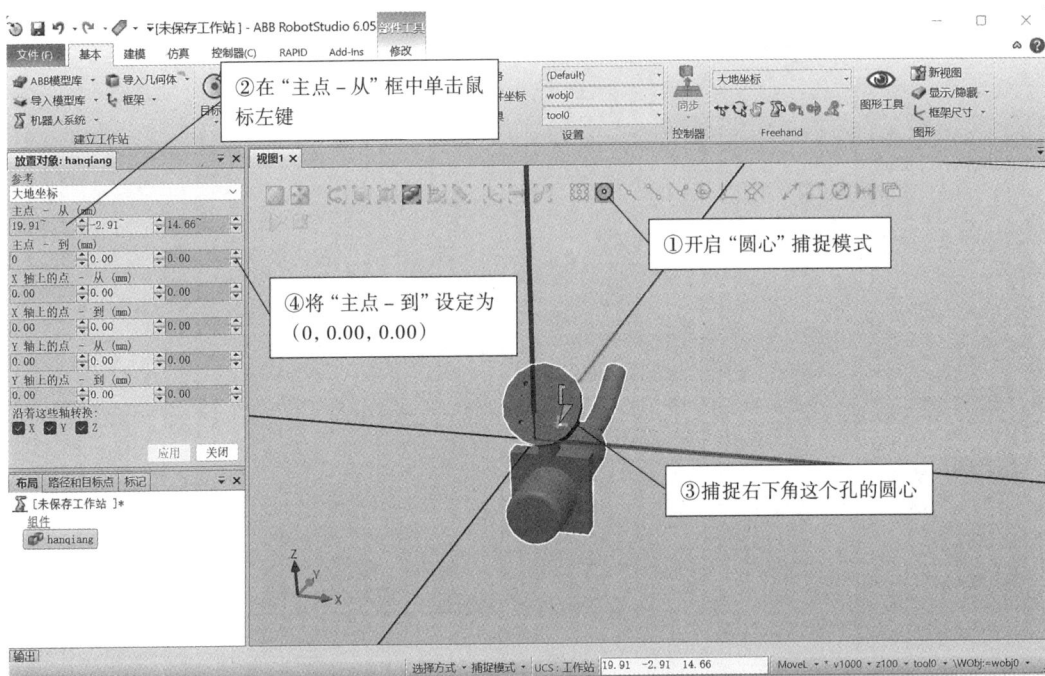

图 4-63

图 4-64

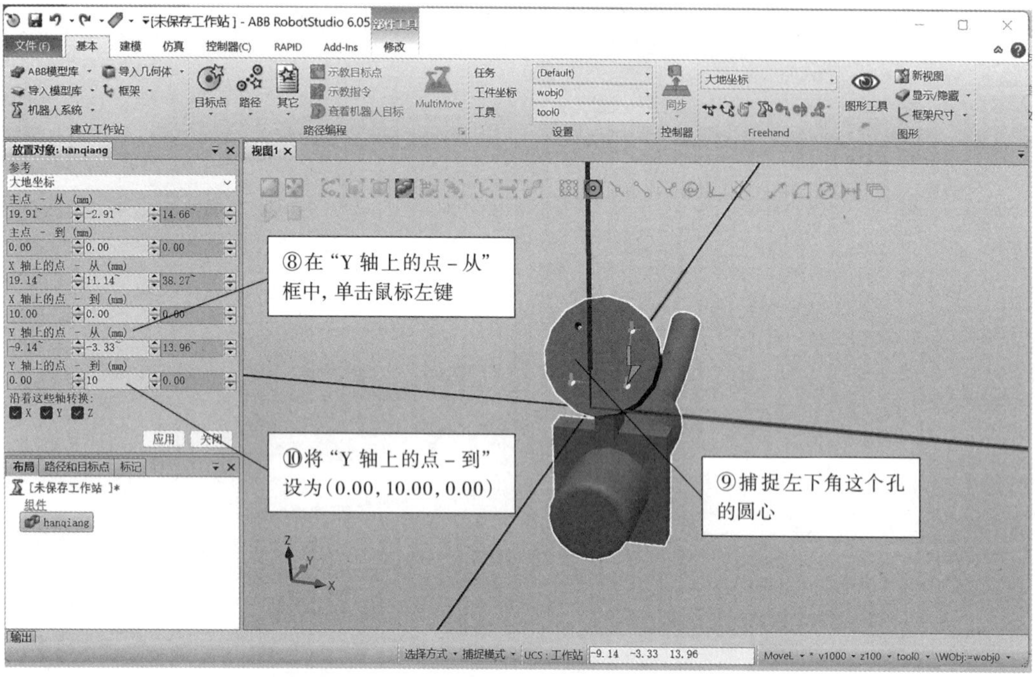

图 4-65

单击"应用"按钮，并关闭"三点法放置窗口"，得到如图 4-66 所示的效果。

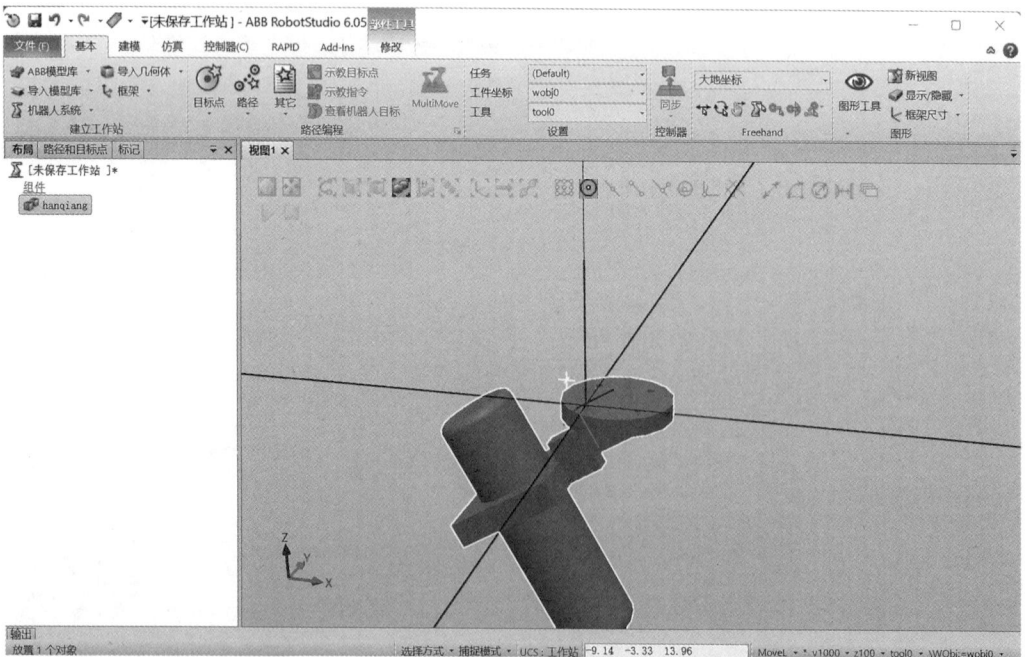

图 4-66

重新设定本地原点，如图 4-67 所示。

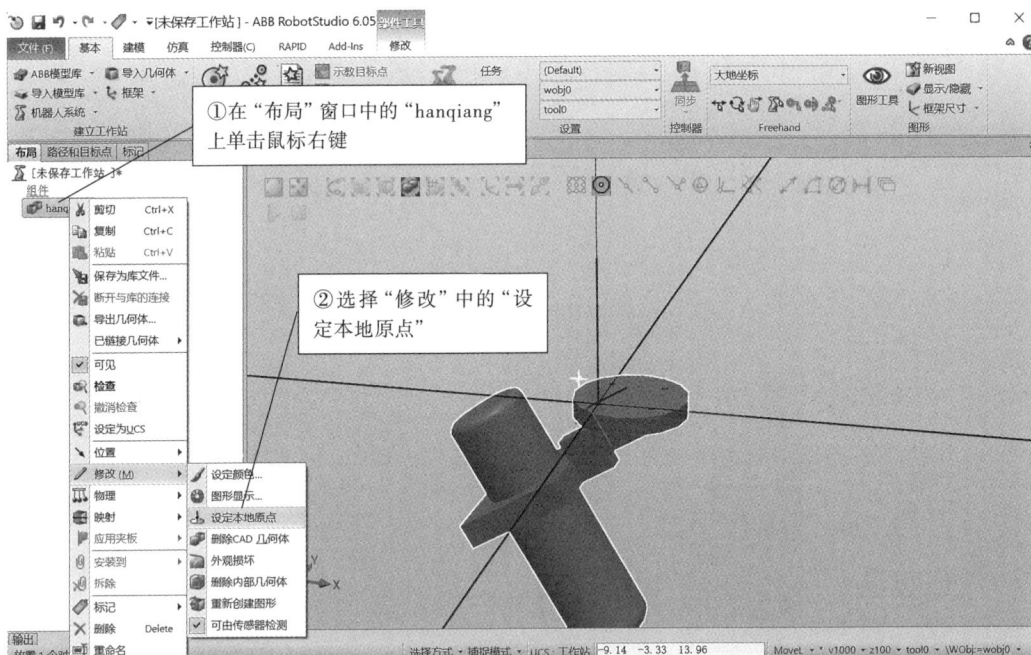

图 4-67

打开"设定本地原点"窗口，如图 4-68 所示。

图 4-68

单击"应用"按钮，并关闭"设置本地原点"窗口，如图 4-69 所示。

图 4-69

旋转焊枪模型，使其姿态与机器人姿态保持一致，操作步骤如图 4-70 所示。

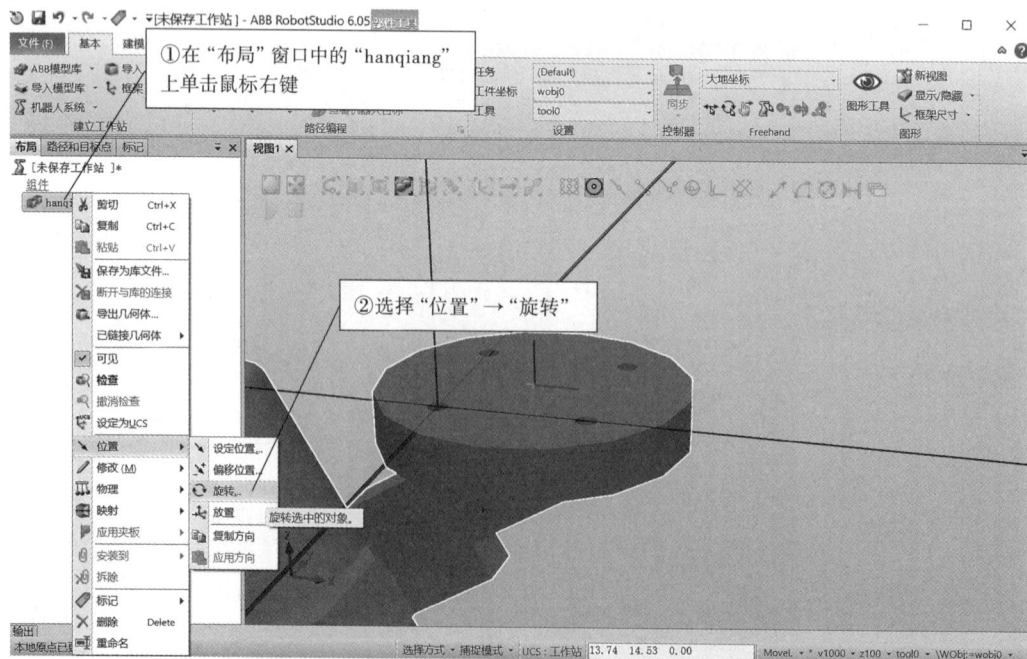

图 4-70

在打开的"旋转"窗口中，设定绕 X 轴旋转 180°，如图 4-71 所示。

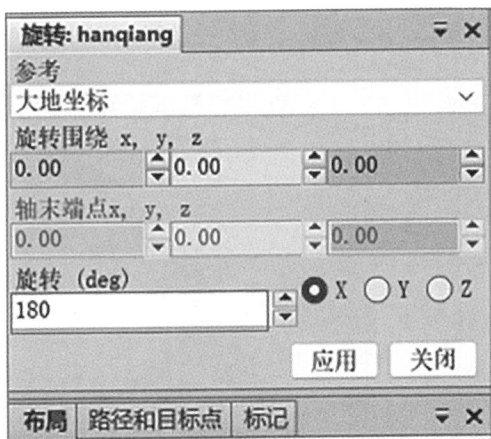

图 4-71

旋转后的效果如图 4-72 所示。

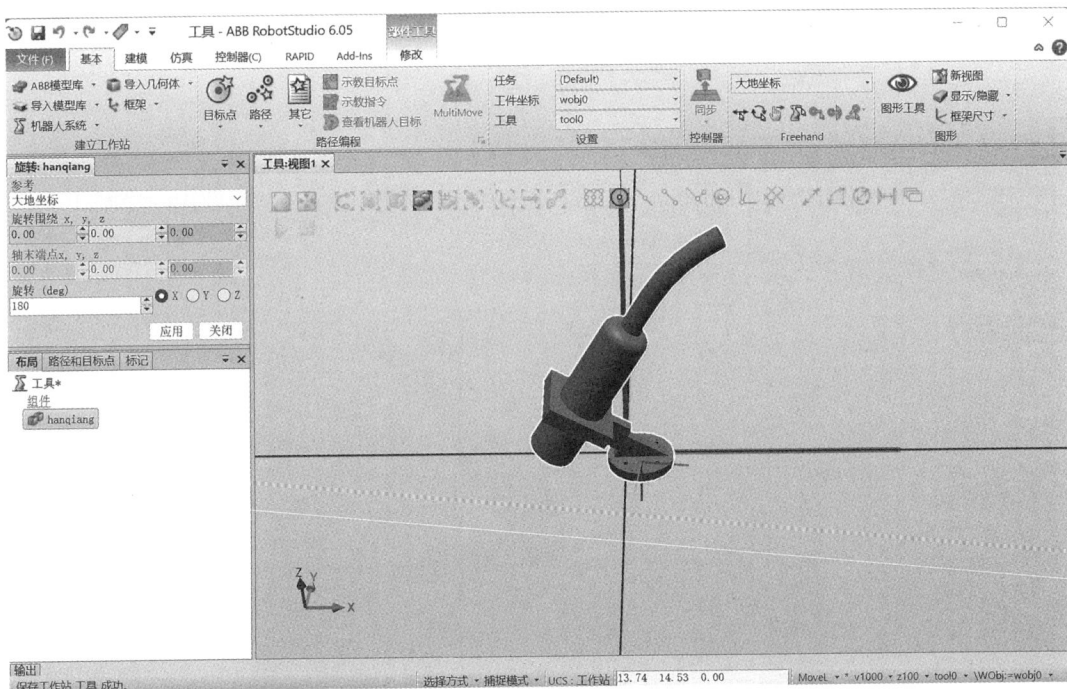

图 4-72

设定位置，使焊枪原点与大地原点重合，如图 4-73 和图 4-74 所示。

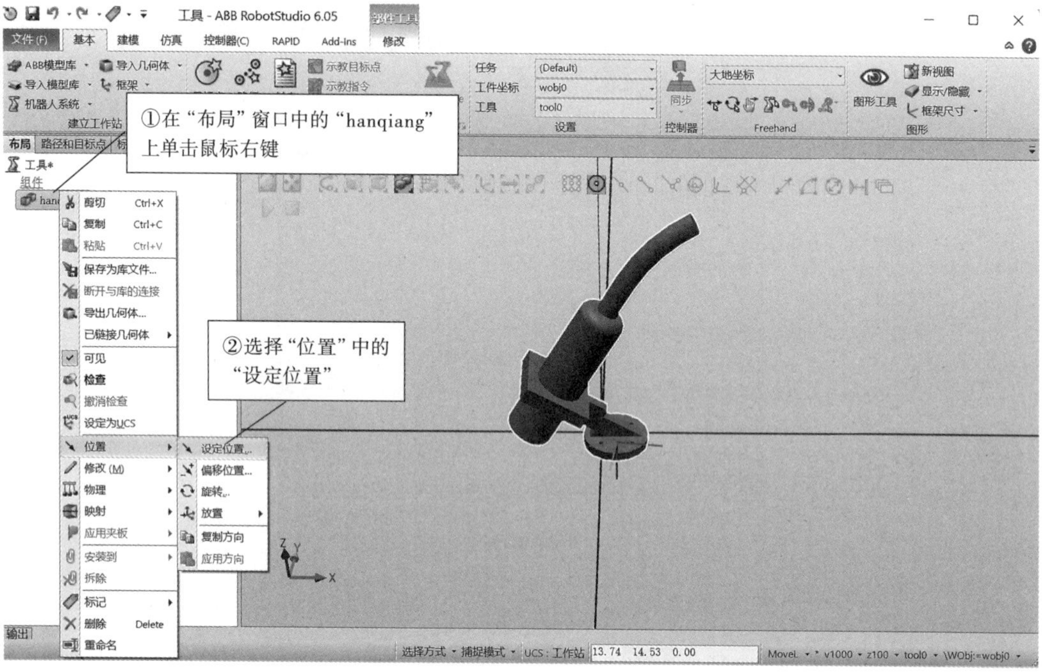

图 4-73

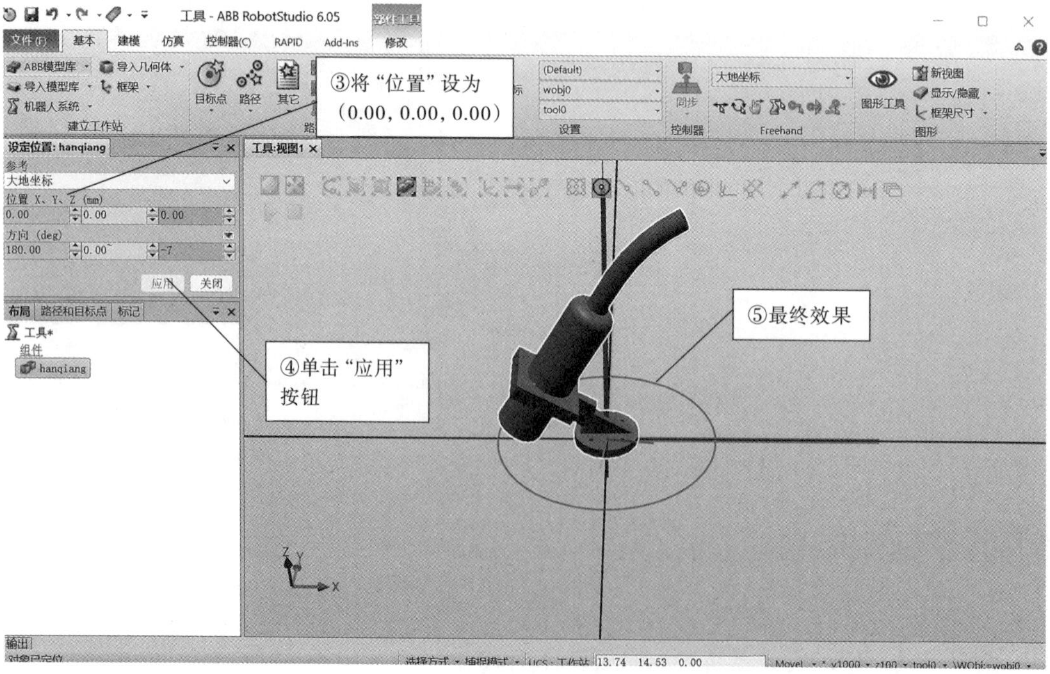

图 4-74

此时，我们发现本地坐标的 Z 轴的正方向是向下的。需要调整 Z 轴，使其与大地坐标系的 Z 轴方向一致，向上，操作步骤如图 4-75 和图 4-76 所示。

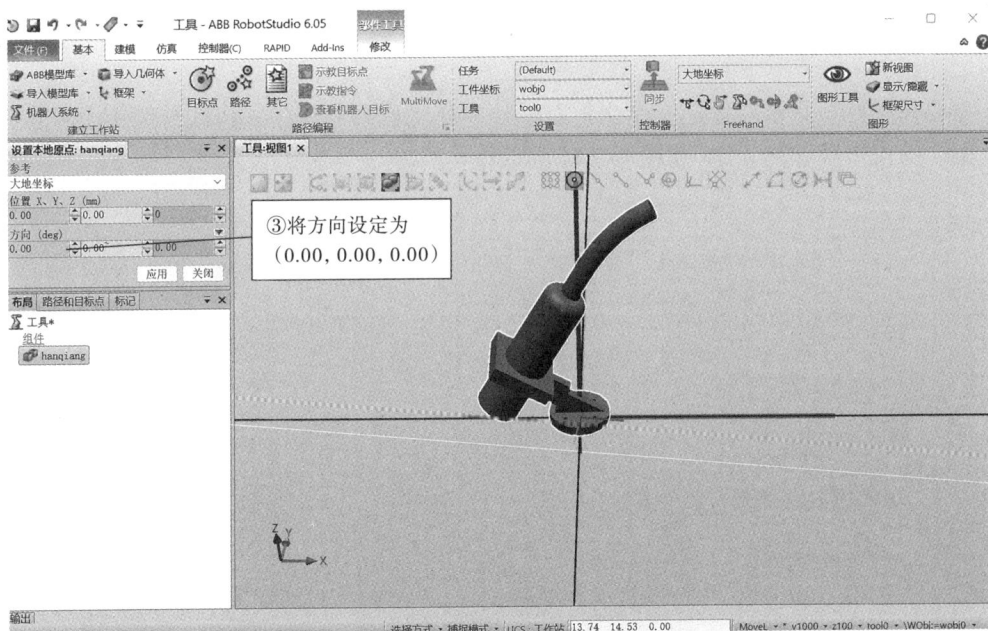

图 4-75

图 4-76

单击"应用"按钮，并从"ABB 模型库"中导入一个机器人模型；把焊枪安装到机器人上检验初步效果，如图 4-77 所示。

位置姿态正确后，按下"Ctrl+Z"键取消安装，再将机器人隐藏。至此，该工具模型的本地坐标系方向就已全部设置完成。

图 4-77

二、创建工具坐标系框架

需要在焊枪工具末端创建一个坐标系框架。在之后的操作中，将此框架作为工具坐标系框架。操作步骤如图 4-78 和图 4-79 所示。

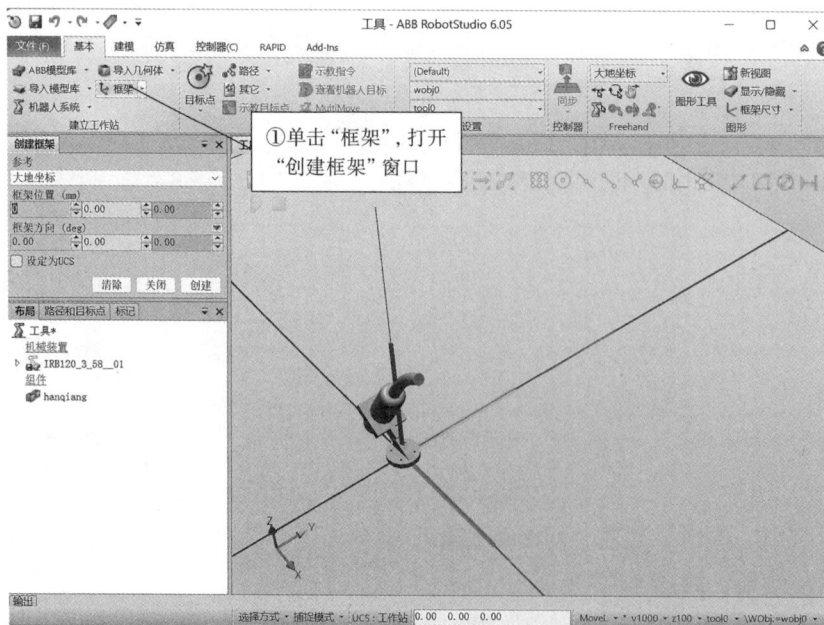

图 4-78

图 4-79

因为图 4-80 的框架中 Z 方向不对，所以要设定表面的法线方向，步骤如图 4-80 和图 4-81 所示。

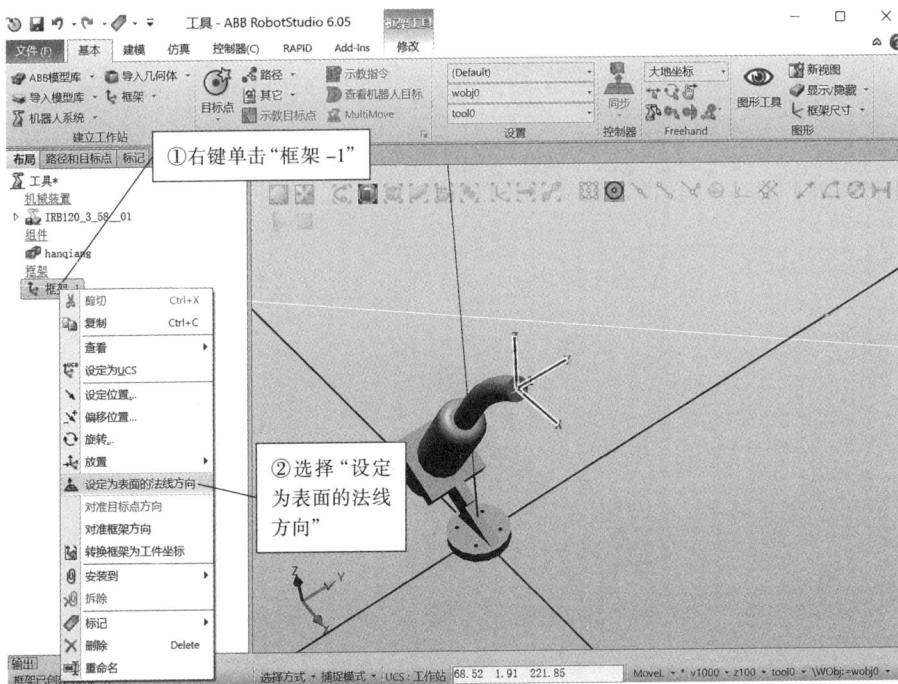

图 4-80

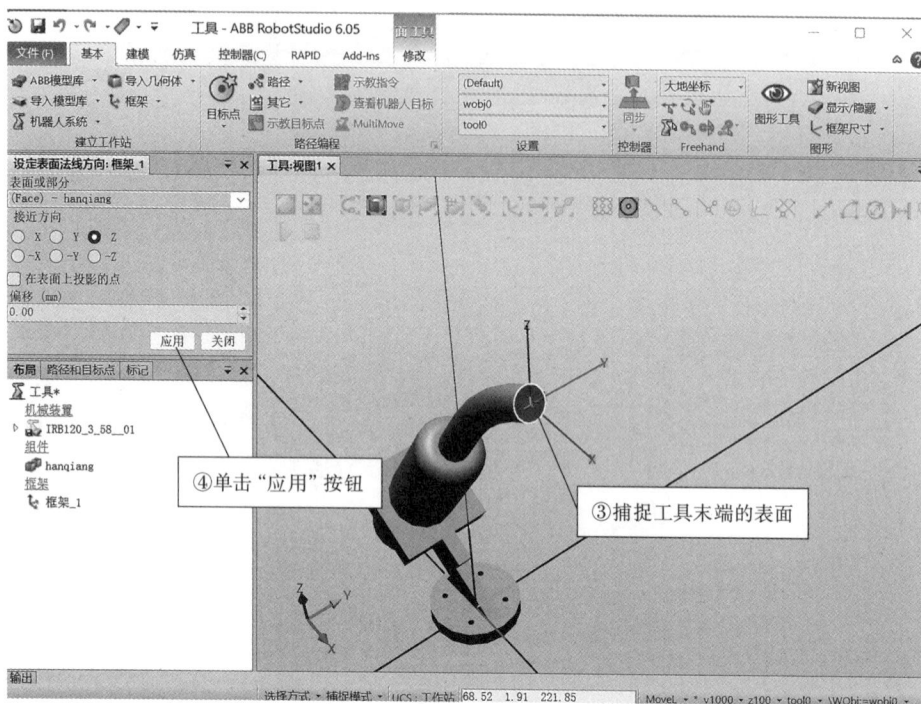

图 4-81

单击"应用"按钮，再单击"关闭"按钮，效果如图 4-82 所示。

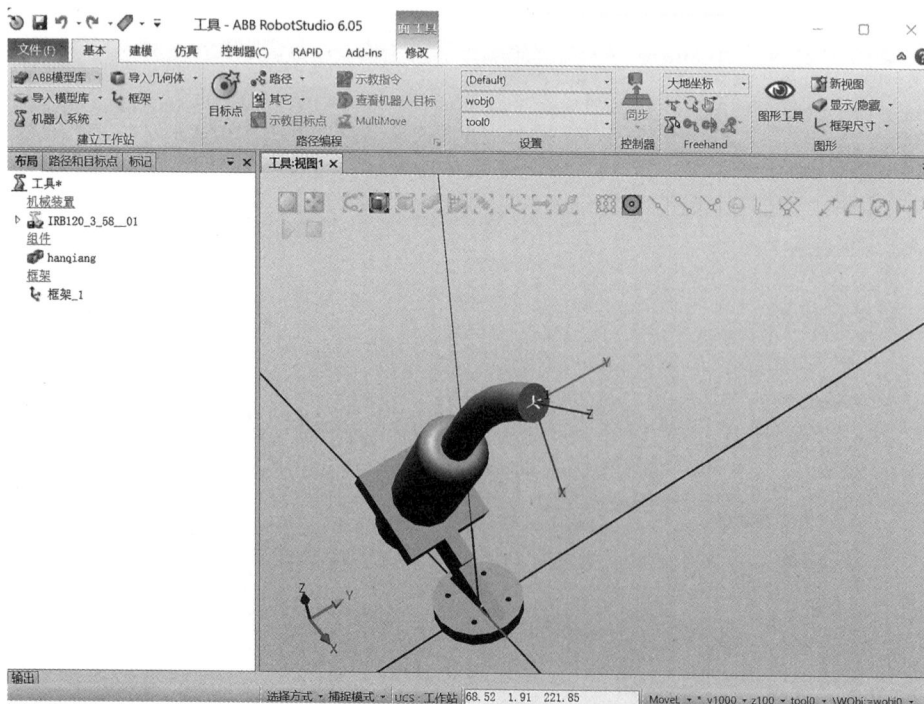

图 4-82

三、创建工具

创建工具的具体步骤如图 4-83—图 4-86 所示。

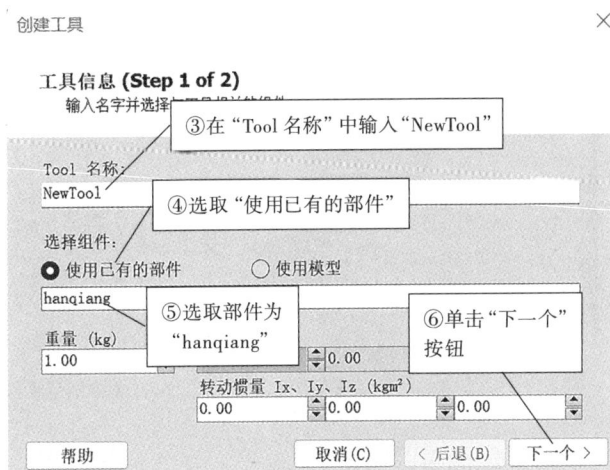

图 4-83

图 4-84

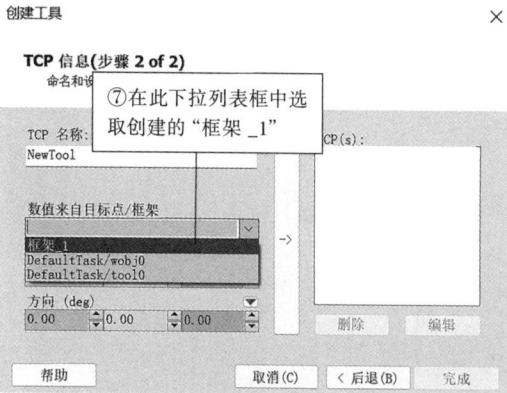

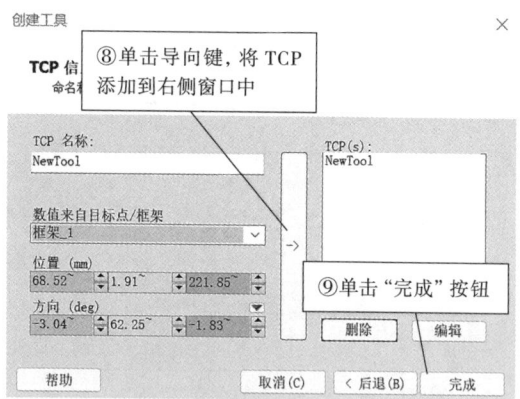

图 4-85 图 4-86

将已创建好的工具添加到 "ABB 模型库"中,方便后续使用,操作步骤如图 4-87 和图 4-88 所示。

图 4-87

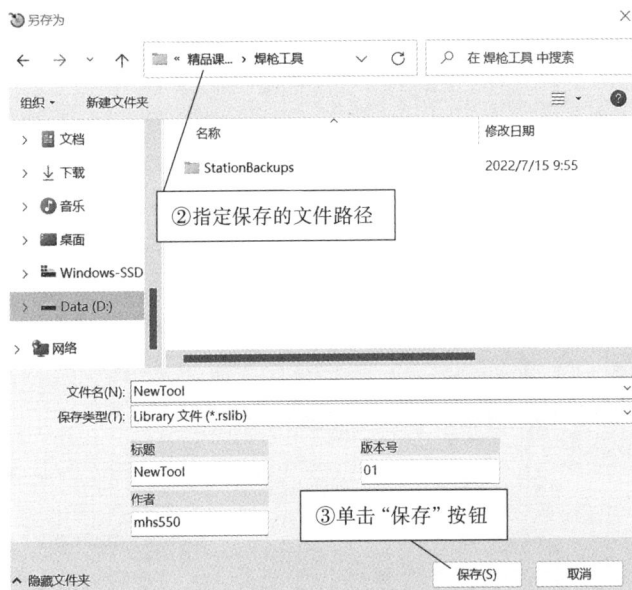

图 4-88

保存库文件后，可以从保存的文件路径中打开，如图 4-89 和图 4-90 所示。

图 4-89

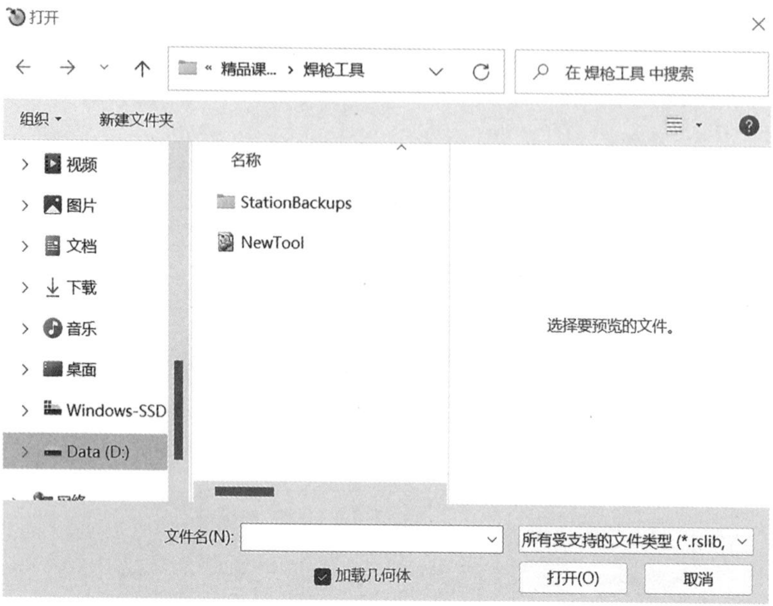

图 4-90

如果想把创建的工具导入"用户库"中，具体步骤如图 4-91—图 4-93 所示。

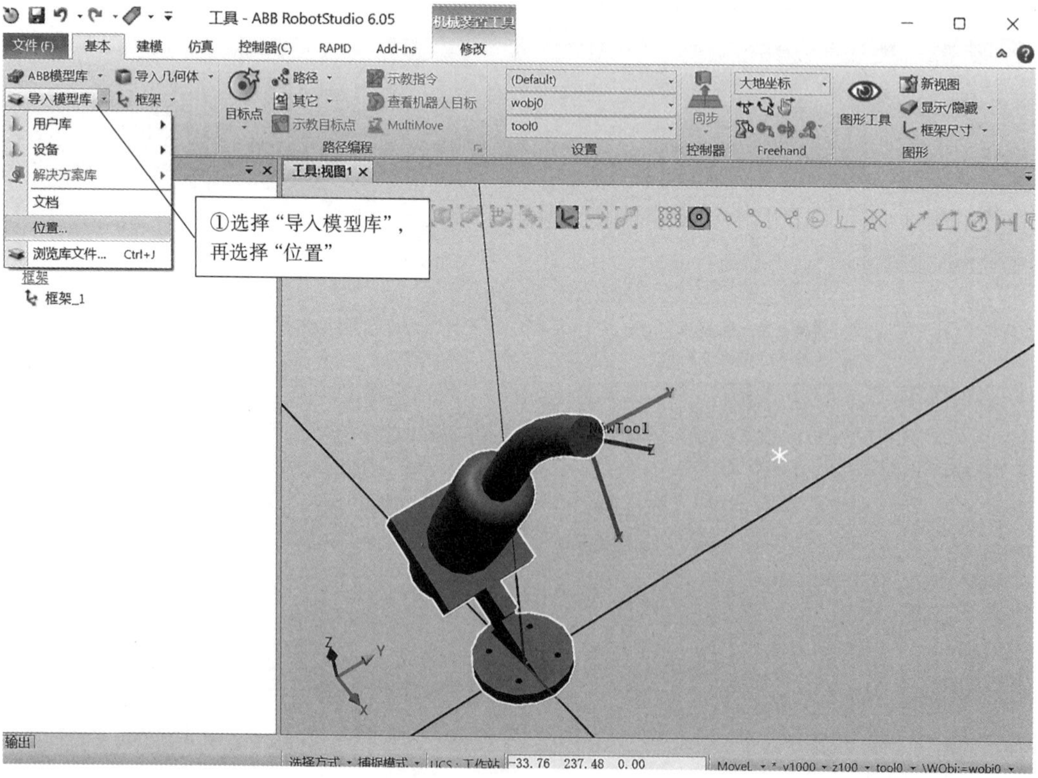

图 4-91

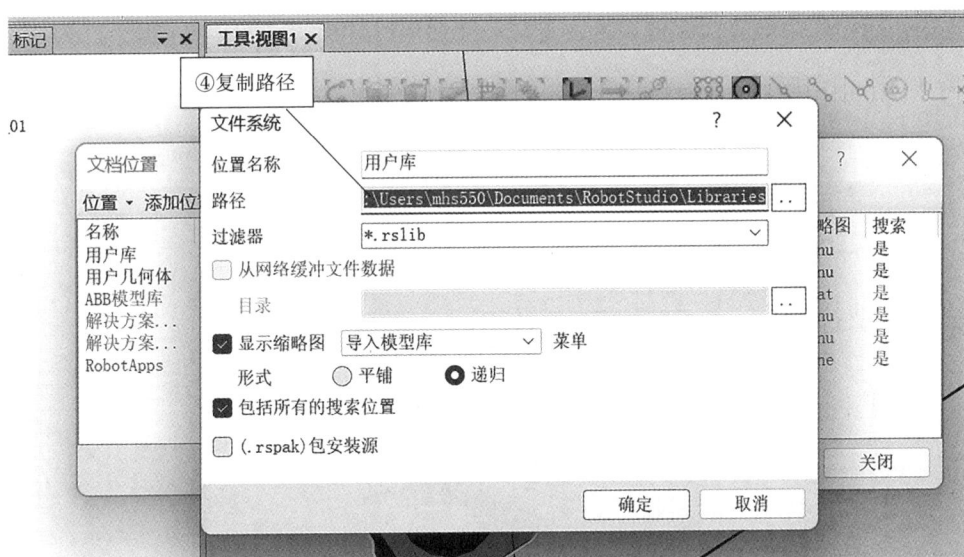

图 4-92

图 4-93

得到类似这样的文件路径"C:\\Users*****\\Documents\\RobotStudio\\Libraries"，然后打开文件夹，把上面的路径粘贴进去后，按"Enter"键打开该文件夹，如图 4-94 和图 4-95 所示。

图 4-94

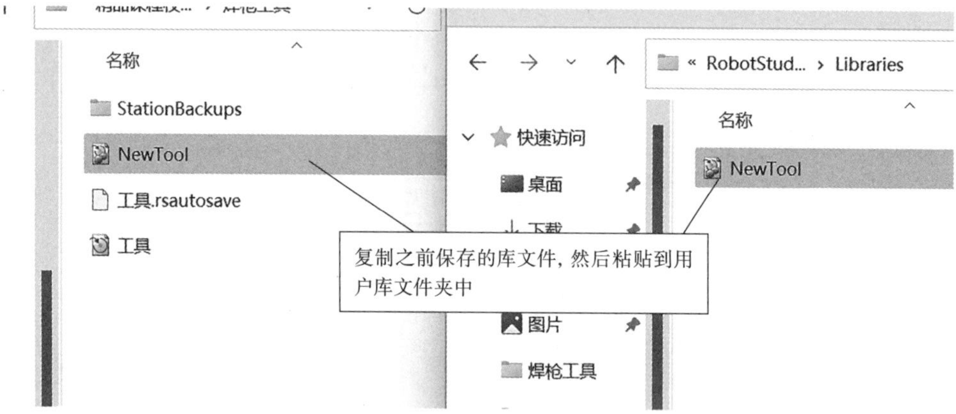

图 4-95

这样，用户库中就有了焊枪工具，方便后续使用时导出，如图 4-96 所示。

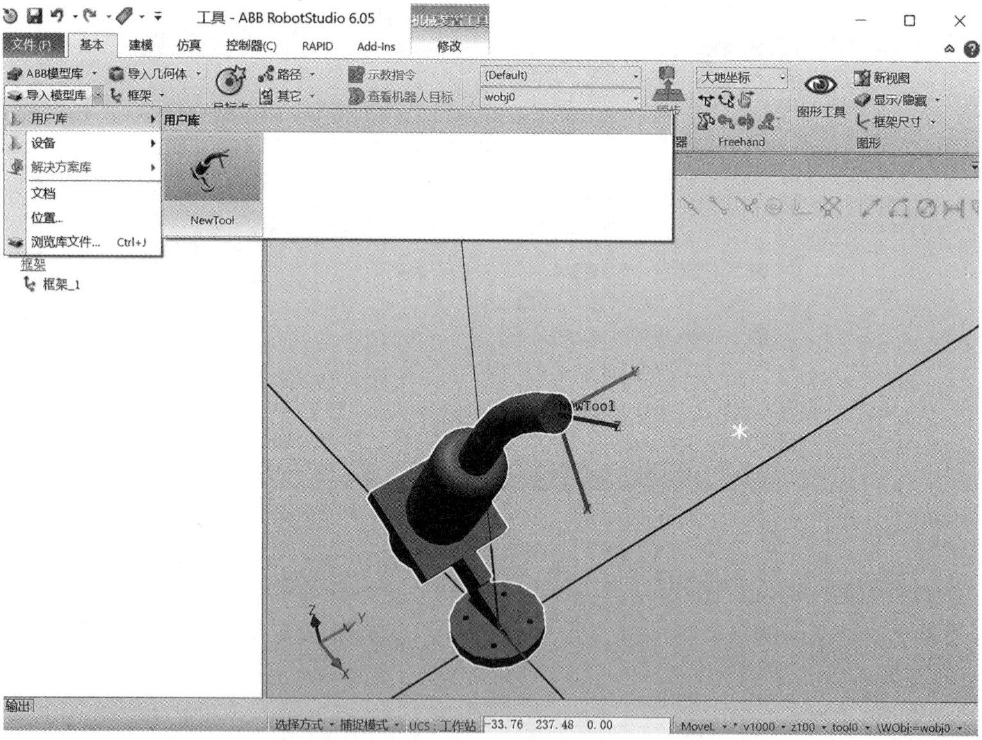

图 4-96

至此，完成了创建工具并添加到用户库的全部过程。

/任务六/ 创建可动工具

【任务目标】

1. 会导入夹具模型；
2. 会创建机械装置；
3. 会编译机械装置；
4. 会初步设置 smart 组件。

【实践操作】

在构建机器人工作站时，机器人法兰盘末端的工具除了跟随法兰盘一起运动，还可接受 I/O 信号的控制。在法兰盘处于静止状态时，法兰盘末端安装的工具根据 I/O 信号进行相应的运动，我们把这种工具称为可动工具。因为本任务中未创建 I/O 信号，所以可以简单地理解为可动工具的部分相对于法兰盘做运动。在本任务中，学习如何将导入 3D 工具模型创建成可以相对法兰盘运动的可动工具。

一、导入工具模型

由于可动工具的部分相对于法兰盘做运动，需要导入机器人模型作为参照物，并把可动工具分为若干个部分。打开"ABB 模型库"导入"ABB 机器人"，如图 4-97 所示。

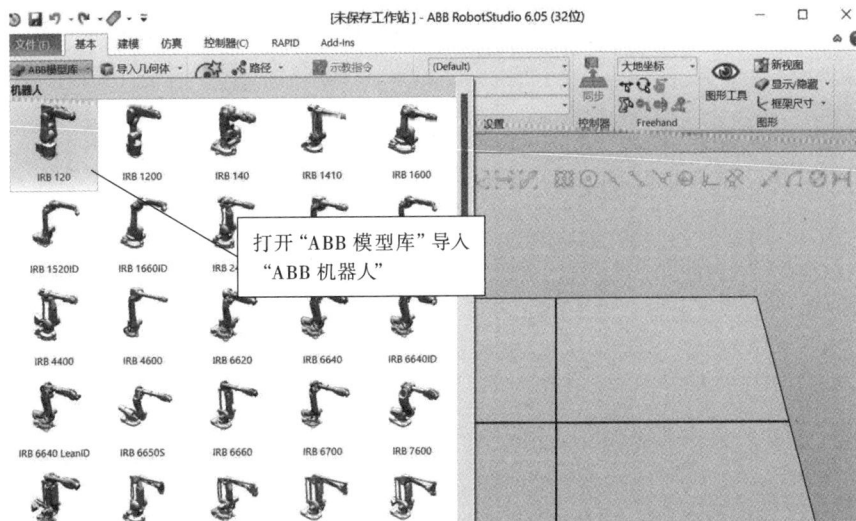

图 4-97

单击工具栏上的"浏览几何体"按钮，即可导入 3D 绘图软件绘制的夹具模型，如图 4-98 所示。

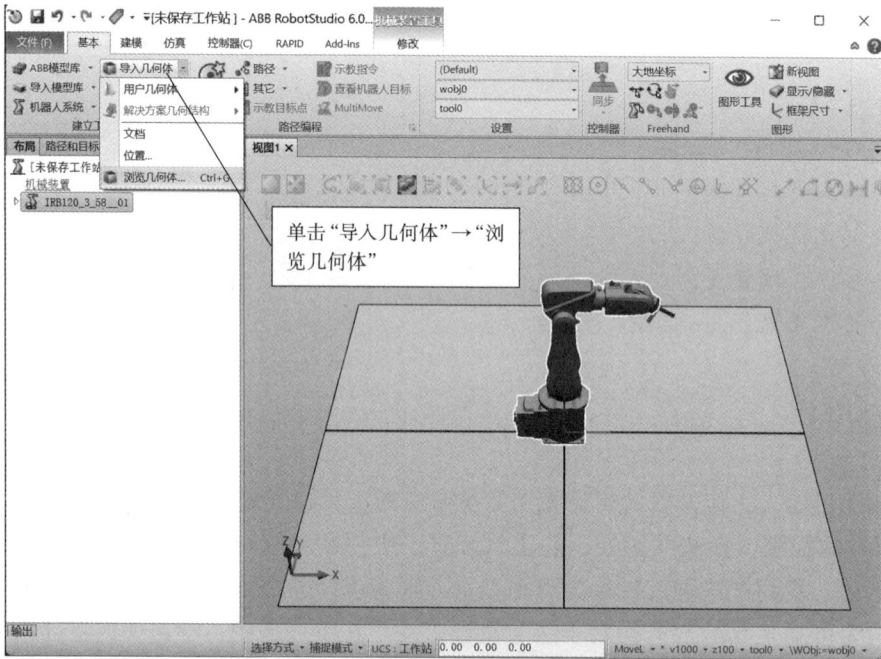

图 4-98

如图 4-99 所示，图中方框处为导入的夹具模型。

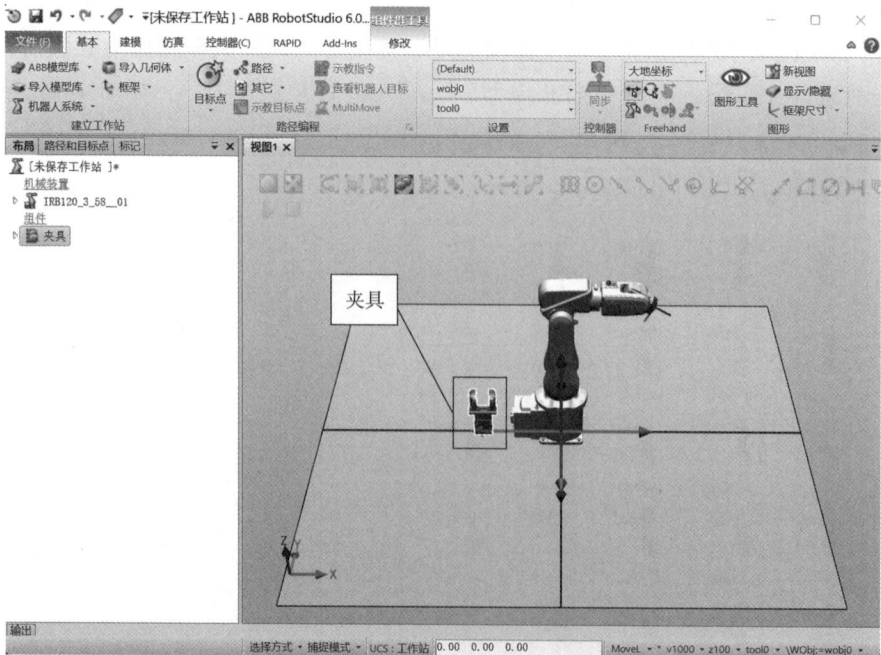

图 4-99

单击"布局"中的"夹具",再单击工具栏中的"水平移动",将"夹具"移动到法兰盘附近,如图 4-100 所示。

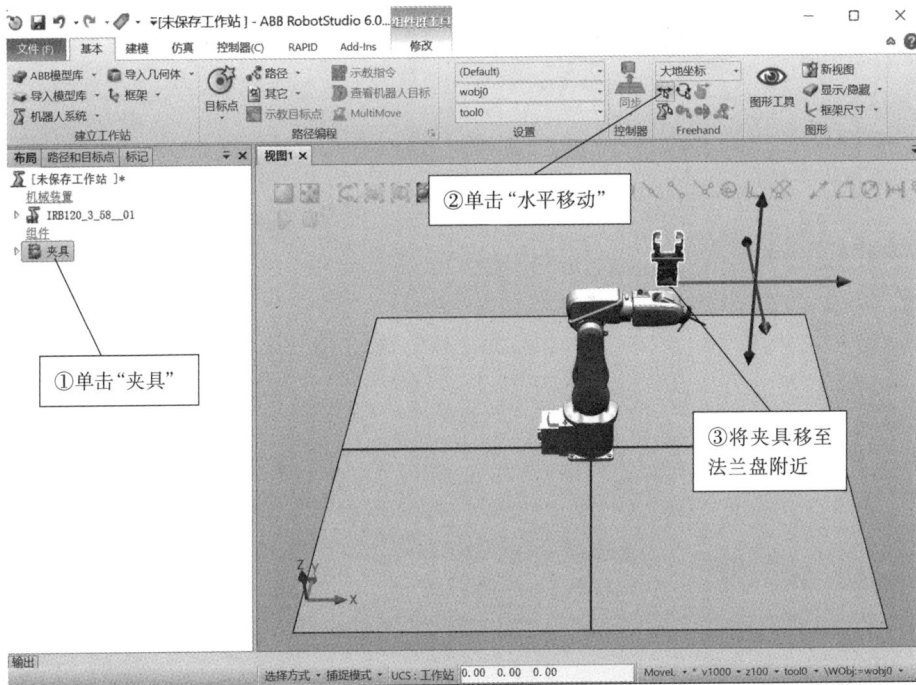

图 4-100

使用鼠标右键单击"夹具",然后单击"位置",最后单击"旋转",即可打开"旋转"对话框,如图 4-101 和图 4-102 所示。

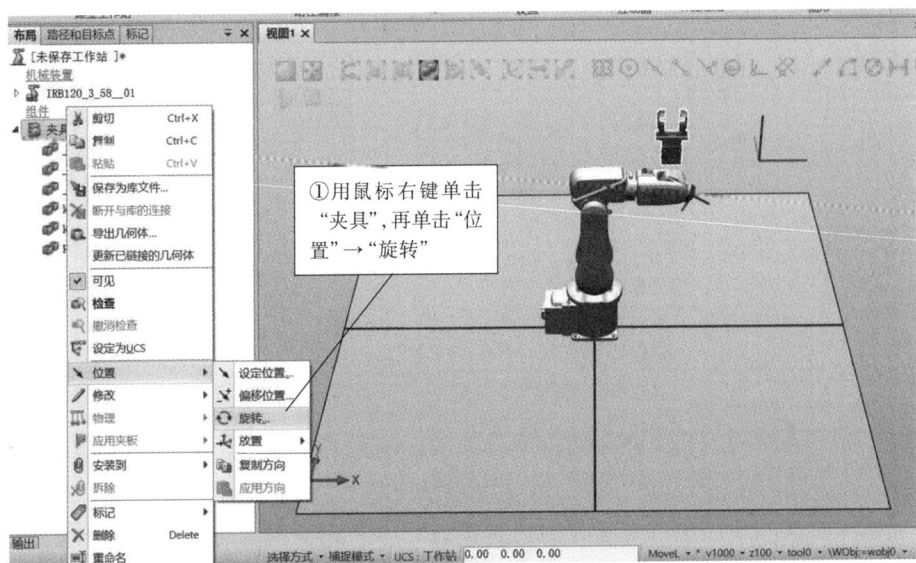

图 4-101

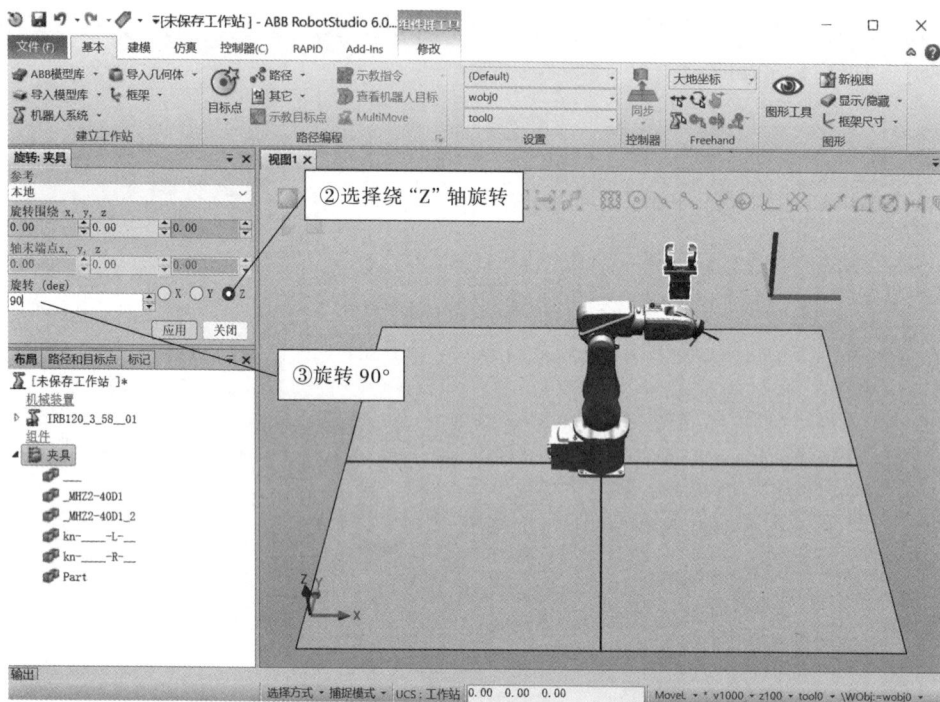

图 4-102

先绕"Z"轴旋转 90°，再绕"X"轴旋转 180°，如图 4-103 所示。

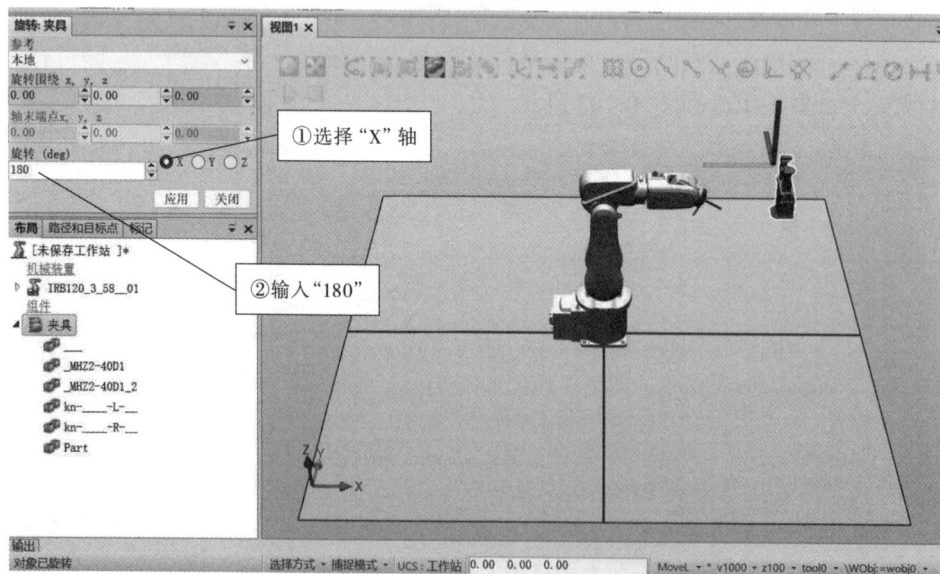

图 4-103

为了保证所做的工作不会丢失，可以先保存文件，将文件名设为"可动工具"。经过水平移动和两次旋转后，其效果如图 4-104 所示。

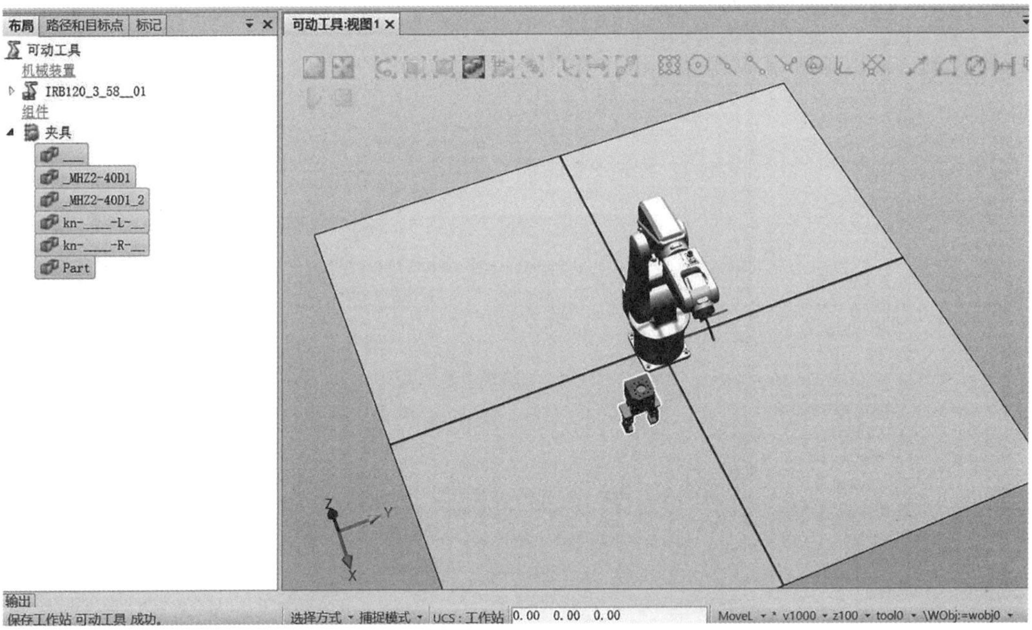

图 4-104

将"夹具"中的所有模型拖入"可动工具"中。在弹出的 6 个"是否进行重新定位___？"对话框中，单击"否"按钮，如图 4-105 所示。

图 4-105

可以将机器人隐藏起来，便于后续操作，如图 4-106 所示。

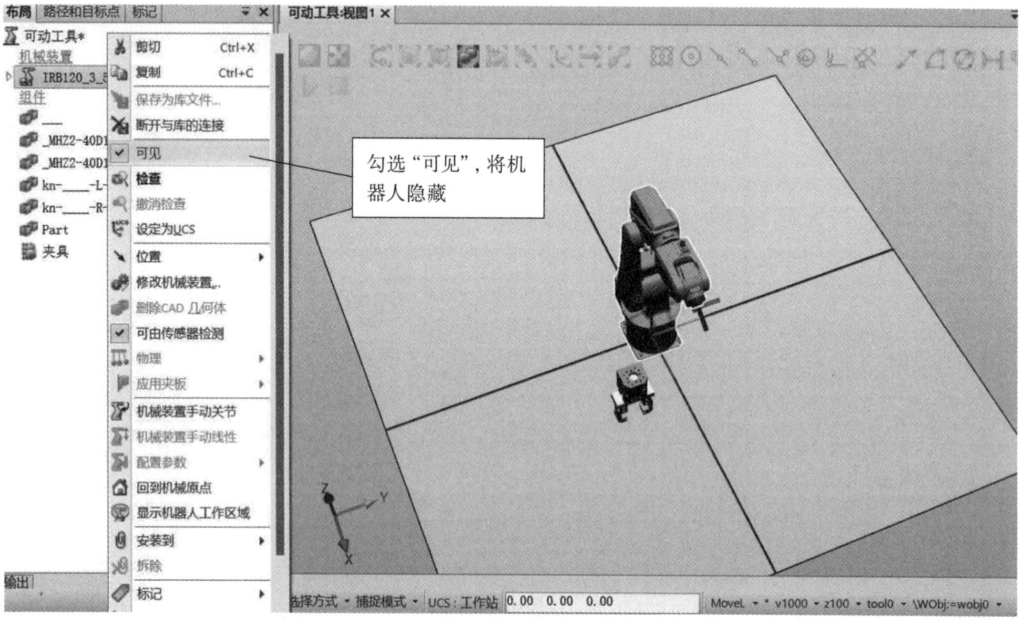

图 4-106

将"____"重命名为"基座 1"，如图 4-107 所示。

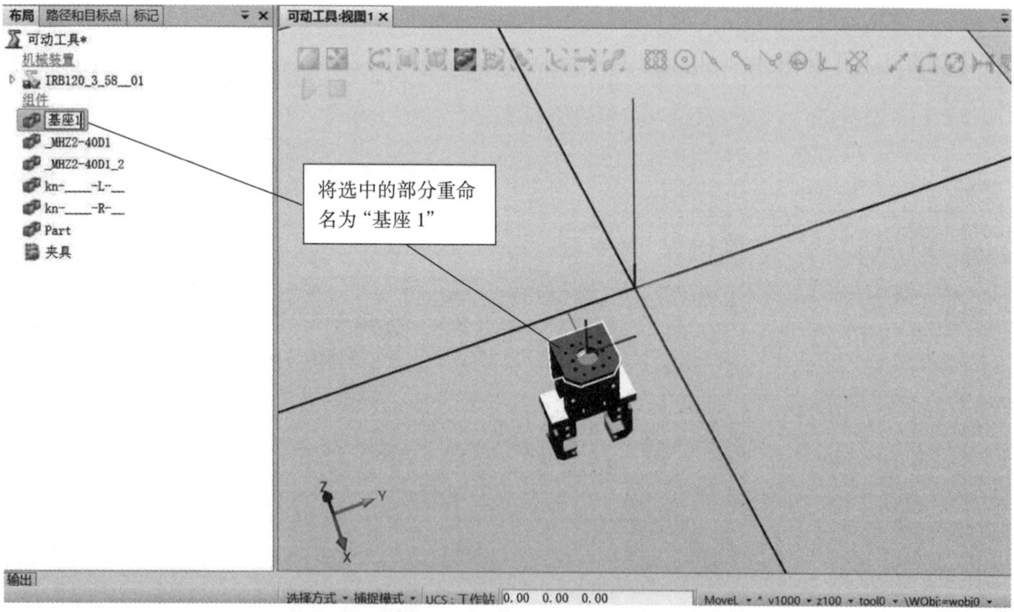

图 4-107

重命名"夹具"的各部分，使后续操作更为方便；如果没有重命名，后面要选择"夹具"的各部分就比较麻烦。

将"_MHZ2-40D1-2"重命名为"基座 2"，如图 4-108 所示。

图 4-108

将"kn-＿＿-L-＿＿"重命名为"左爪 1"，将"Part"重命名为"左爪 2"，将"_MHZ2-40D1"重命名为"右爪 1"，将"kn-＿＿-R-＿＿"重命名为"右爪 2"，如图 4-109所示，然后保存文件。

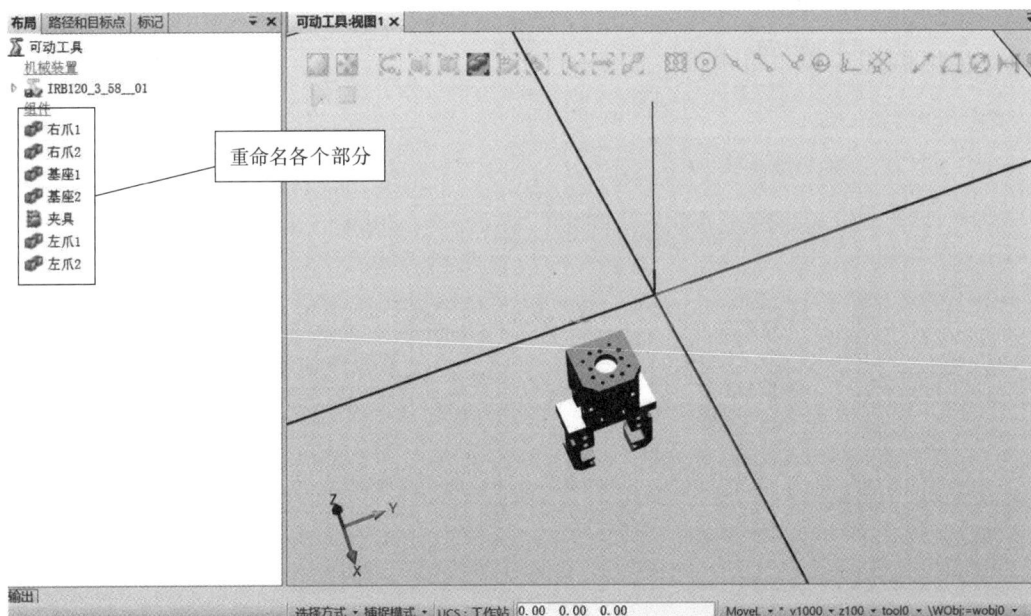

图 4-109

二、创建机械装置

单击"建模"菜单，在"建模"工具栏中单击"创建机械装置"，如图 4-110 所示。

图 4-110

弹出"创建 机械装置"对话框，如图 4-111 所示。

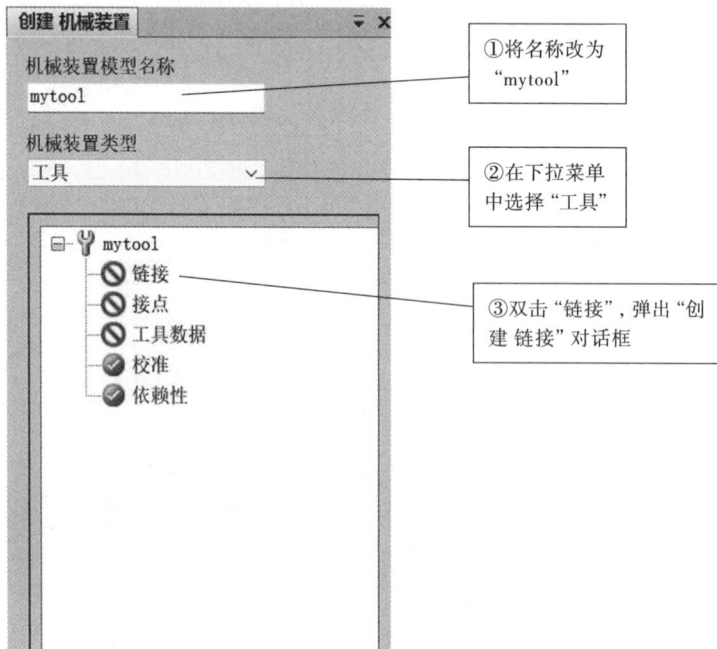

图 4-111

在弹出的"创建 链接"对话框中，创建链接，生成独立的部件。将"链接名称"改为 L1，在"所选组件"中选择"基座 1"，勾选"设置为 BaseLink"。基座相对于法兰盘是静止的，而左右两爪相对基座是运动的，因此要将基座设置为基本链接（BaseLink）。具体操作如图 4-112 和图 4-113 所示。

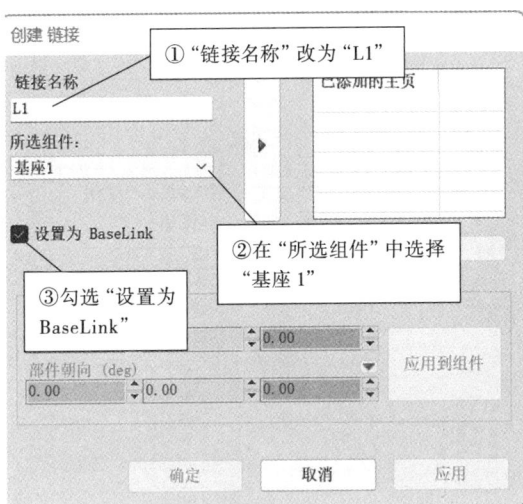

图 4-112

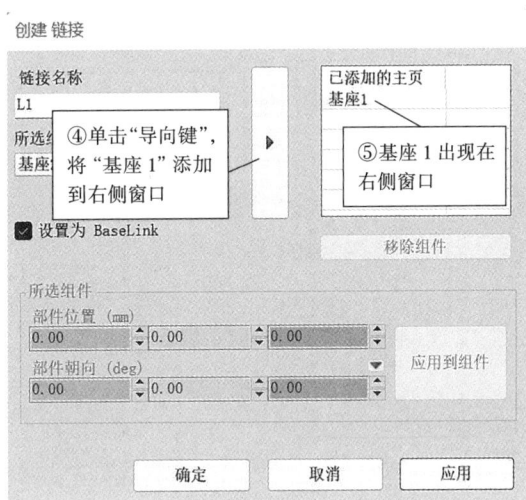

图 4-113

在"所选组件"中，继续选择"基座 2"，单击"导向键"，将"基座 2"添加到右侧窗口中。其效果如图 4-114 所示。

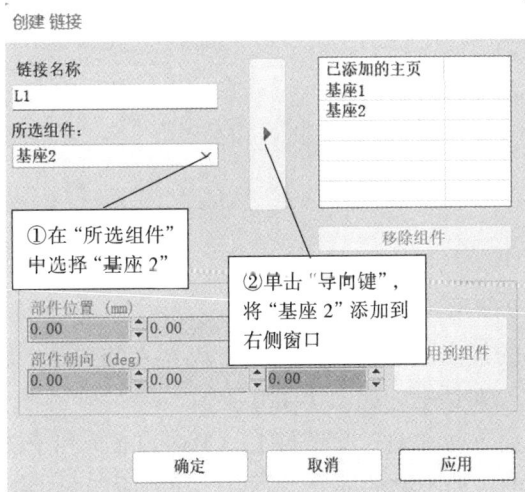

图 4-114

单击图中的"应用"按钮，接下来，按如图 4-115 和图 4-116 所示的步骤进行操作。

创建链接 L3，接下来，按如图 4-117 和图 4-118 所示的步骤进行操作。

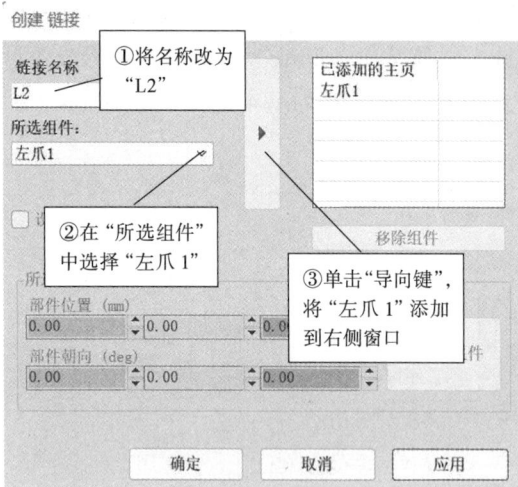

图 4-115

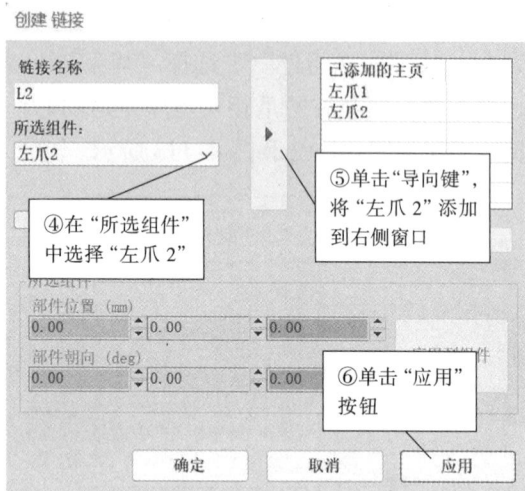

图 4-116

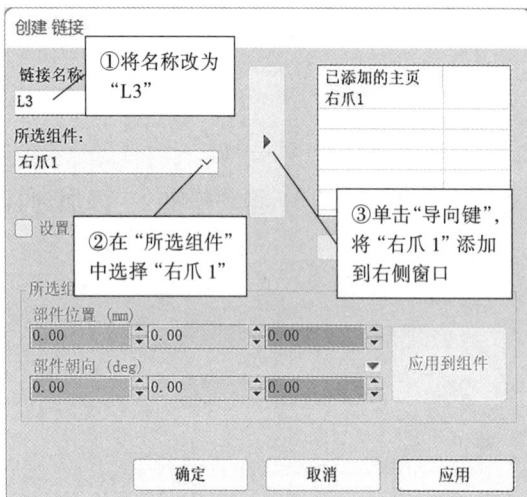

图 4-117

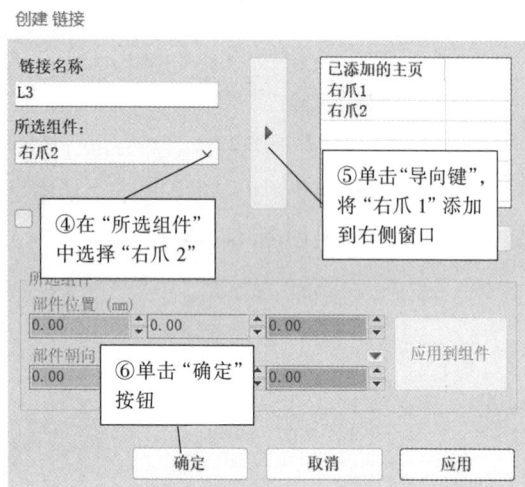

图 4-118

最终效果如图 4-119 所示。

接下来，创建夹具的接点，这种接点相当于机器人的关节。双击图 4-119 中的"接点"，打开"创建接点"对话框，如图 4-120 所示。

如图 4-121 所示，关节名称 J1、父链接 L1（BaseLink）和子链接 L2 取默认值。父链接是相对于法兰盘静止的，即不动的部分，所以选择前面如图 4-112—图 4-114 所示设置的基座，即 L1（BaseLink）。子链接是相对于父链接运动的部分，在图 4-120 中默认的是 L2（L2 是左爪），左爪是相对于基座运动的部分。Axis Direction 表示运动方向，在 Y 方向上输入数字"1"，使左爪沿 Y 方向运动。拖动图 4-120 中操纵轴使左爪沿 Y 方向往复运动，由于其默认值为"-1000"至"1000"，其精度较难控制，可以先将最小限值和最大限值分别设为"-100"和"100"，再拖动操纵轴，即可确定两个合适的值：最小限值为"-35"，最大限值为"25"。设定最小限值和最大限值后，观察左爪的运动情况。

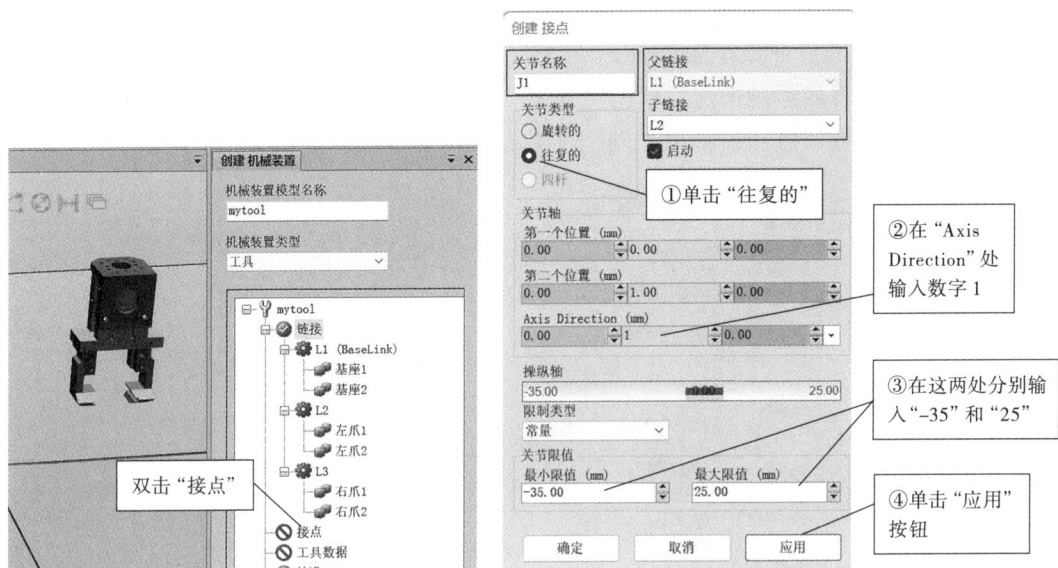

图 4-119　　　　　　　　　　　　　　　　　　　　　图 4-120

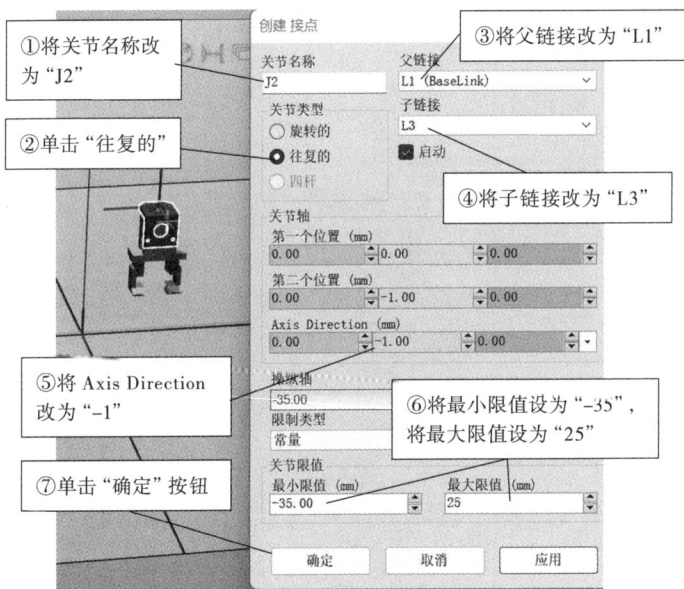

图 4-121

如图 4-121 所示，将关节名称改为"J2"，子链接改为"L3"。父链接是相对于法兰盘静止的，即不动的部分，所以选择前面如图 4-112—图 4-114 所示设置的基座，即 L1（BaseLink）。子链接是相对于父链接运动的部分，在图 4-121 中 L3 右爪是相对于基座运动的。Axis Direction 表示运动方向，在 Y 方向上输入数字"–1"，使右爪沿 Y 方向运动。拖动操纵轴使右爪沿 Y 方向往复运动，由于其默认值为"–1000"至"1000"，其精度较难控制，可以先将最小限值和最大限值分别设为"–100"和"100"，再拖动操纵轴，就可以确定两个合适的值：最小限值设为"–35"，最大限值为"25"。设定最小限值和最大限值后，观察右爪的运动情况。单击"确定"按钮后，具体情况如图 4-122 所示。

双击"工具数据"按钮，弹出"创建 工具数据"对话框，如图 4-123 所示。

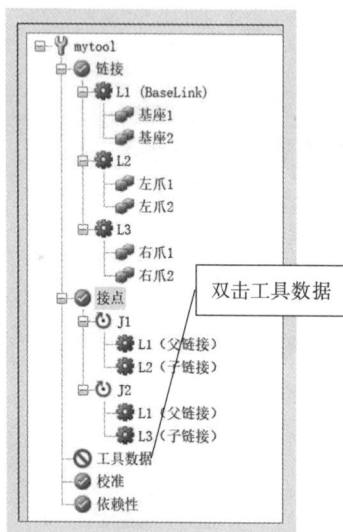

图 4-122

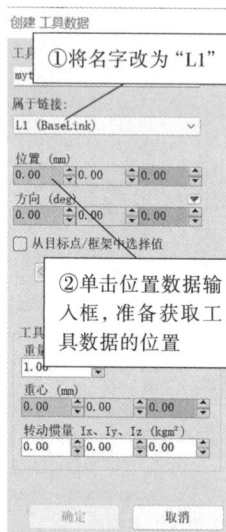

图 4-123

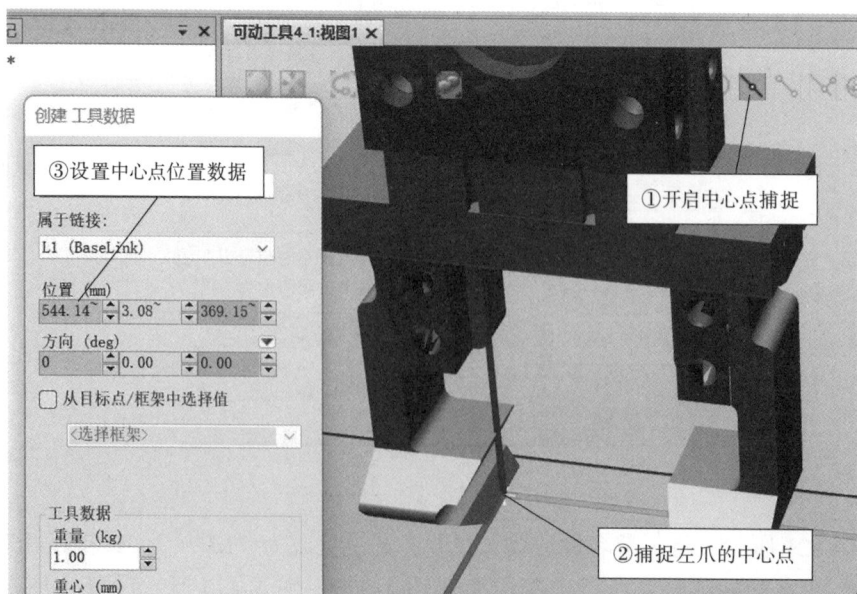

图 4-124

图 4-124 捕捉到的中心点不是工具数据的位置值，真正的位置值应该是左右两爪中点的中间，因此还需测出两爪中点的距离，具体操作如图 4-125 和图 4-126 所示。

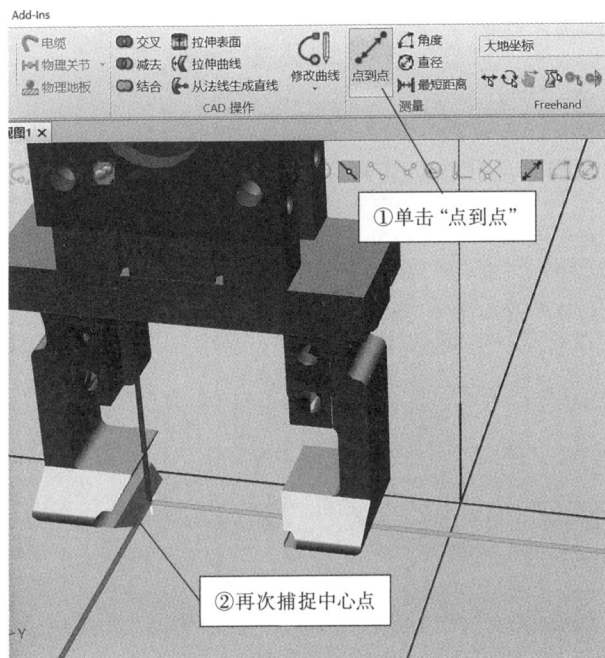

图 4-125

图 4-126

从图 4-126 中可以得到两点间的距离是 "51.27mm"，两点间的中点距离是 "51.27÷2=25.635（mm）"。故在 Y 方向要加上 "25.635"。单击"确定"按钮后，如图 4-127、图 4-128 所示。

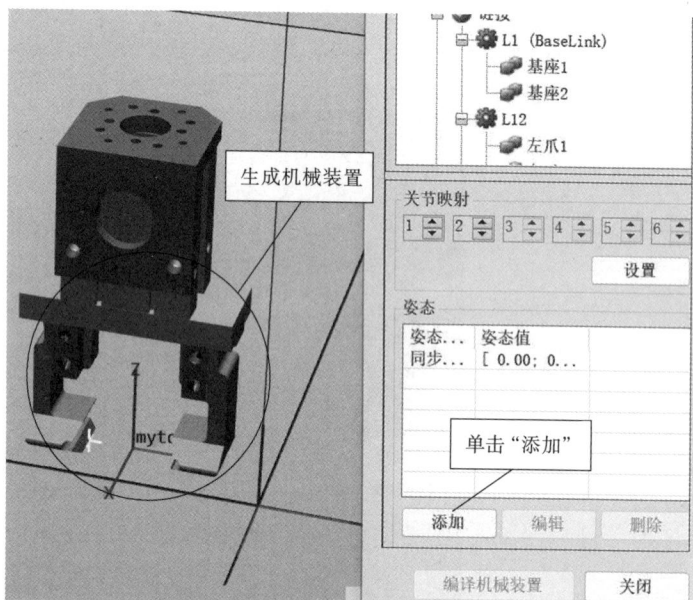

图 4-127　　　　　　　　　　　　　　图 4-128

三、编译机械装置

单击"添加"，弹出"创建姿态"对话框，如图 4-129 所示。将姿态名称命名为"夹紧"，并将关节值设为"0"，然后单击"应用"按钮。将姿态名称命名为"松开"，如图 4-130 所示，将两个关节值拖到最左端，单击图 4-130 中的"确定"按钮，完成两种姿态的添加。

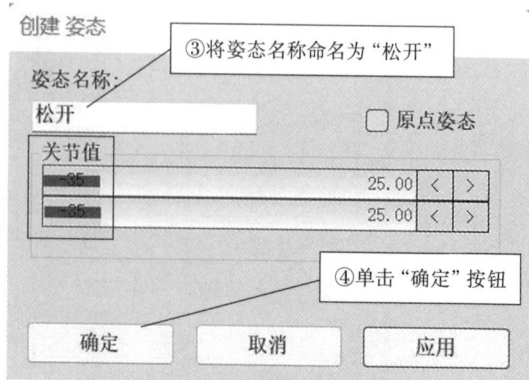

图 4-129　　　　　　　　　　　　　　图 4-130

单击"夹紧",如图 4-131 所示,观察左右爪的状态,并与图 4-132 松开状态作对比。

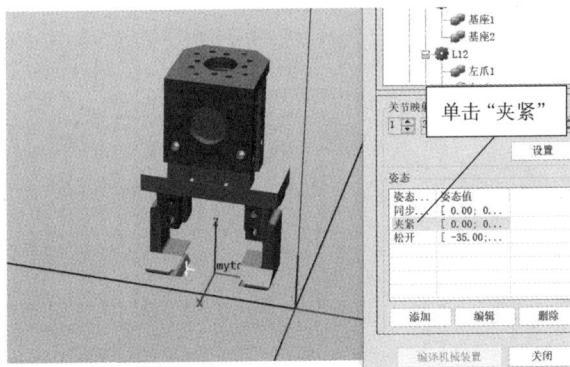

图 4-131

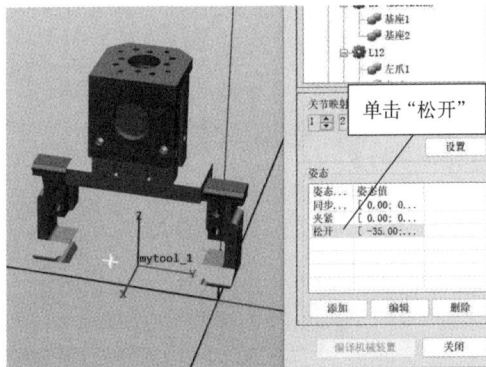

图 4-132

四、初步设置 Smart 组件

将夹具装置安装到机器人的法兰盘上,就需把夹具加入 Smart 组件中。图 4-133 和图 4-134 所示分别是添加 Smart 组件和把夹具加入 Smart 组件的步骤。

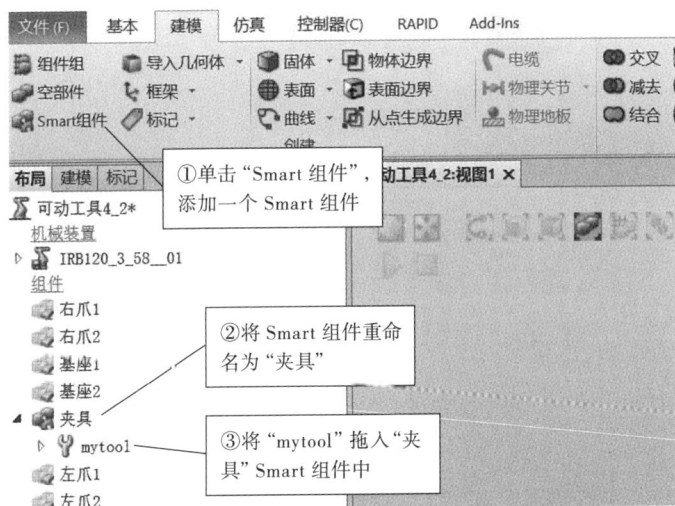

图 4-133

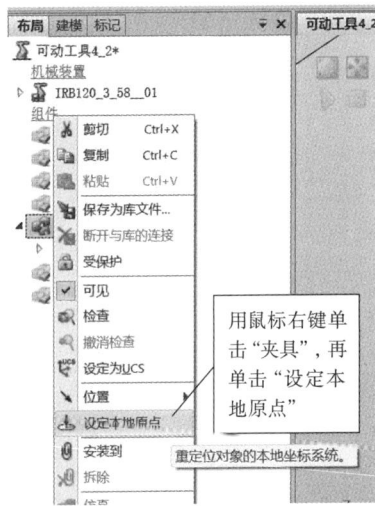

图 4-134

弹出"设置本地原点:夹具"对话框,按图 4-135 进行设置。

单击"应用"按钮,其效果如图 4-136 所示。

按照图 4-134—图 4-136 的设置,使夹具的本地原点能够与机器人上法兰盘的本地原点重合,这样才可将夹具安装到机器人上。我们把机器人设为"可见",再将夹具安装到机器人上,其效果如图 4-137 所示。

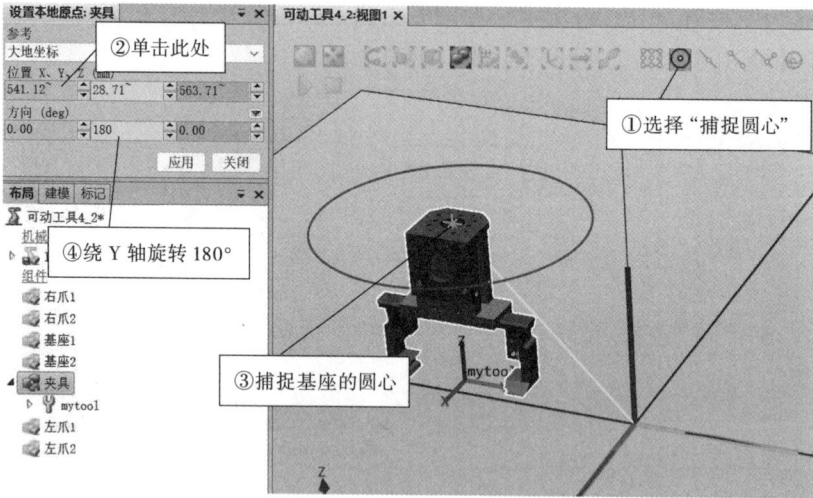

图 4-135

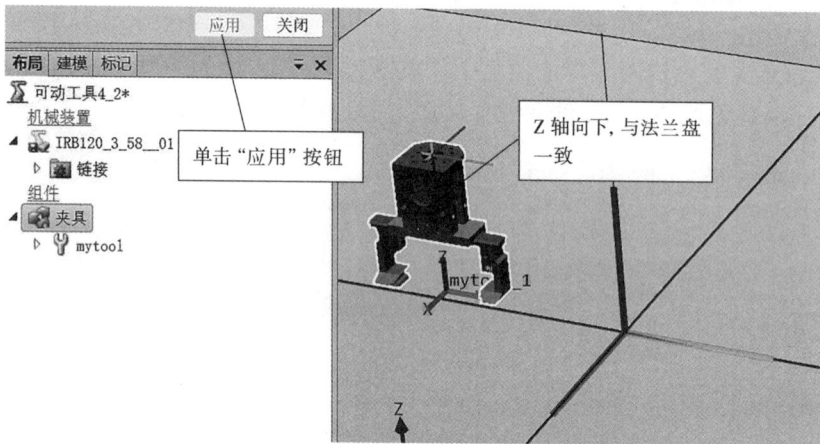

图 4-136

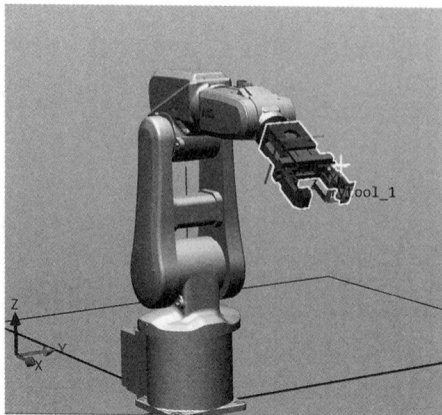

图 4-137

对夹具进行关节运动验证，其操作如图 4–138 所示。

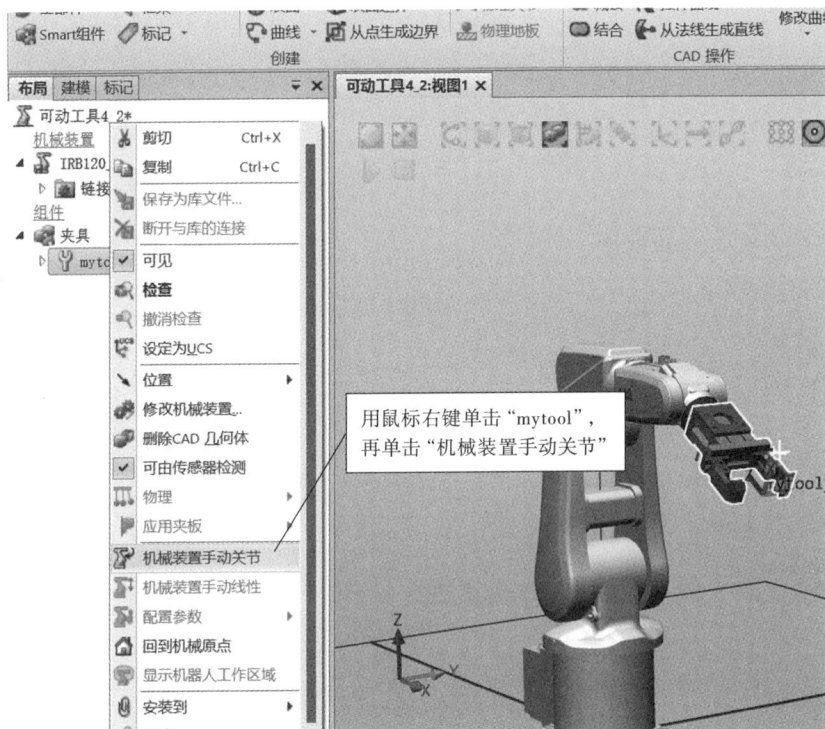

图 4–138

弹出"手动关节运动：mytool"对话框，如图 4–139 所示。

图 4–139

通过上述操作，我们创建了可以松开和夹紧的夹具，至于如何用信号去控制这个夹具，将在后续的任务中进一步学习。

/任务七/ 创建多头工具

【任务目标】

1. 会进行多头工具的创建；
2. 熟练创建 TCP。

【实践操作】

一、导入多头工具、调整姿态

导入多头工具、调整姿态，操作步骤如图 4-140—图 4-142 所示。

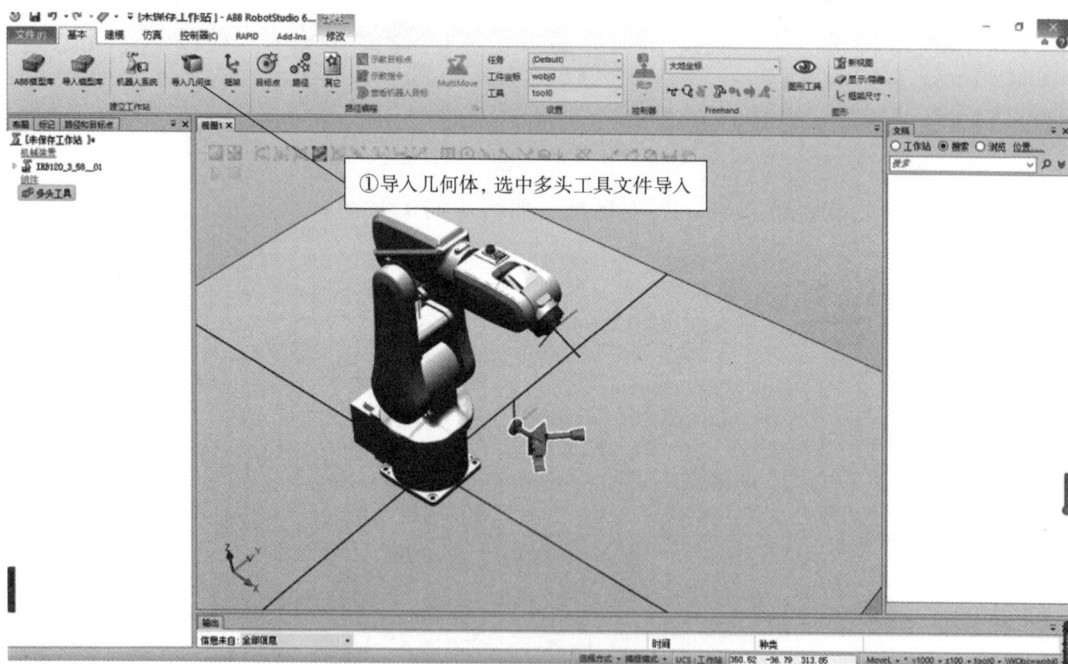

图 4-140

拖动部件 1 或部件 2，松开鼠标时会弹出如图 4-143 所示的对话框，单击"否"即可。

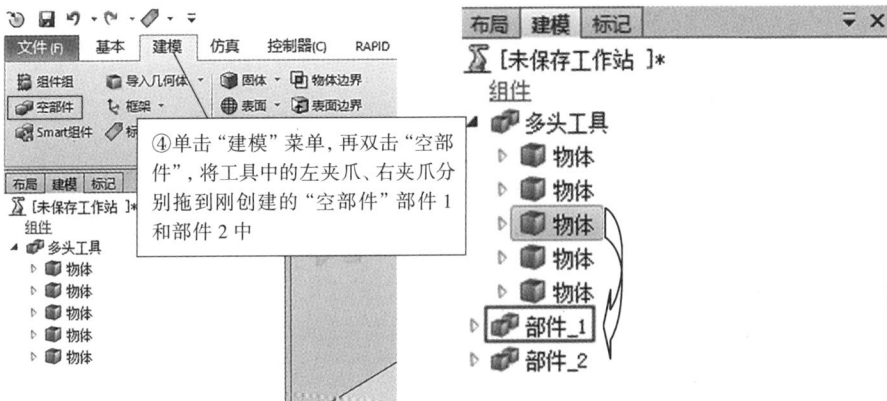

图 4-141

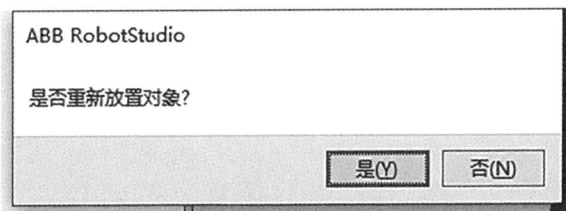

图 4-142

图 4-143

二、创建机械装置

创建机械装置的操作步骤，如图 4-144—图 4-147 所示。

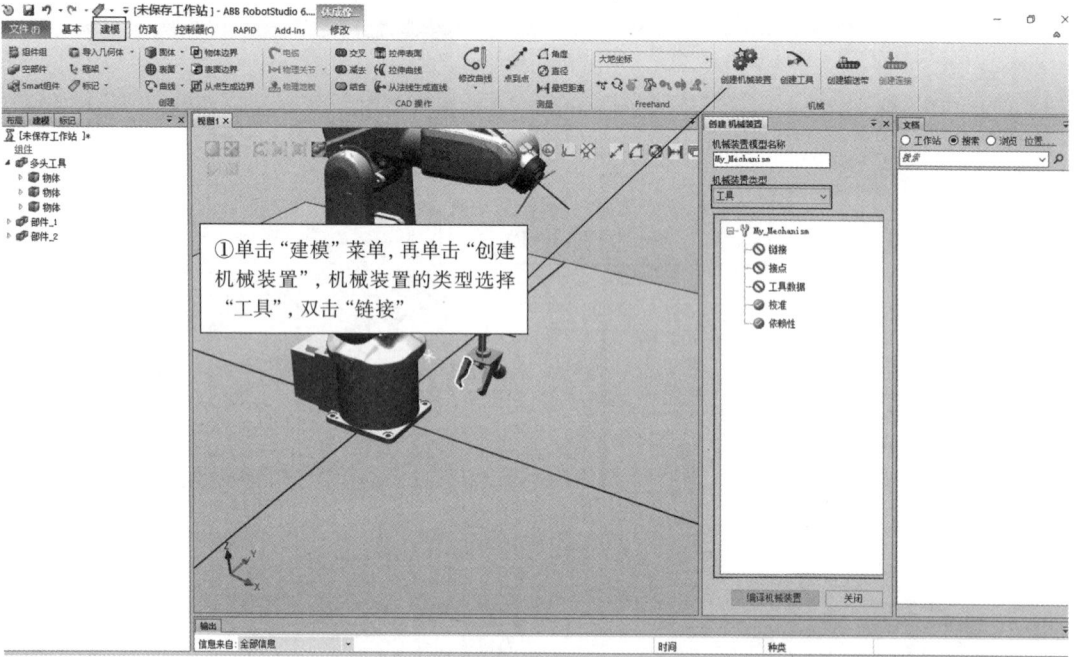

①单击"建模"菜单，再单击"创建机械装置"，机械装置的类型选择"工具"，双击"链接"

图 4-144

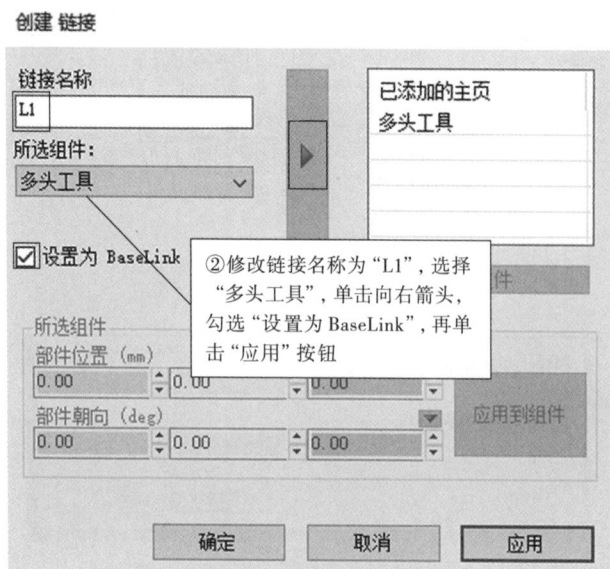

创建 链接

链接名称
L1

所选组件:
多头工具

已添加的主页
多头工具

☑ 设置为 BaseLink

②修改链接名称为"L1"，选择"多头工具"，单击向右箭头，勾选"设置为 BaseLink"，再单击"应用"按钮

所选组件
部件位置（mm）
0.00   0.00   0.00

部件朝向（deg）
0.00   0.00   0.00

应用到组件

确定   取消   应用

图 4-145

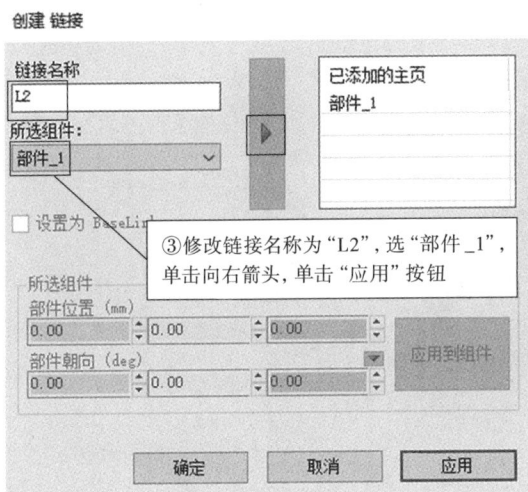

图 4-146　　　　　　　　　　　　图 4-147

双击"接点"，将关节名称设为"J1"，关节类型设为"往复的"，子链接设为"L2"，第一个位置捕捉端点 A，第二个位置捕捉端点 B，最小限值设为"-4"，最大限值设为"12"，单击"应用"按钮，如图 4-148 所示。

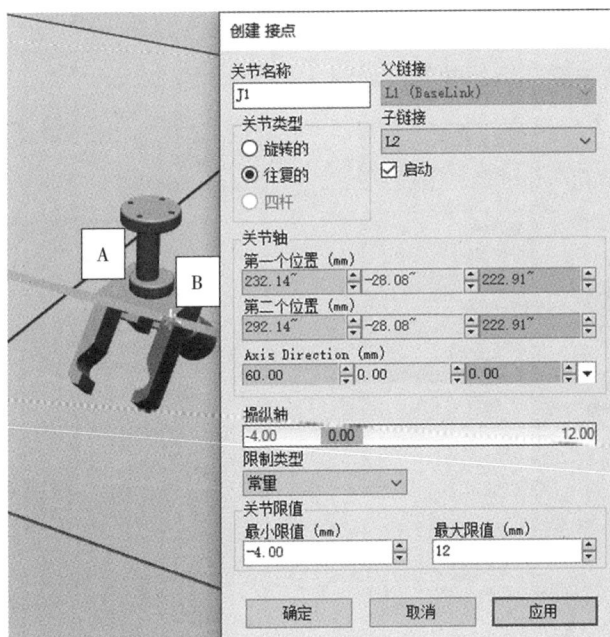

图 4-148

关节名称设为"J2"，关节类型设为"往复的"，子链接设为"L3"，第一个位置捕捉端点 B，第二个位置捕捉端点 A，最小限值设为"-4"，最大限值设为"12"，单击"确定"按钮，如图 4-149 所示。

双击"工具数据",设置如图4-150所示。

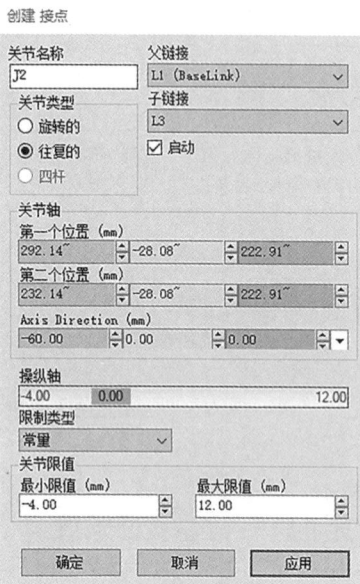

图 4-149

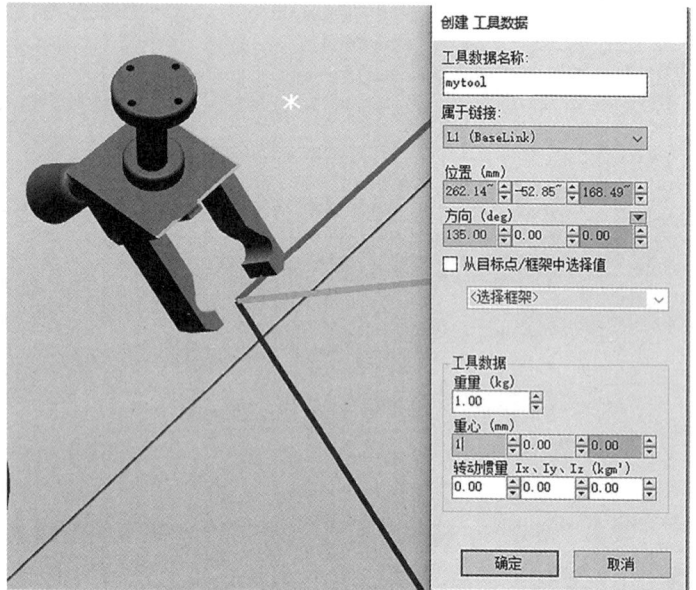

图 4-150

双击"工具数据",设置如图4-151所示。

通过"编译机械装置"后的效果,如图4-152所示。

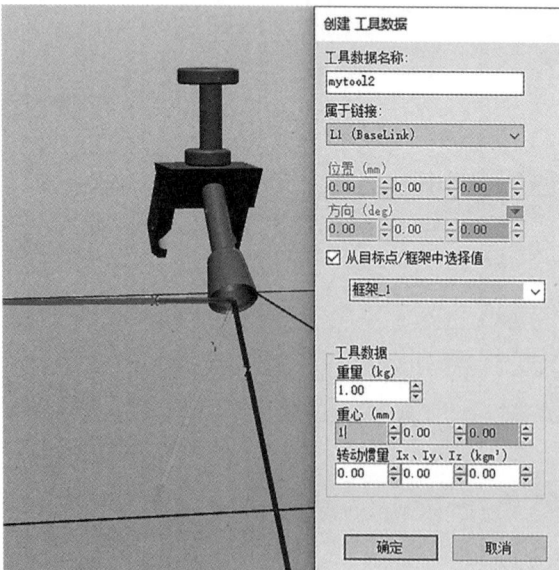

图 4-151

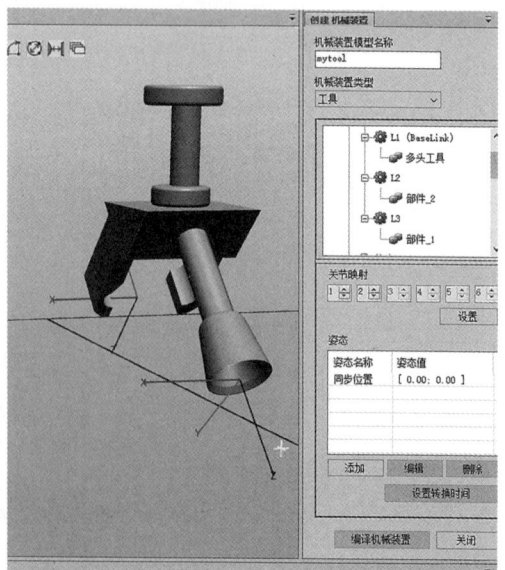

图 4-152

项目五｜涂胶、焊接工作站系统虚拟仿真

项目描述

　　工业机器人在涂胶和焊接应用中具有典型的优势。机器人代替工人进行涂胶工作，极大地提高了工作效率和产品质量，降低了生产成本。焊接工序在很多企业都是一个难以处理的问题，焊接岗位通常不稳定，因为焊接伤眼，许多工人都不能在岗位待太久，一是怕伤身体，二是吃不消。因此，这成了很多企业的一块心病。随着科技的发展，焊接机器人也随之诞生，其主要工作是替代焊接岗位的工人，主要优势包括性能稳定、工作空间大、工作效率高、负荷能力强等。焊接机器人能够长期进行焊接作业、保证焊接作业的高生产率、高质量和高稳定性等特点。很多加工车间逐渐引入焊接机器人。无论是焊接还是涂胶，都是工业机器人应用较多的领域。

项目要求

　　1. 能对工业机器人进行离线编程；
　　2. 能对工业机器人虚拟仿真工作站进行整体仿真。

项目内容

　　任务一　曲线轨迹生成运动指令（曲线获取）
　　任务二　工具方向的批量修改
　　任务三　优化程序、轴配置与仿真运行
　　任务四　碰撞监控与 TCP 跟踪
　　综合实训一　冰墩墩图案轨迹

/任务一/ 曲线轨迹生成运动指令（曲线获取）

【任务目标】

1. 创建机器人激光切割曲线；
2. 根据曲线生成自动路径。

【实践操作】

在工业机器人应用过程中，例如切割、涂胶、焊接等，常需处理许多不规则曲线。一般方法是根据工艺精度要求选择一定数量的目标点生成机器人轨迹。这种方法效率低、轨迹精度不高。最佳方法是根据 3D 模型的曲线特征自动转换成工业机器人的运行轨迹。在本任务中，研究如何根据三维模型曲线特征利用 RobotStudio 的自动路径功能生成工业机器人运行轨迹。模型放置方法如图 5-1 所示（放置方法参照项目三任务二）。

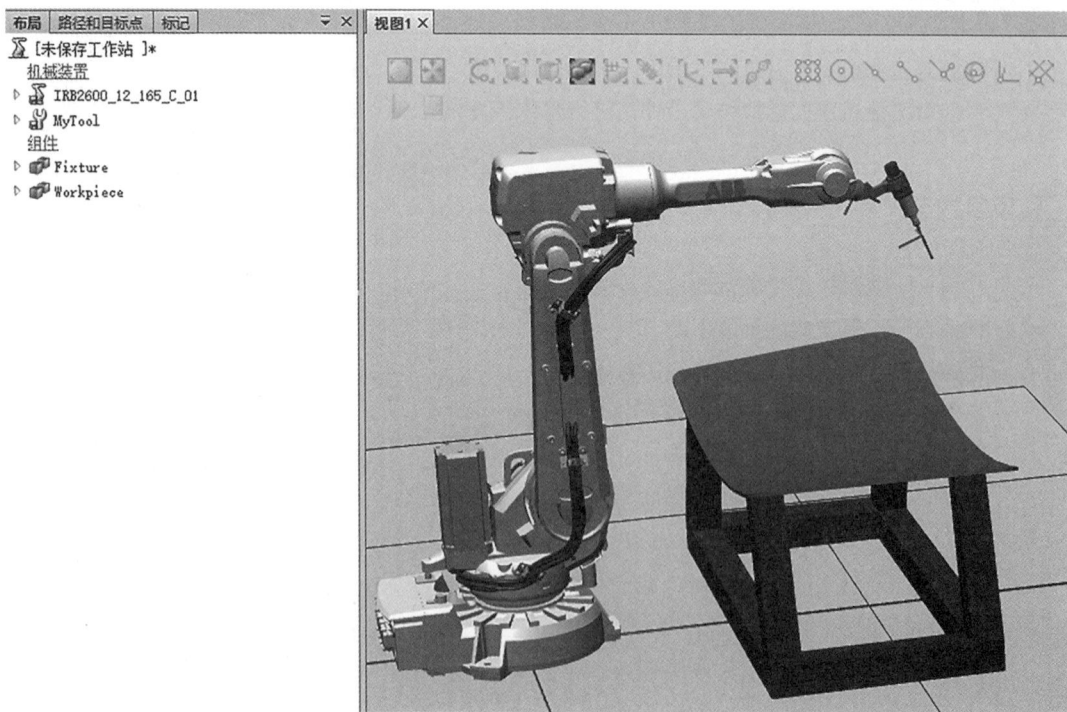

图 5-1

创建机器人控制系统，如图 5-2 所示。

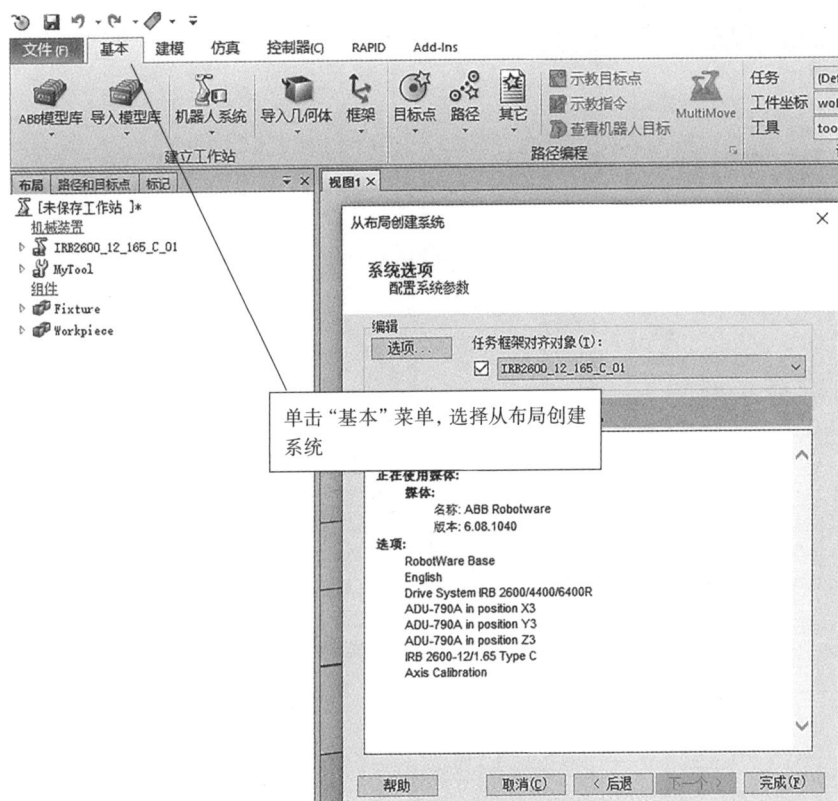

图 5-2

在轨迹应用过程中，通常需要创建用户坐标系来进行编程和路径修改。用户坐标系的创建一般以加工工件的固定装置的特征点为基准。以固定装置脚部的一个角点为基准创建用户坐标系，这样更容易保证其定位精度。具体操作步骤如图 5-3—图 5-5 所示。

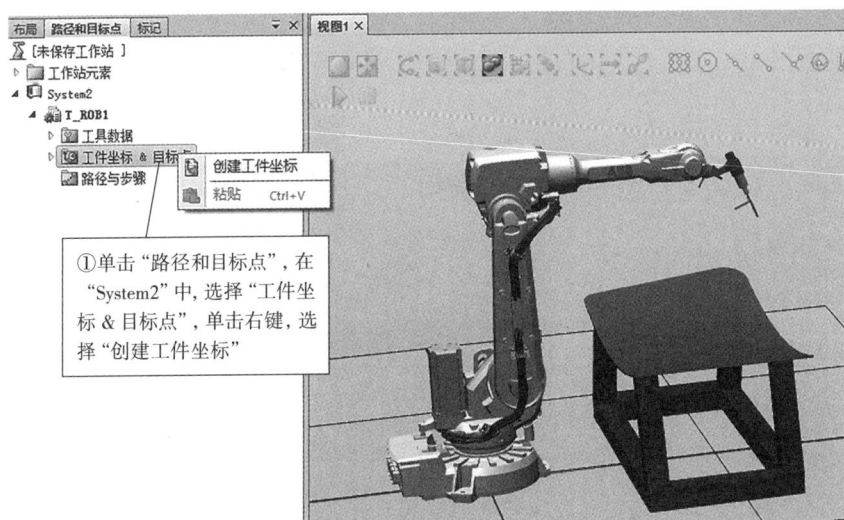

图 5-3

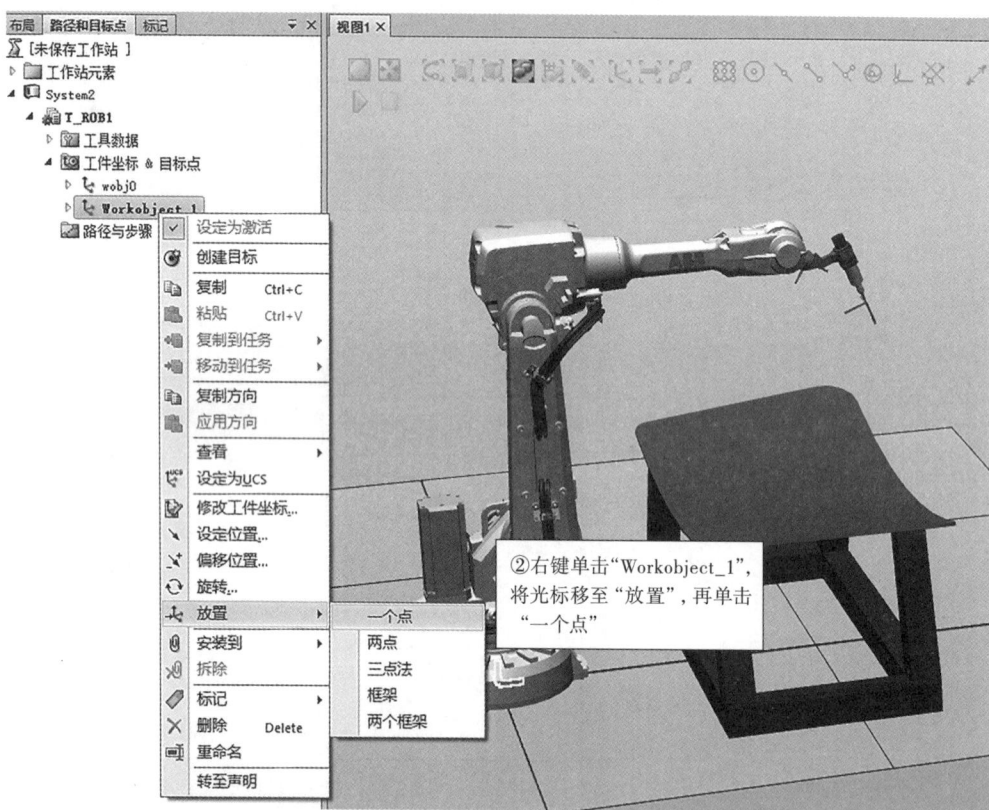

图 5-4

图 5-5

其效果图如图 5-6 框中部分所示。

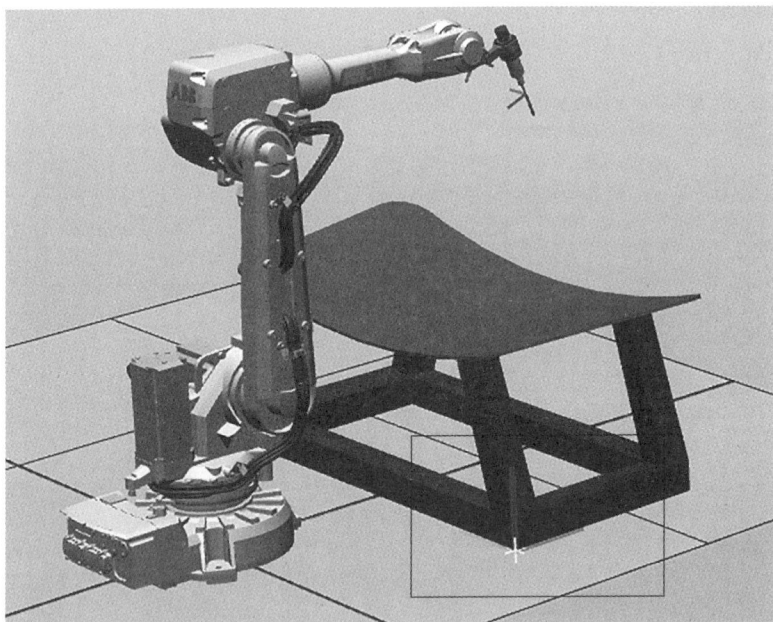

图 5-6

修改运动参数，其效果如图 5-7 框中部分所示。

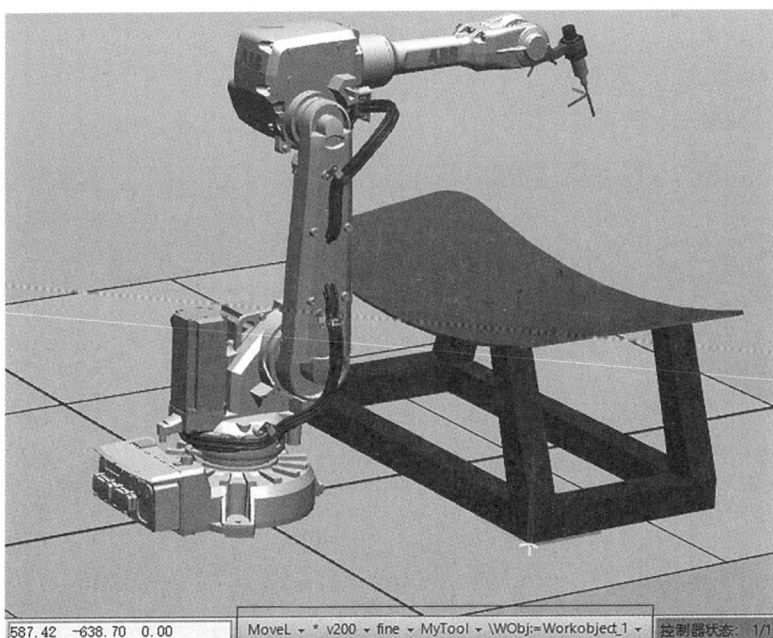

587.42　-638.70　0.00　　MoveL ▾ * ▾ v200 ▾ fine ▾ MyTool ▾ \WObj:=Workobject_1 ▾　控制器状态： 1/1

图 5-7

（1）创建运动曲线

先单击"建模"菜单，再单击"表面边界"→"选择表面"，接着单击玻璃板上表面，最后单击"创建"按钮，操作步骤如图 5-8 所示。

图 5-8

曲线创建成功后，会生成"部件_1"，如图 5-9 所示。

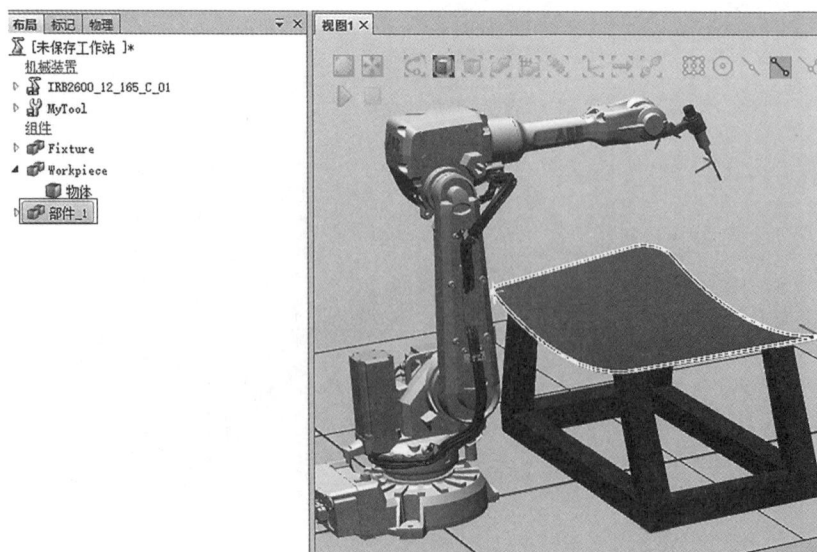

图 5-9

（2）创建自动路径

开启"选择曲线"功能，选中玻璃板边界线，在"基本"功能选项卡中，单击"路径"，再单击"自动路径"。操作步骤如图 5-10 所示。

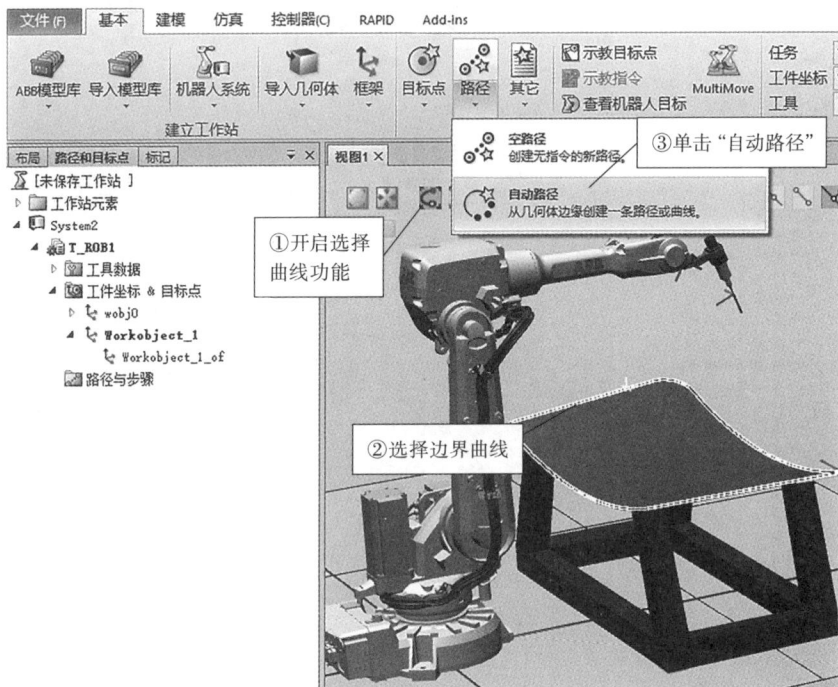

图 5-10

单击"自动路径"后，弹出"自动路径参数设置"对话框，详细设置如图 5-11 所示。

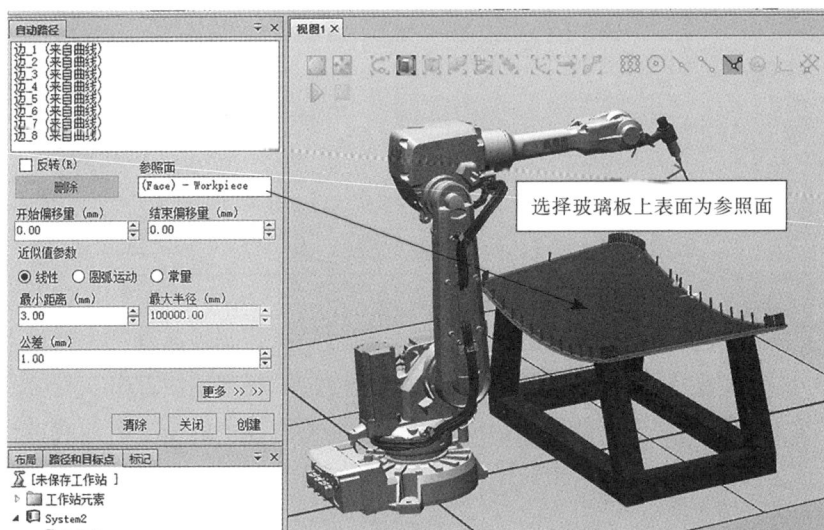

图 5-11

默认运动方向的箭头是逆时针指向，如果勾选"反转"，则运动方向变成顺时针指向，当参数设置好后，单击"创建"按钮，效果如图 5-12 所示。

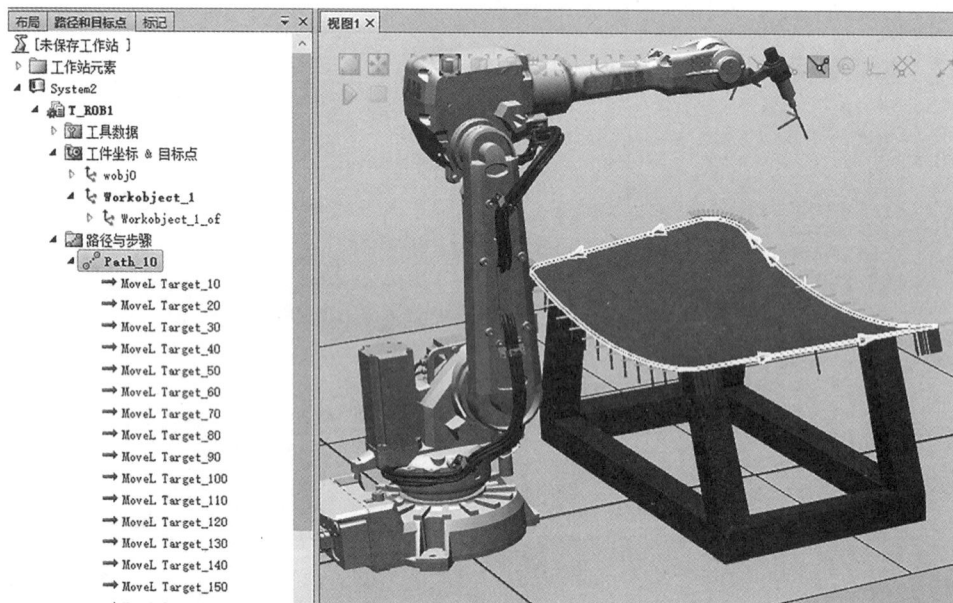

图 5-12

近似值参数说明见表 5-1。

表 5-1　近似值参数说明

选项	用途说明
线性	为每个目标生成线性指令, 圆弧部分作为分段线性处理
圆弧运动	在圆弧特征处生成圆弧指令, 在线性特征处生成线性指令
常量	生成具有恒定间隔距离的点
属性值	用途说明
最小距离 /mm	设置两生成点之间的最小距离, 即小于该最小距离的点将被过滤掉
最大半径 /mm	再将圆弧视为直线前确定圆的半径大小, 直线被视为半径无限大的圆
公差 /mm	设置生成点所允许的几何描述的最大偏差

根据不同的曲线特征选择不同的参数类型。通常选择"圆弧运动"，这样在处理曲线时，线性部分执行线性运动，圆弧部分执行圆弧运动，不规则曲线部分执行分段式的线性运动；而"线性"和"常量"都是固定模式，即全部按照选定的模式对曲线进行处理，使用不当会产生大量多余点位或者路径精度不满足工艺要求。

/任务二/ 工具方向的批量修改

【任务目标】

1. 会对机器人目标点进行调整；
2. 掌握工具方向的批量修改方法。

【实践操作】

在任务一中，已根据工件边缘曲线自动生成了一条机器人运行轨迹 Path_10 程序，但是机器人暂时还不能直接按照此条轨迹运行，因为部分目标点姿态机器人还难以到达。在本任务中，学习如何修改目标点的姿态，使机器人能够达到各个目标点，从而进一步完善程序并进行仿真。

展开工件坐标系，随意单击一个目标点，单击右键，选中"查看目标处工具"→"MyTool"，如图 5-13 所示。

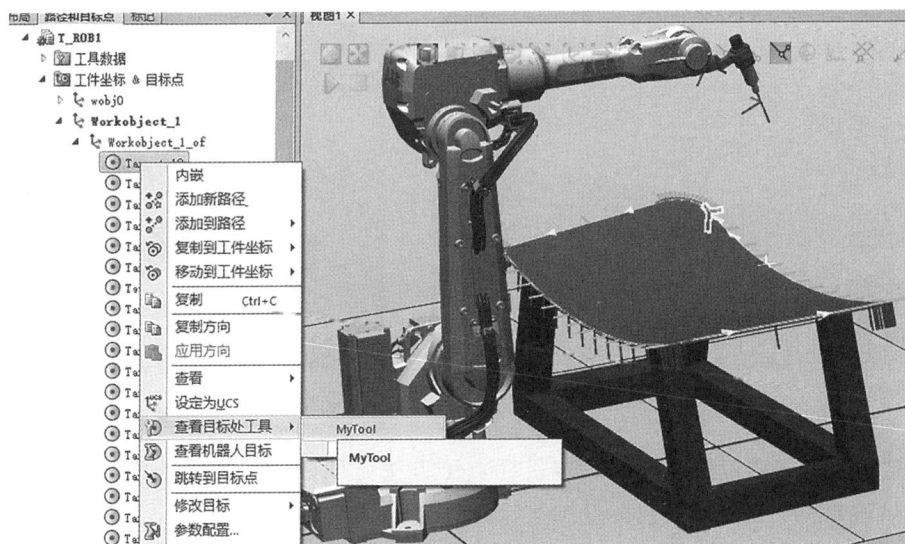

图 5-13

单击"MyTool"后，在玻璃板目标点处便会显示工具。通过在左边不停地单击不同的目标点来观察对应工具的姿态是否合理，确定批量处理前的参考点。如果所有目标点姿态都不合理，则需对某一目标点进行调整后（主要通过旋转角度）才能当成批量处理的参照点。如图 5-14 所示的目标点需要进行调整。

单击目标点，再单击右键，选择"修改目标"→"旋转"，如图 5-15 所示。

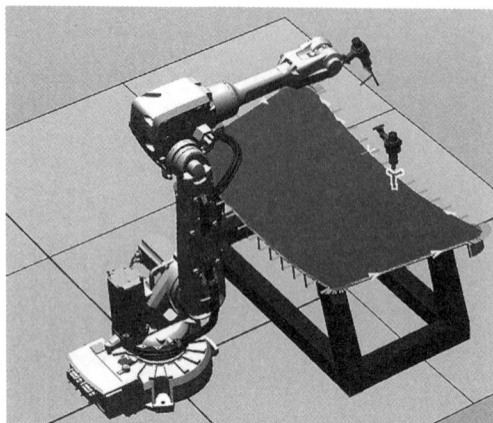

图 5-14

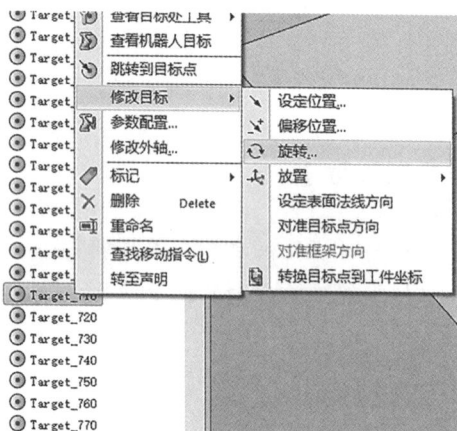

图 5-15

在弹出的"旋转：Target_710"对话框中设置相应的参数，如图 5-16 所示。单击"应用"按钮后，其效果如图 5-17 所示。此时目标点姿态调整完成，记住这个参照点为"Target_710"。

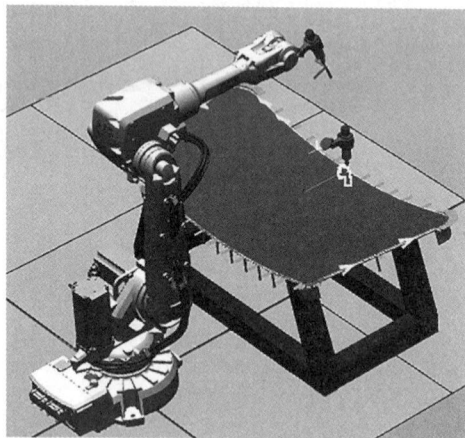

图 5-16

图 5-17

全选除"Target_710"外的所有目标点（方法见项目一中的任务四），单击右键，选择"修改目标"→"对准目标点方向"，如图 5-18 所示。

在弹出的"对准目标点：（多种选择）"对话框中，设置相应的参数，如图 5-19 所示。

图 5-18

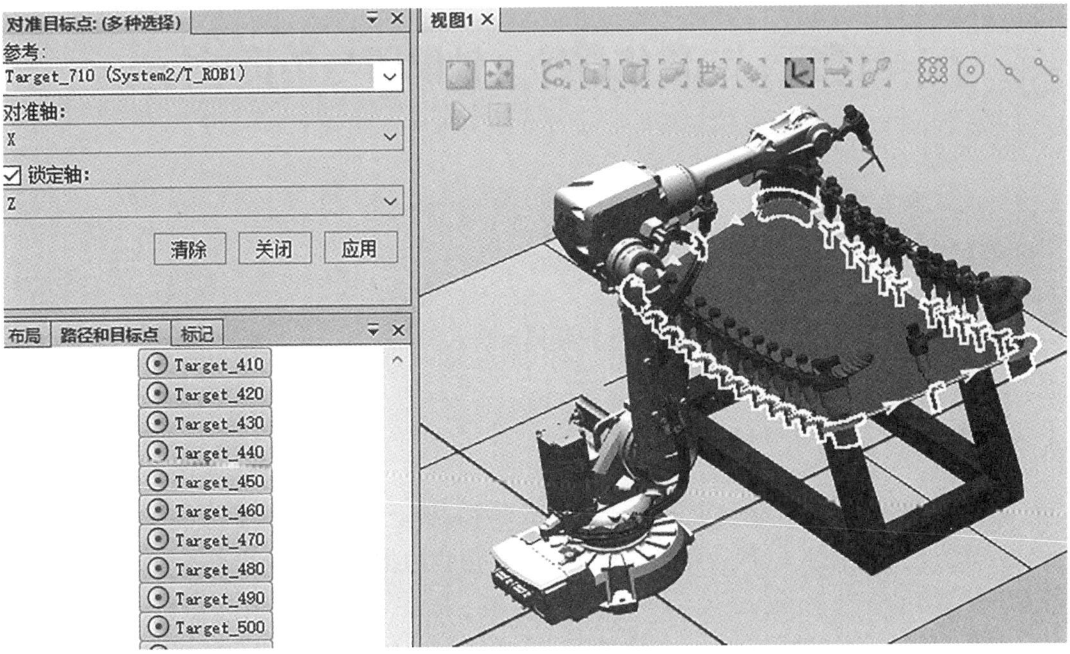

图 5-19

单击"应用"按钮后，效果如图 5-20 所示。此时，所有目标点的姿态基本一致，X轴方向也一致，批量处理完成。由此也可以看出参考点的重要性：如果参考点的姿态调整不正确，那么后面所有以它为参照调整的目标点都会出错。

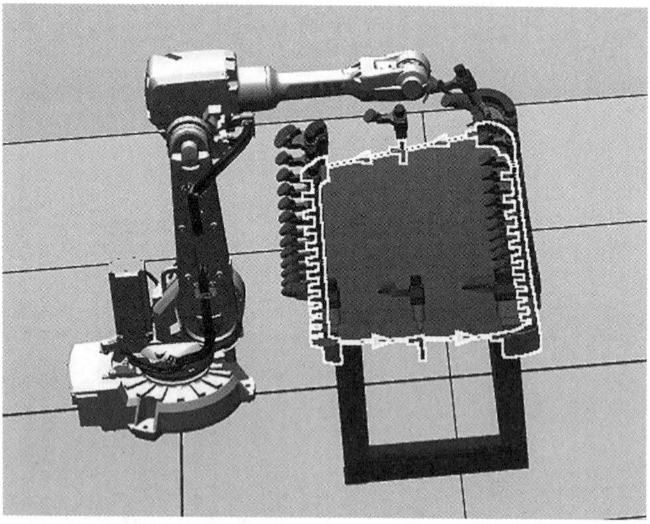

图 5-20

/任务三/ 优化程序、轴配置与仿真运行

【任务目标】

学会程序、轴配置、仿真配置和一些其他处理。

【实践操作】

本任务主要介绍程序轴配置、仿真配置和一些其他处理方法。前面学习了工具方向的批量处理方法，有时我们看到姿态都是正确的，但程序指令仍然会出现叹号，如图 5-21 所示。

对于出现叹号的处理方法：右键单击"path_10"，将光标移到"到达能力"，检查是否有不能到达的目标点。如果所有点后面都有一个绿色的勾，则表示所有点都可以到达，如图 5-22 所示。如果还有不是绿色的勾，找到该条程序的目标点并继续调整到合适姿态。

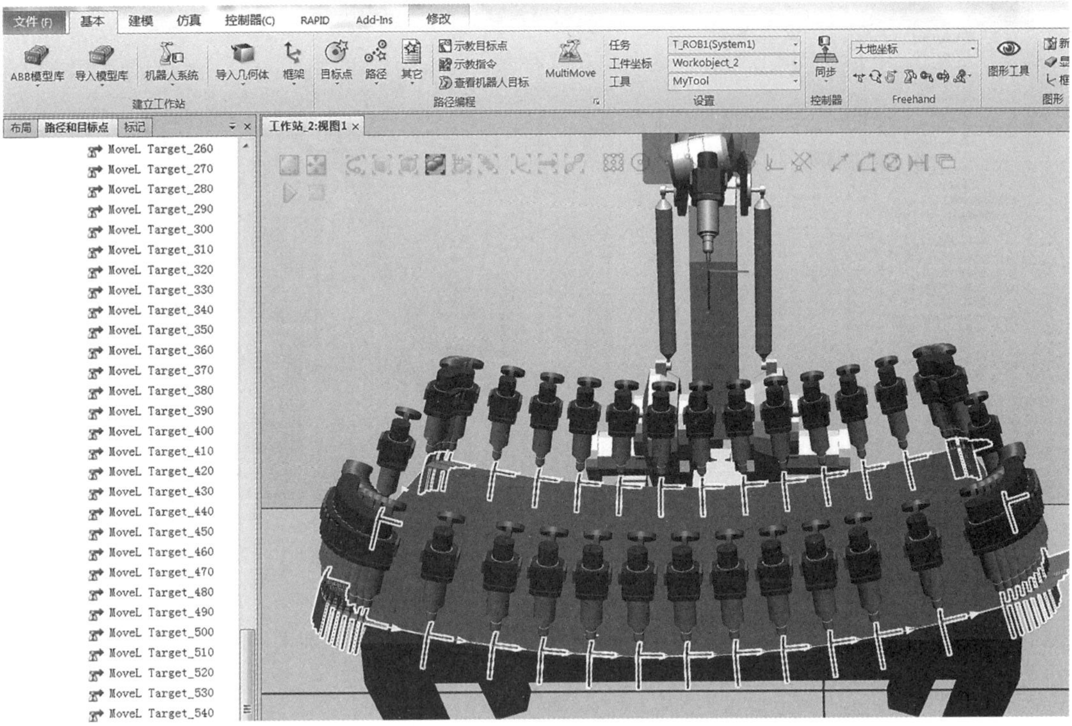

图 5-21

图 5-22

1. 参数配置

右键单击"path_10"，移到"参数配置"，选择"自动配置"。这里可能存在多种参数的配置方法，每种数值都不相同，数字越大表示关节转动幅度越大。对比不同参数配置下的关节角度，以选择最优配置方案，一般选择第一种方案，如图 5-23 所示。单击"应用"按钮后，机器人将会仿真走一次轨迹，如图 5-24 所示。

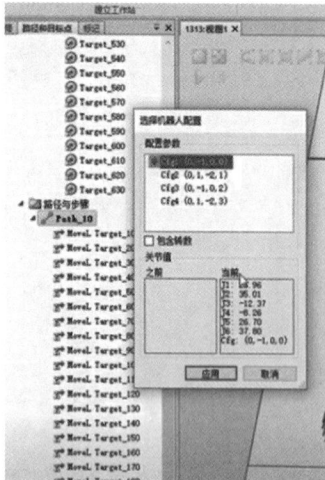

图 5-23

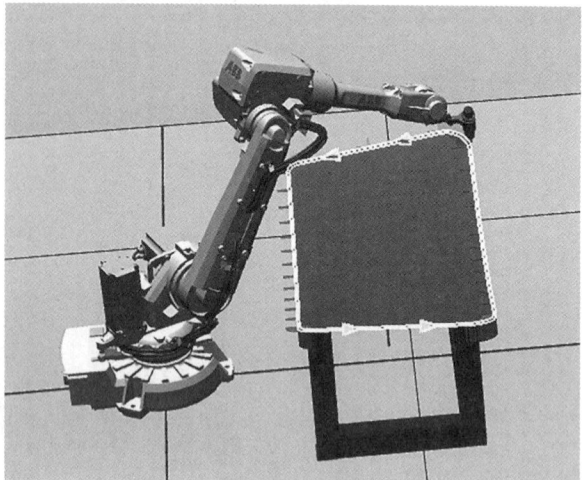

图 5-24

2. 仿真运行方法

首先将"Path_10"程序同步到 RAPID 中，单击"同步到 RAPID"，如图 5-25 所示。在弹出的"同步到 RAPID"窗口中，单击"确定"按钮，如图 5-26 所示。

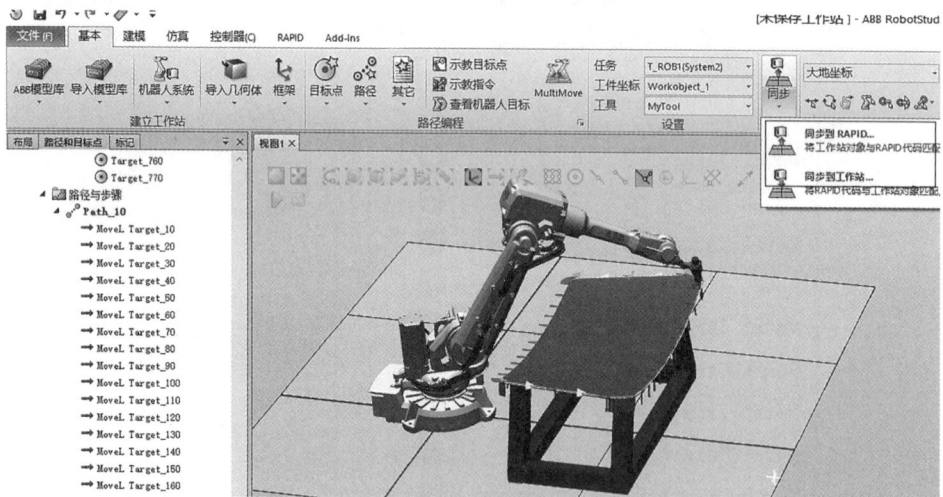

图 5-25

单击"仿真"菜单，再单击"仿真设定"，可选择"连续"，使机器人连续循环运行程序，也可选择"单个周期"，机器人运行一次程序，如图 5-27 所示。

设置程序进入点为"Path_10"，如图 5-28 所示。如果没有设置，则程序进入点为默认"main"。

设置好以上信息后，单击"仿真"菜单，单击"播放"，便可观察到机器人沿着曲线运动的效果了，如图 5-29 所示。

图 5-26

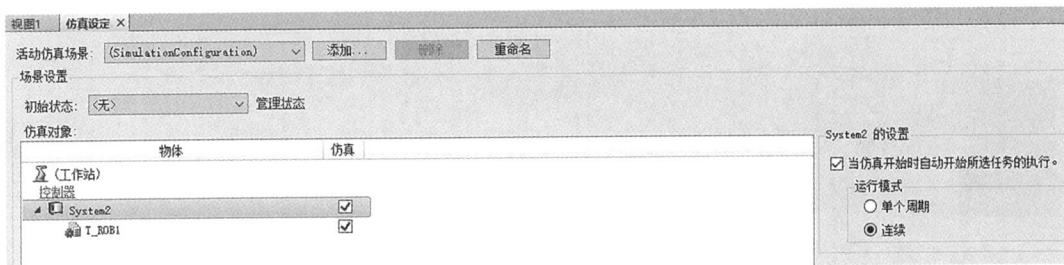

图 5-27

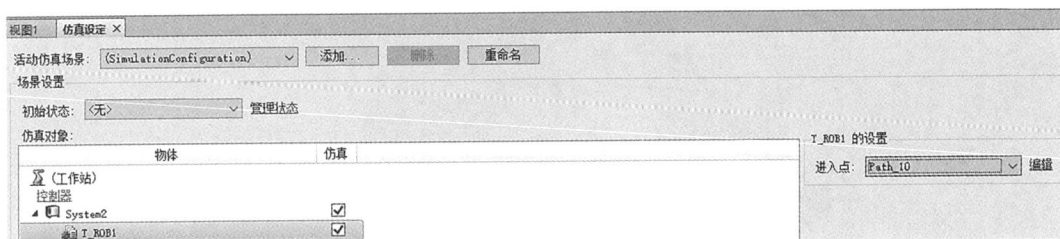

图 5-28

　　但是此时可以看到的效果还不是预期的效果。机器人差一个安全降落点，走完后需要回到安全点或机械原点。在"基本"菜单中单击"手动线性"，单击"mytool"工具，拖动轴向上移动一定距离，然后单击"示教指令"，如图 5-30 所示。

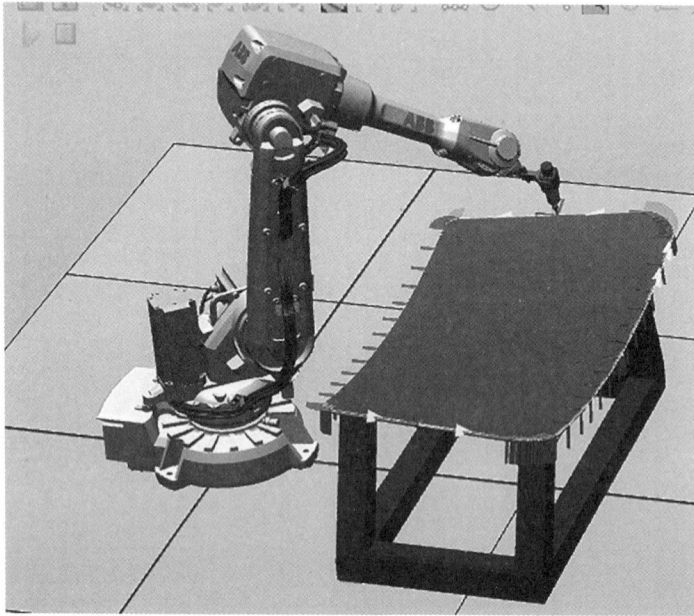

图 5-29

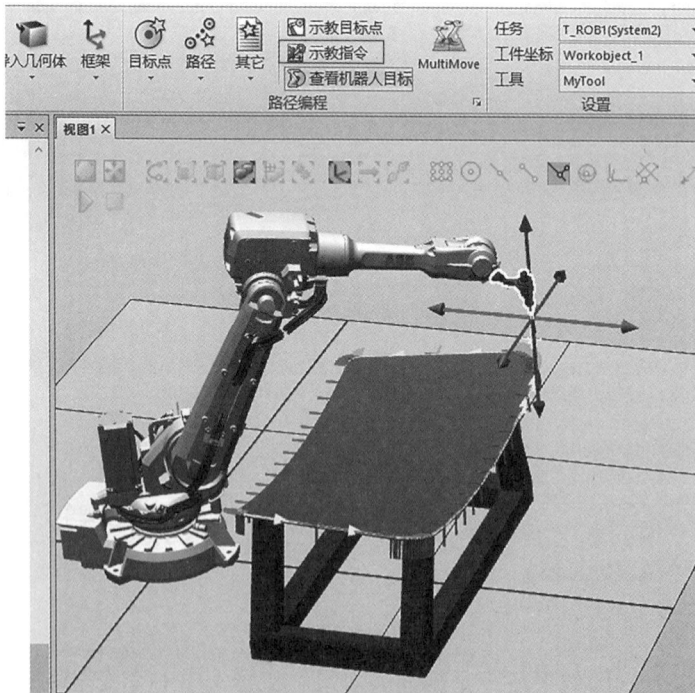

图 5-30

　　将程序拉到最后，最后一条程序则是由刚刚示教的指令生成的。先将其移到第二个位置，再将原来的第一条程序移动到它后面。这样，就完成了第一条程序，如图 5-31 所示。

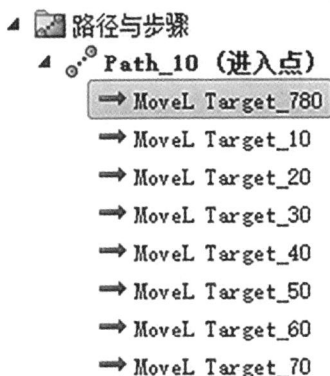

图 5-31   图 5-32

单击"布局"，再单击"机器人"，右键单击"回到机械原点"，如图 5-32 所示，单击"示教指令"，重复图 5-25—图 5-28 的操作，然后通过仿真运行便可看到想要的轨迹。

/任务四/ 碰撞监控与 TCP 跟踪

【任务目标】

熟悉碰撞监控和 TCP 跟踪功能的使用。

【实践操作】

一、碰撞监控

在仿真过程中，规划好机器人的运动轨迹后，通常需要使用碰撞监控功能来验证机器人的运动轨迹是否与周边设备发生干涉。这里以沿着玻璃板边界线为例，介绍如何在沿着边界线运动时进行工具碰撞监控和 TCP 跟踪。

单击"仿真"功能选项卡，再单击"创建碰撞监控"，如图 5-33 所示。

在"布局"中，单击"碰撞监控设定 _1"左侧的三角箭头，显示出 ObjectsA 和 ObjectsB，如图 5-34 所示。

图 5-33　　　　　　　　　　　　　　　　　　　　图 5-34

将工具"MyTool"移到"ObjectsA"处，把玻璃板"Workpiece"移到"ObjectsB"，如图 5-35 所示。

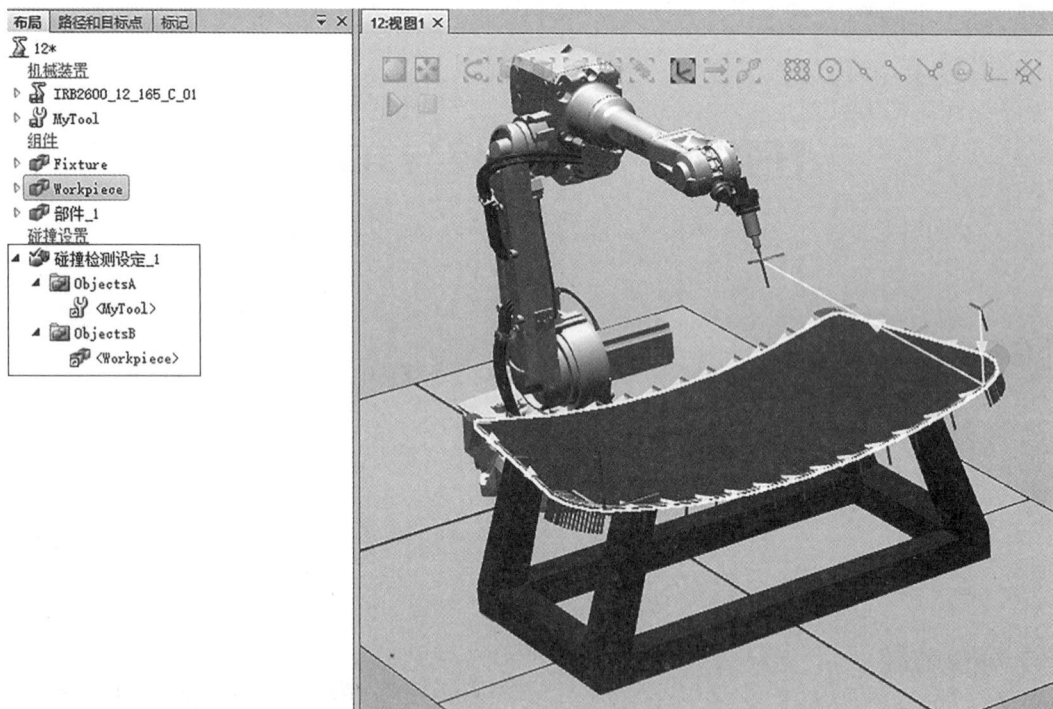

图 5-35

右键单击"布局"中的"碰撞检测设定_1"，单击"修改碰撞监控"，设置参数如图 5-36 所示。其中，有一个"接近丢失"的数据，这个数据（这里设定为 5 mm）表示工具末端与距离玻璃板的值。当设置为"5 mm"时，工具末端只要在 5 mm 范围内，玻璃板便显示黄色。如果工具末端碰到玻璃板，则显示红色。

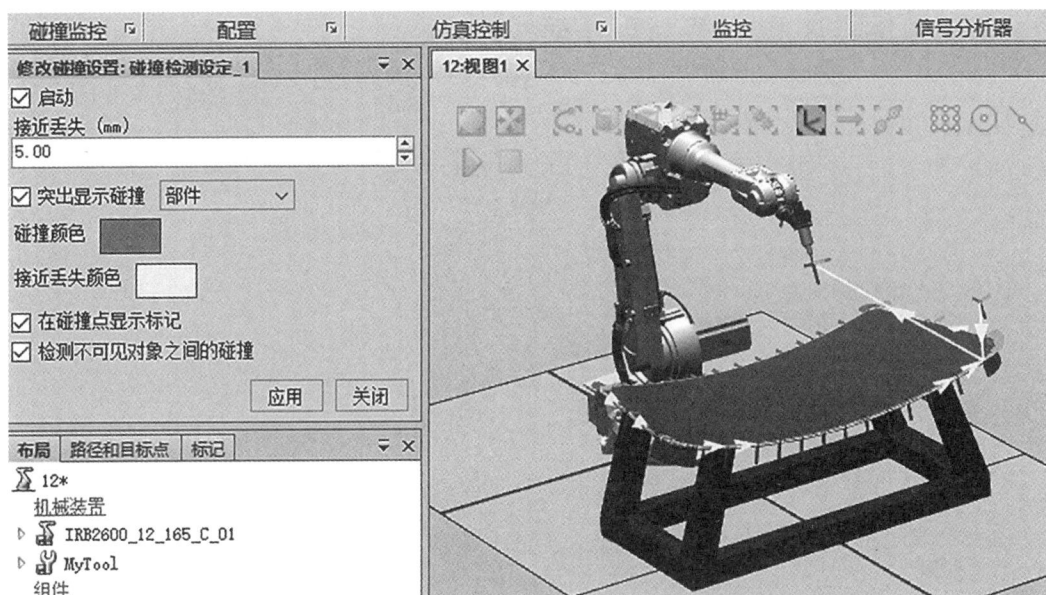

图 5-36

单击"应用"按钮后，播放仿真效果，我们可以看到如图 5-37 所示的接近效果和如图 5-38 所示的碰撞效果。

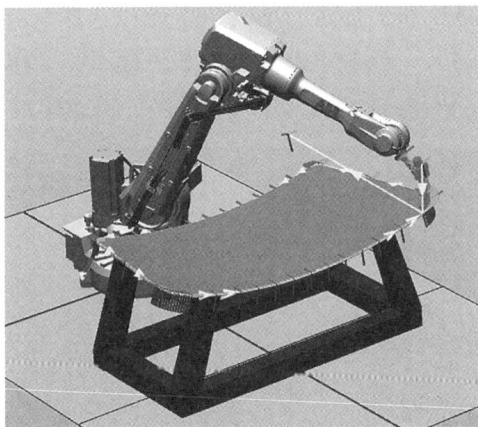

图 5-37

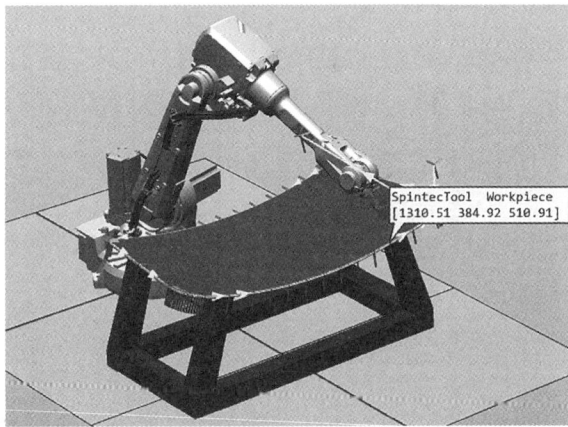

图 5-38

二、TCP 跟踪功能

为了更加清晰地看到机器人的运动轨迹，可以启用 TCP 跟踪功能。在"仿真"功能选项卡中，单击"TCP 跟踪"，点选"启用 TCP 跟踪"，基础色可以自己设定（这里设定为蓝色），如图 5-39 所示。

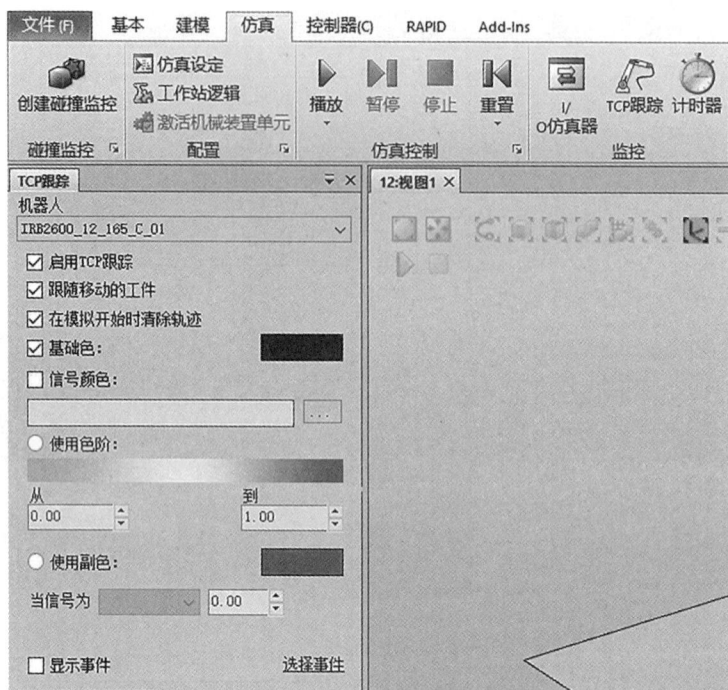

图 5-39

　　为了便于观察运动轨迹，可以隐藏玻璃板、路径和坐标系。单击"布局"，再单击"Workpiece"，右键单击，取消"可见"前的"✓"；接着单击"路径和目标点"，单击"Path_10"，右键单击，选择"查看"，取消"可见"前的"✓"，如图 5-40 所示。

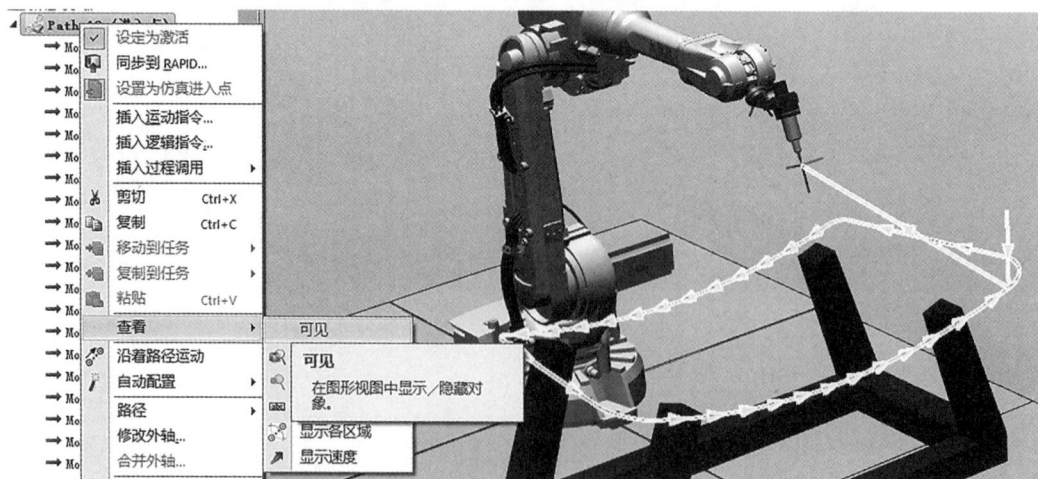

图 5-40

　　单击"播放"，观看效果。在工具 TCP 所经过的地方留下一条蓝色的轨迹，可以清楚地看到 TCP 所处的位置，以及轨迹的形状，如图 5-41 所示。

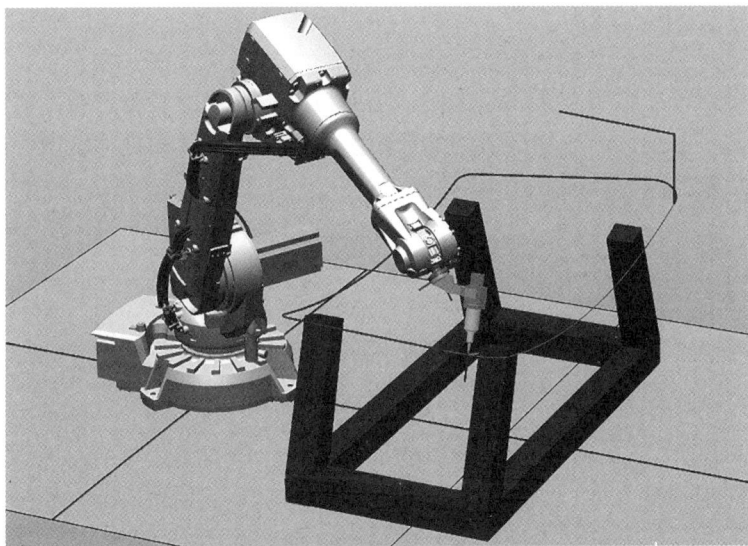

图 5-41

至此，碰撞监控和 TCP 跟踪功能介绍完毕。

/综合实训一/　冰墩墩图案轨迹

【任务目标】

1. 创建冰墩墩图案曲线；
2. 生成冰墩墩图案轨迹路径；
3. 批量修改工具方向；
4. 优化程序、轴配置与仿真运行。

【实践操作】

在本项目前面的任务中，已详细讲解了创建曲线、生成曲线轨迹路径、工具方向的批量修改、优化程序、轴配置与仿真运行等知识点。接下来，将运用前面所学习的内容，进行综合实训——对冰墩墩图案轨迹进行离线编程仿真。

一、创建冰墩墩图案曲线

在本任务中，以冰墩墩图案曲线为例，工业机器人需要沿着冰墩墩图案运动。首先需要创建冰墩墩图案曲线，由于冰墩墩的外形图案为曲线，可以根据冰墩墩模型直接创建图案曲线。操作步骤如图 5-42—图 5-44 所示。

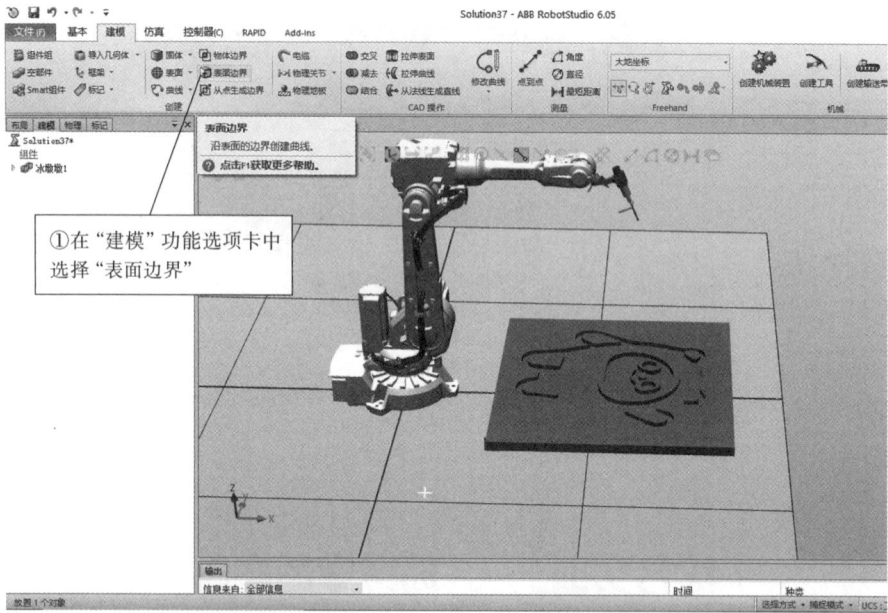

图 5-42

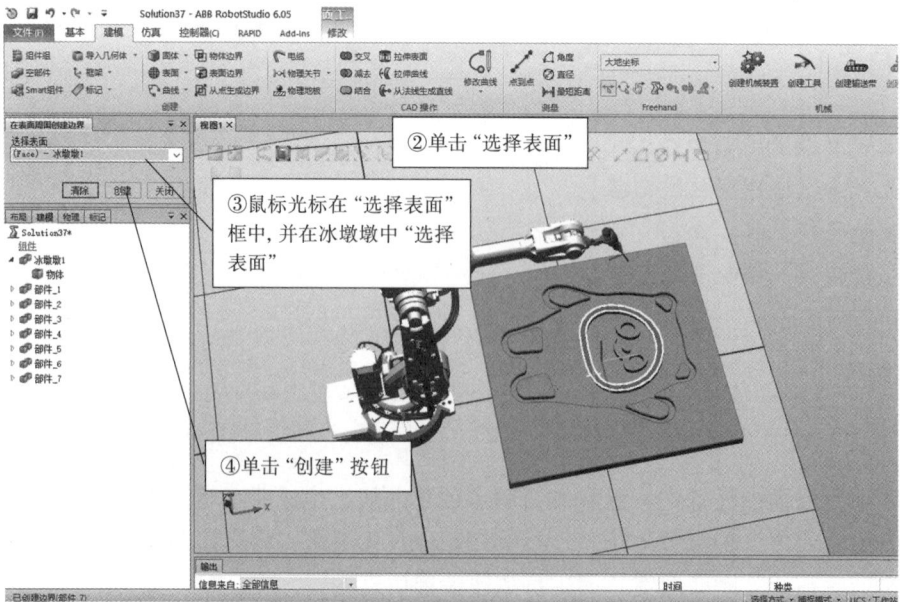

图 5-43

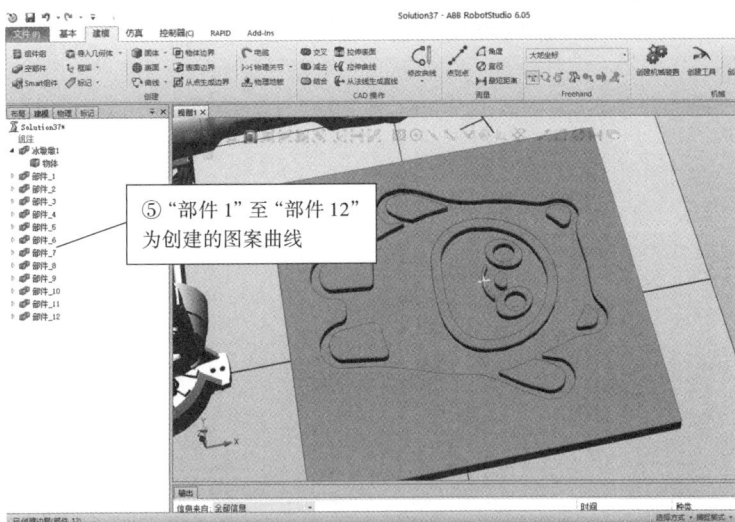

⑤ "部件 1"至"部件 12"为创建的图案曲线

图 5-44

注意:

需确保所有曲线都被捕捉完整。

二、生成冰墩墩图案的轨迹路径

接下来,根据创建的曲线特征自动生成机器人的运行轨迹。在轨迹应用中,通常需要创建工件坐标系,以便于后续进行编程和路径修改。工件坐标系的创建一般以工件的固定装置作为基准。本任务中,创建如图 5-45 所示的工件坐标系。

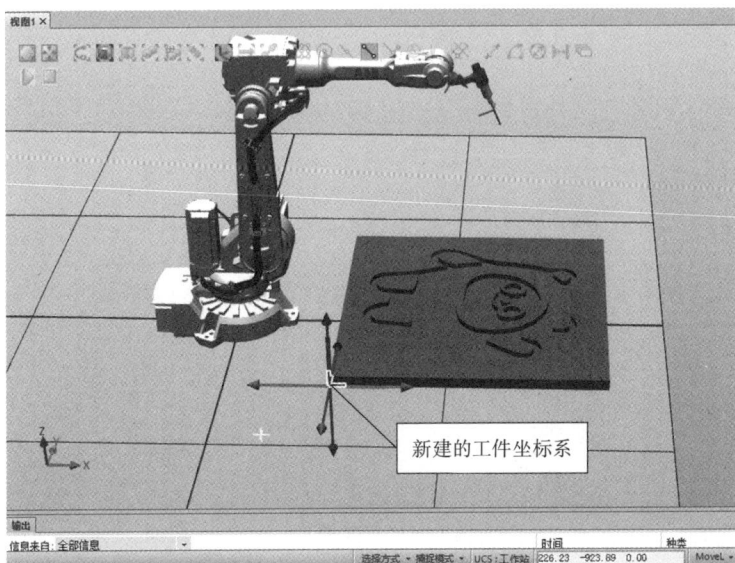

新建的工件坐标系

图 5-45

159

根据创建的曲线，生成如图 5-46 所示的冰墩墩图案轨迹路径。（具体操作步骤参照项目五中的任务一）

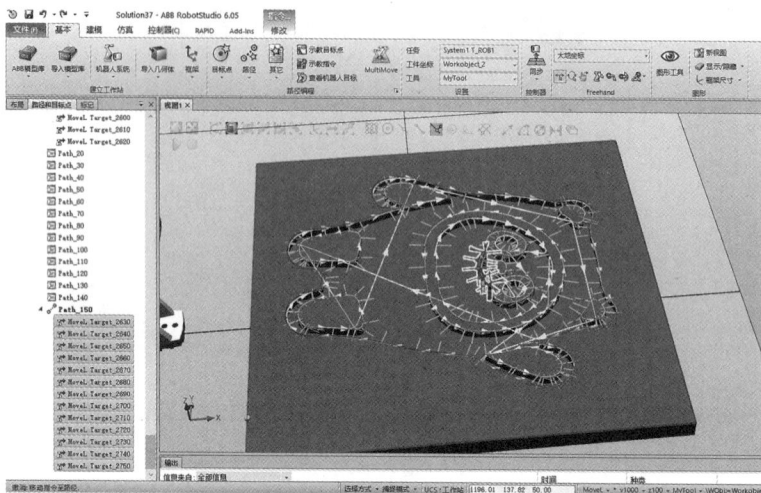

图 5-46

注意：

在捕捉曲线时，一定要确保所有的曲线都被捕捉完整。

三、工具方向批量修改

前面已经成功生成冰墩墩图案轨迹路径，但是有些目标点的姿态机器人难以到达。为了使机器人顺利运行，还需要对目标点的姿态和工具的方向进行修改，从而使机器人能够到达每一个目标点。如图 5-47 所示为已经修改完成的所有工具方向。（具体操作过程参照项目五中的任务二）

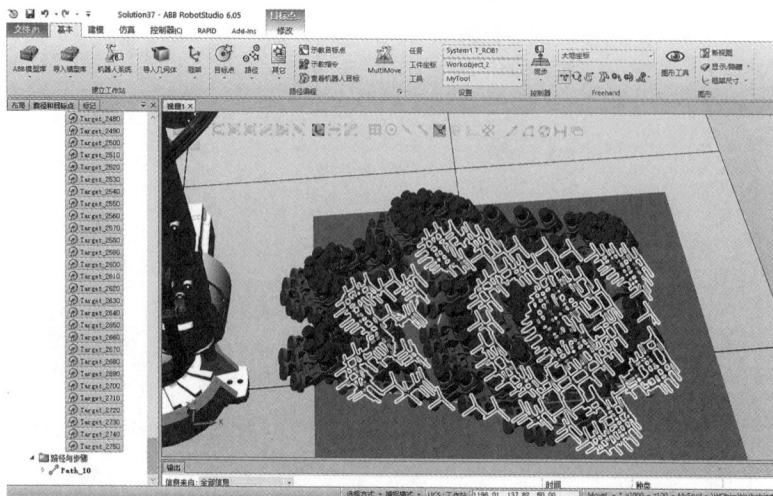

图 5-47

四、优化程序、轴配置与仿真运行

轨迹完成后，接下来进行程序的完善，需要添加轨迹起始接近点、轨迹结束离开点和安全点位置。

起始接近点位置，相对于起始点"Target_10"来说，就是在 Z 轴的负方向偏移一定的距离，操作过程如图 5-48—图 5-50 所示。

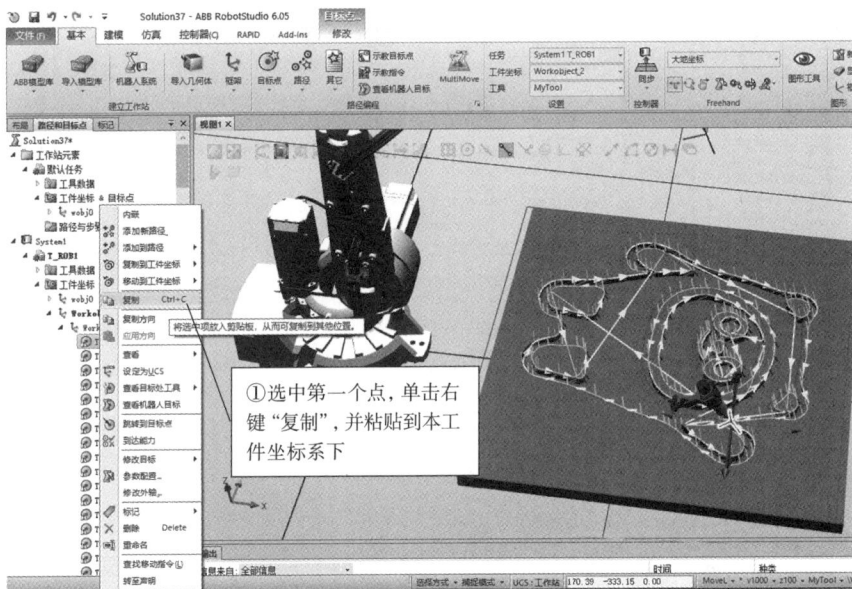

①选中第一个点，单击右键"复制"，并粘贴到本工件坐标系下

图 5-48

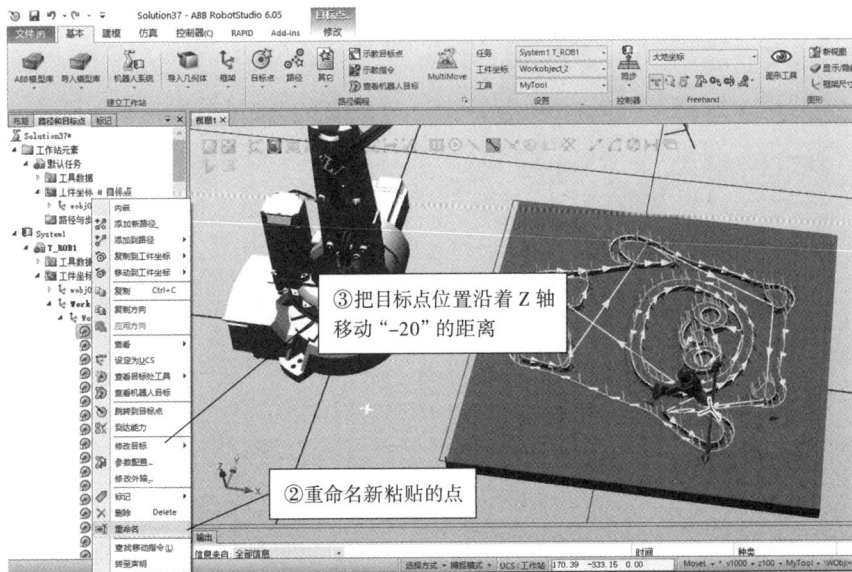

③把目标点位置沿着 Z 轴移动"-20"的距离

②重命名新粘贴的点

图 5-49

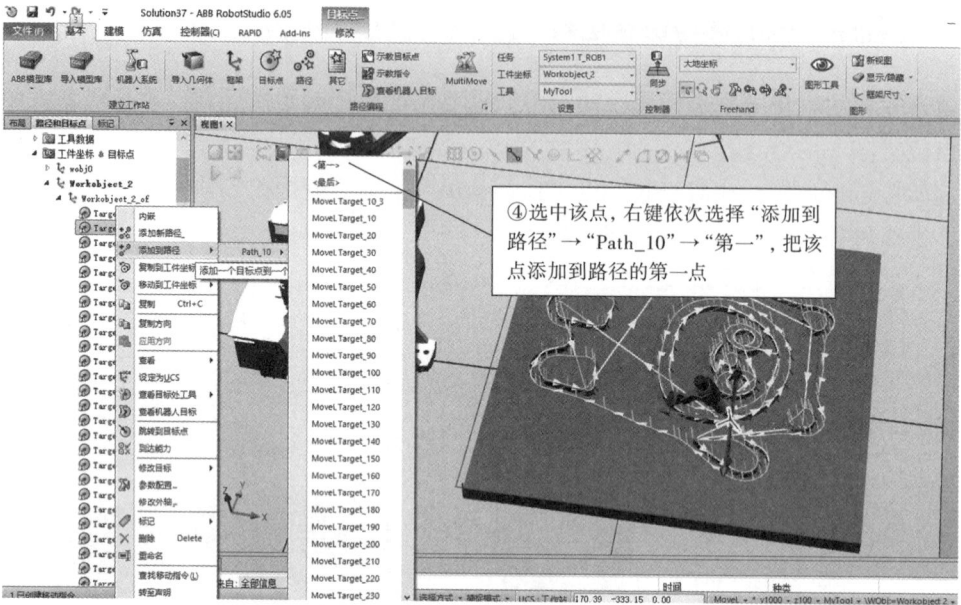

图 5-50

处理轨迹结束点时，参考上述步骤，复制轨迹的最后一个目标点，进行偏移和调整后，添加至目标点列表的最后一行，如图 5-51 所示。

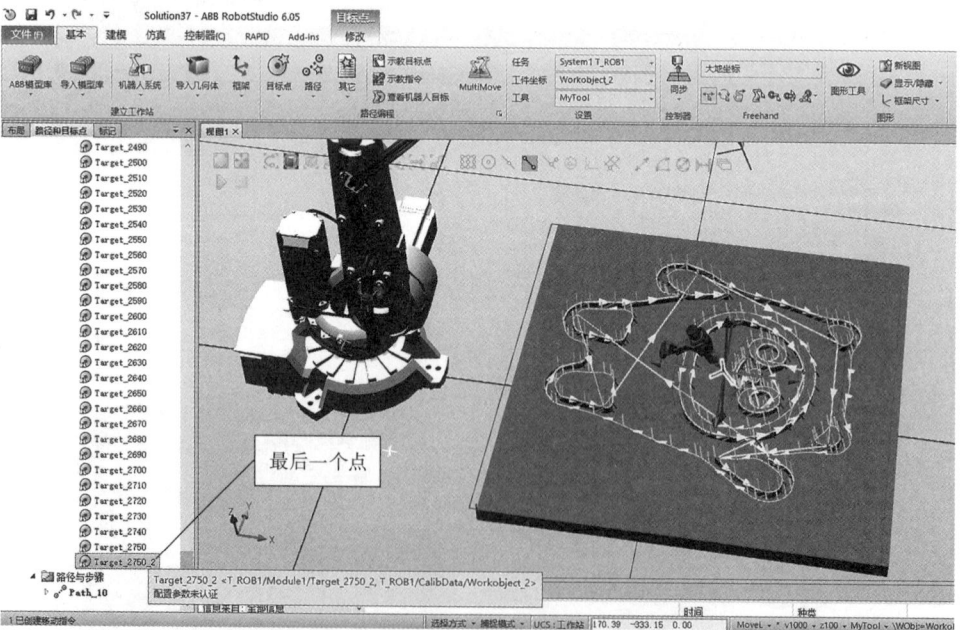

图 5-51

最后添加安全位置，将安全位置直接设为机器人机械原点位置，并将该位置添加到路径的第一点和最后一点，如图 5-52 所示。

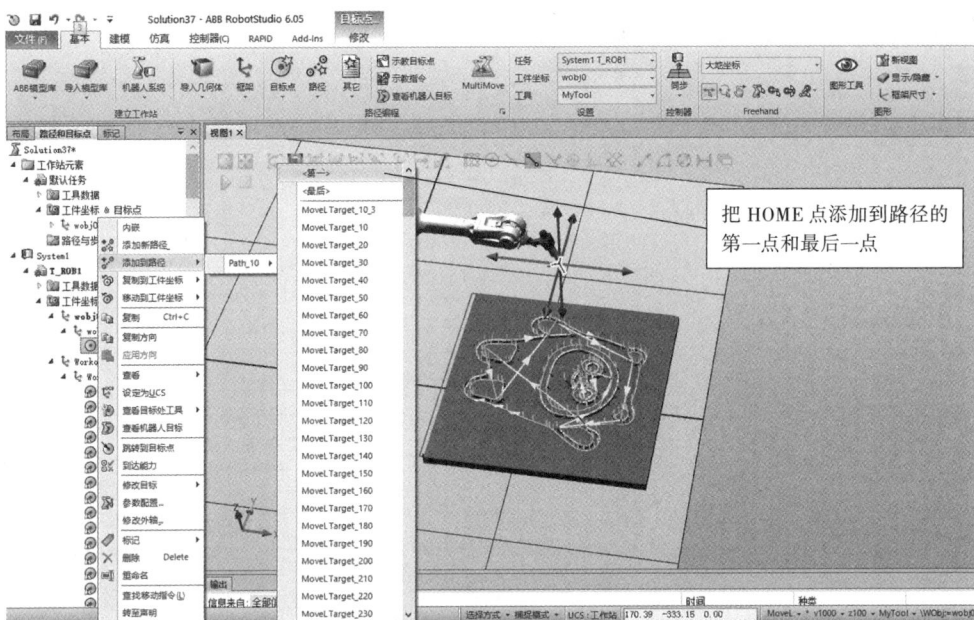

图 5-52

接下来进行轴配置，为了使程序能正常使用，需要对轴配置参数进行配置。（具体操作过程参照项目五中的任务三）

所有步骤做完后，进入仿真阶段，将程序同步到 RAPID，如图 5-53 和图 5-54 所示。

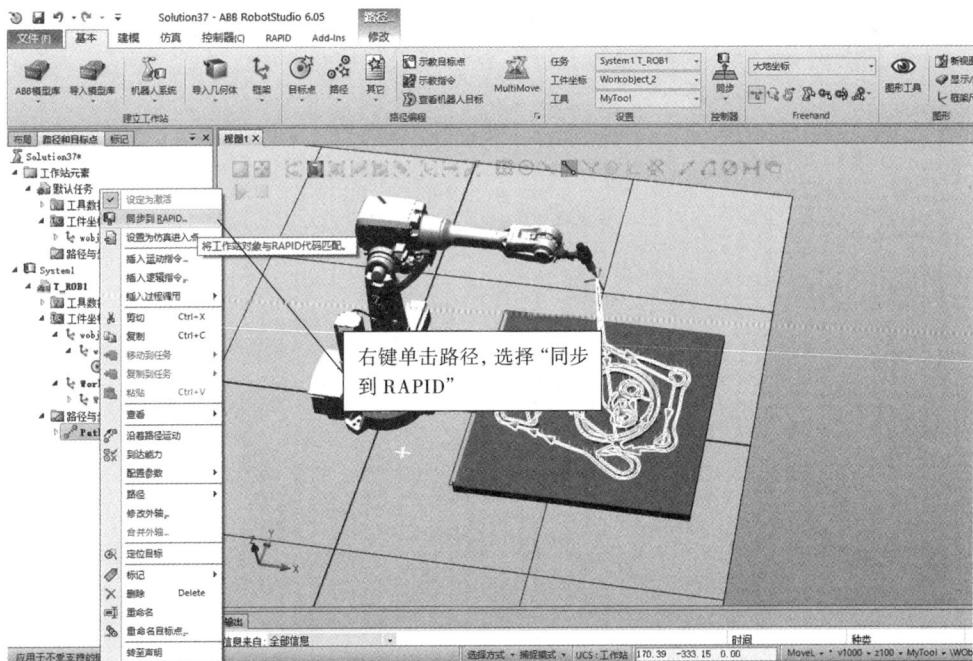

图 5-53

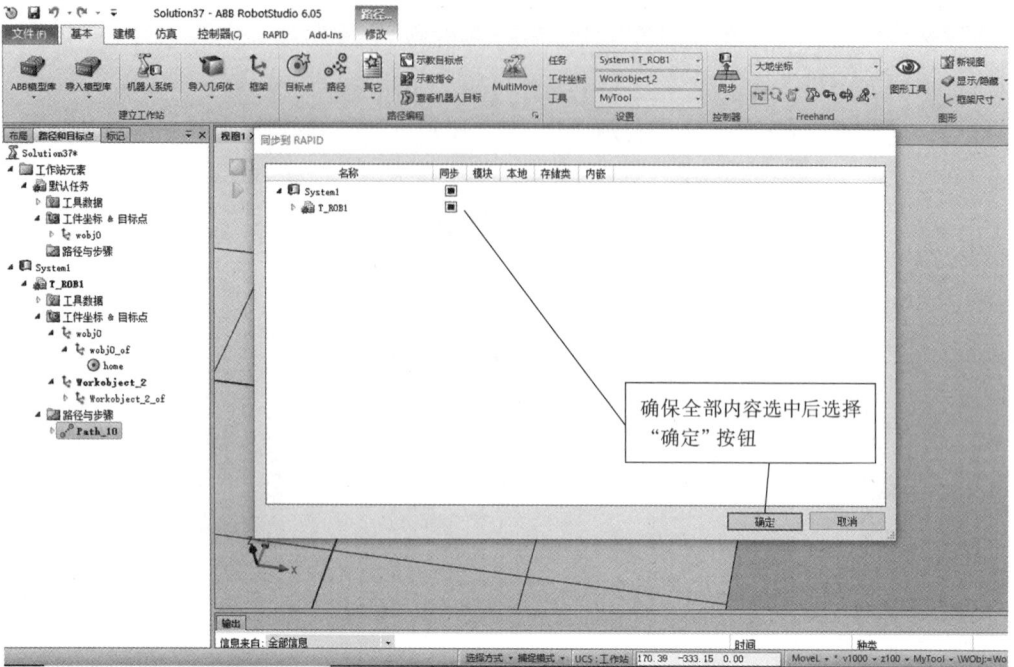

图 5-54

进行仿真设定，如图 5-55 和图 5-56 所示。

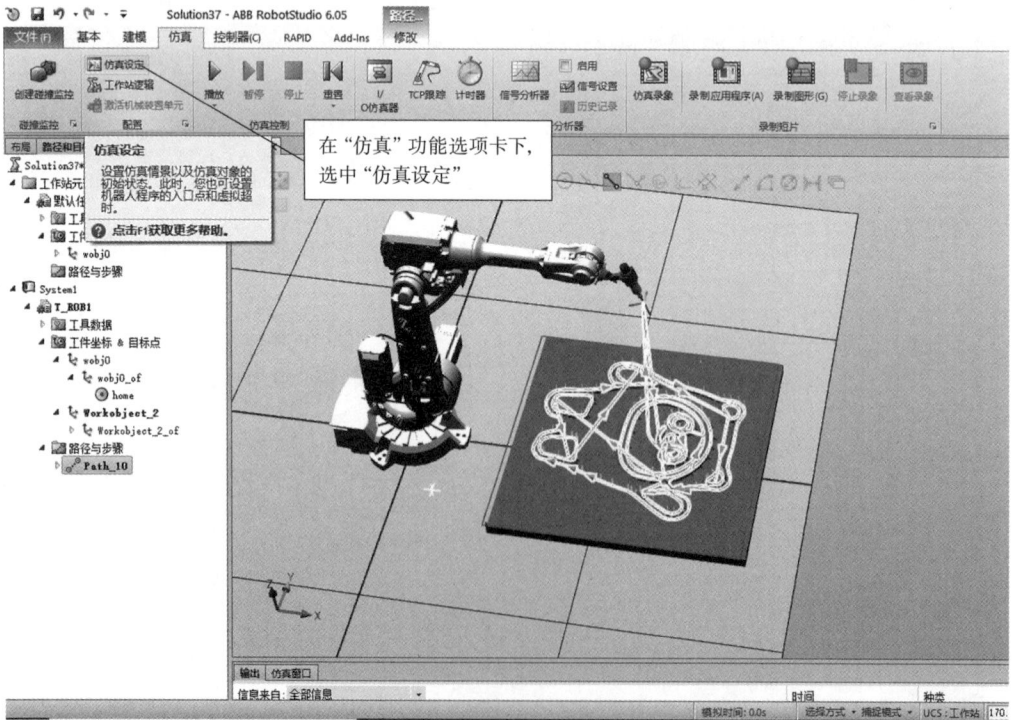

图 5-55

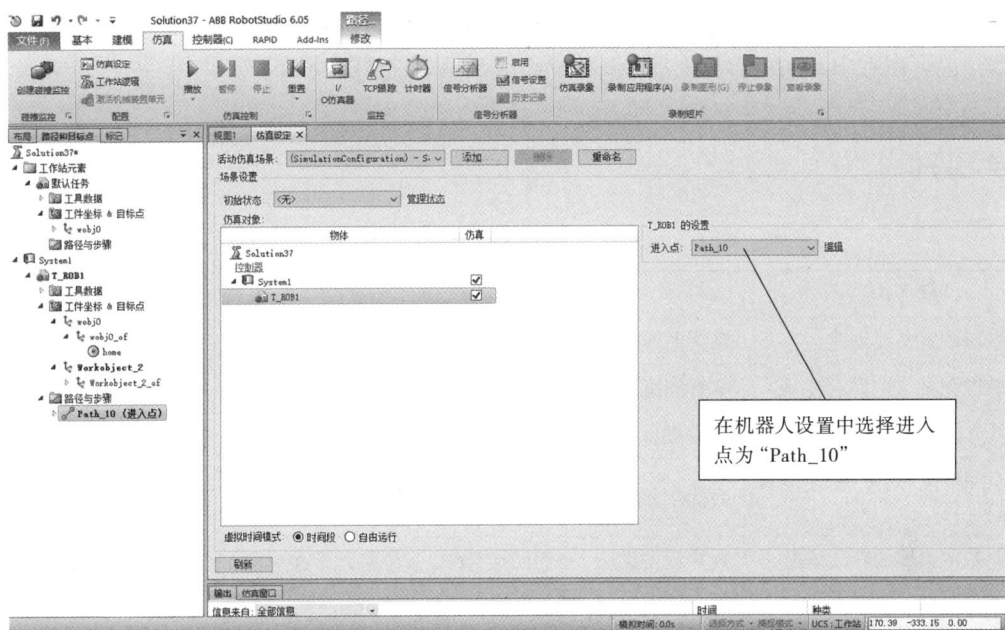

图 5-56

最后执行仿真，查看机器人运行轨迹，如图 5-57 所示。

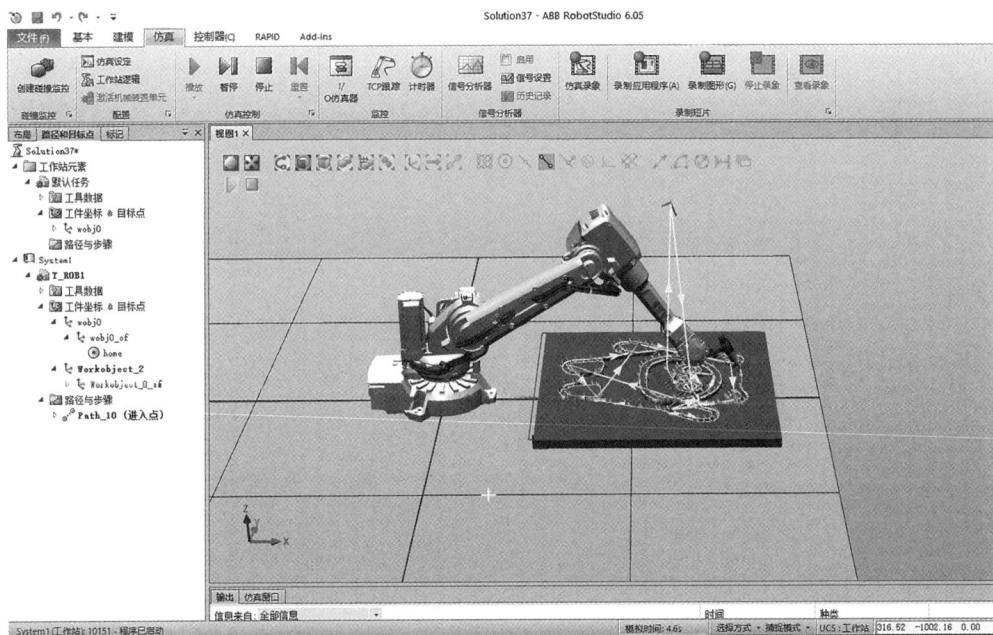

图 5-57

扩展说明：理论上，从一条曲线的最后一个目标点运动到另一条曲线的第一个目标点，机器人需要在一条曲线的最后一个目标点处先抬升，然后到另一条曲线的第一个目标点上空再下降。这种方法可以通过先找到各条曲线的起、末目标点，通过 Z 轴移动位置的方式操作，也可以在 RAPID 程序里进行偏移操作（后面任务再学习）。

【学习评价】

学习评价表

任务内容	任务要求	分值 / 分	考核得分 / 分
冰墩墩图案曲线创建	掌握曲线创建的方法	20	
冰墩墩图案轨迹路径生成	掌握图案轨迹、路径生成的步骤	20	
工具方向批量修改	掌握批量修改工具方向的方法	20	
优化程序、轴配置与仿真运行	会优化程序、轴配置以及仿真运行	10	
专业基本素养的养成情况	爱护设备设施，小组团结合作，工位整洁干净	10	
安全操作	遵守机房规定，符合上机实训操作要求	20	

项目六｜码垛工作站系统虚拟仿真

项目描述

目前，搬运仍然是机器人的第一大应用领域，约占机器人应用的 40%。许多自动化生产线需要使用机器人进行上下料、搬运和码垛等操作。

项目要求

1. 学会事件管理器的使用；
2. 会设定输送链产品源、传感器及输送链运动属性；
3. 会创建 Smart 组件的属性、信号与连接；
4. 会设定夹具属性、检测传感器、拾取放置动作；
5. 掌握工作站逻辑的设定。

项目内容

任务一　事件管理器
任务二　Smart 组件创建动态输送链
任务三　Smart 组件创建动态夹具
任务四　工作站轨迹编程（简单放置）
任务五　设置工作站逻辑（整体仿真运行）
综合实训二　双传送带搬运
综合实训三　汽车车标装配
综合实训四　单传送带单层码垛
综合实训五　单传送带双层码垛
综合实训六　可动夹爪搬运物料码垛

/任务一/ 事件管理器

【任务目标】

1. 学会创建 I/O 信号；

2. 学会添加事件管理器中的事件；

3. 掌握基本的逻辑指令。

利用事件管理器，设置事件信号关联，使滑块滑台装置能够通过信号控制运动起来。（先做好滑块滑台装置，参考项目四中的任务三）

ABB 机器人具有系统输入和输出信号的功能。外部自动运行是将数字输入输出信号与系统信号关联，既可通过外部控制机器人启动运行，也可通过机器人控制外部装置运行，如本任务中的滑块滑台装置。

【实践操作】

一、设置信号 I/O

完成图 6-1 中的 3 步操作后，弹出如图 6-2 所示的对话框，继续按图 6-2 中的步骤进行操作。

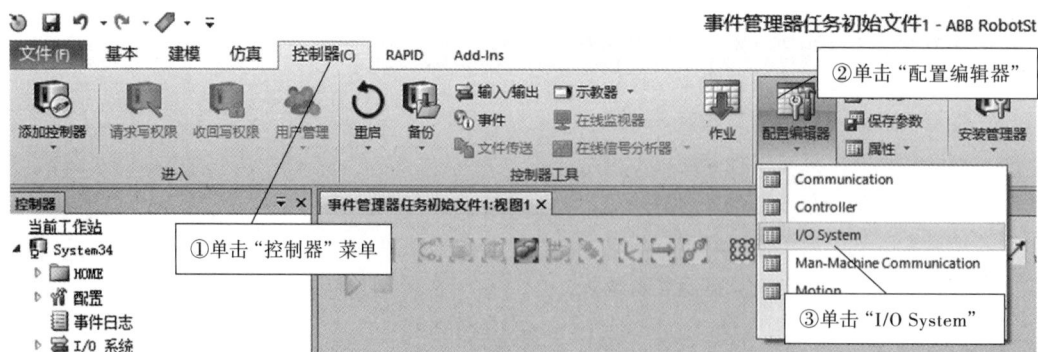

图 6-1

弹出如图 6-3 所示的"实例编辑器"对话框后，继续按图中步骤操作。

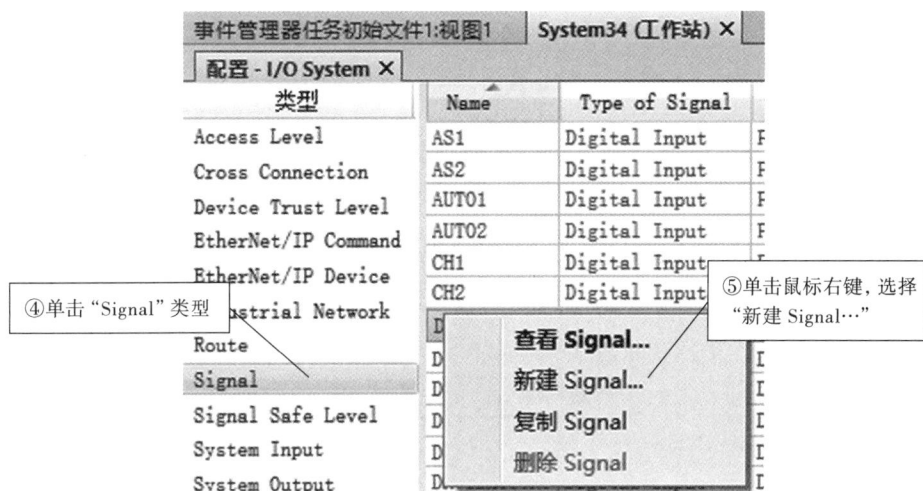

图 6-2

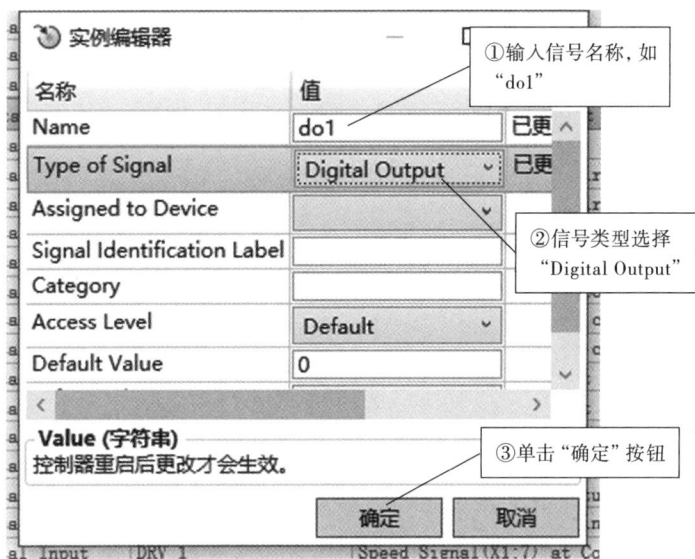

图 6-3

ABB 机器人的信号类型包括数字量输入（DI）、数字量输出（DO）、模拟量输入（AI）、模拟量输出（AO）、组输入（GI）、组输出（GO）6 种类型。Analog Input 为模拟量输入信号，Analog Output 为模拟量输出信号；Digital Input 为数字量输入信号，Digital Output 为数字量输出信号；Group Input 为组输入信号，Group Output 为组输出信号。单击"确定"按钮后，会出现控制器重启后更新才会生效的提示窗口，然后按如图 6-4 所示的操作完成控制器重启。

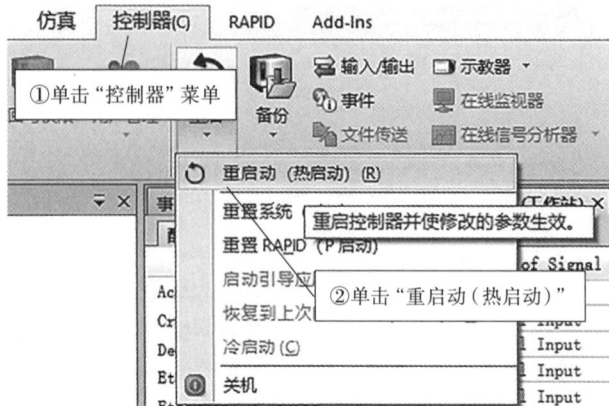

图 6-4

弹出如图 6-5 所示的窗口，单击"确定"按钮即可。

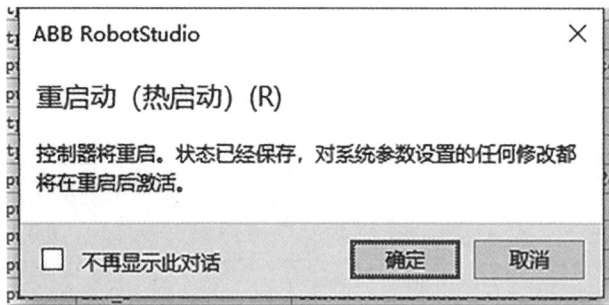

图 6-5

二、添事件

事件管理中能将部分动作事件与信号关联。例如，附加对象、提取对象、打开 / 关闭 TCP 跟踪、将机械装置移至姿态等，如图 6-6—图 6-9 所示。

图 6-6

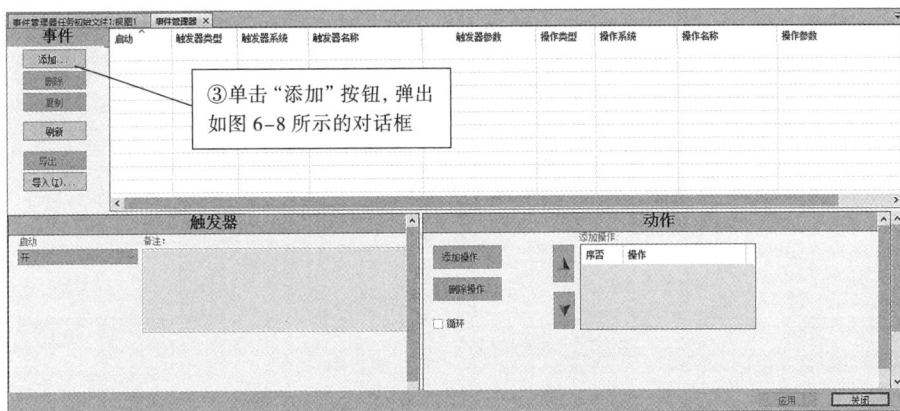

图 6-7

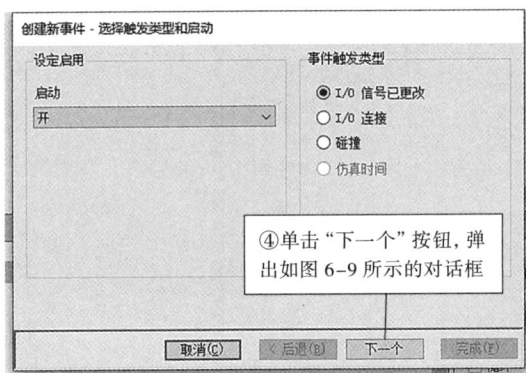

图 6-8

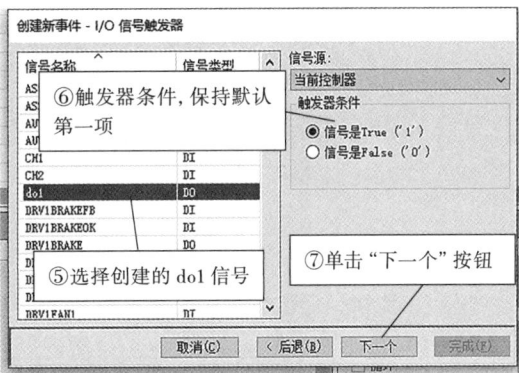

图 6-9

　　弹出如图 6-10 所示的对话框，"设定动作类型"选择"将机械装置移至姿态"，单击"下一个"按钮，弹出如图 6-11 所示的对话框，选择需要关联的机械装置，设置信号 do1 为"1"时的姿态位置，本例中为右姿态，单击"完成"按钮。因此，do1 信号为"1"时的事件已经关联好了，用同样的方法设置 do1 信号为"0"时的事件。重复图 6-8 和图 6-9 所示的操作，然后按照图 6-12—图 6-14 所示的步骤执行。

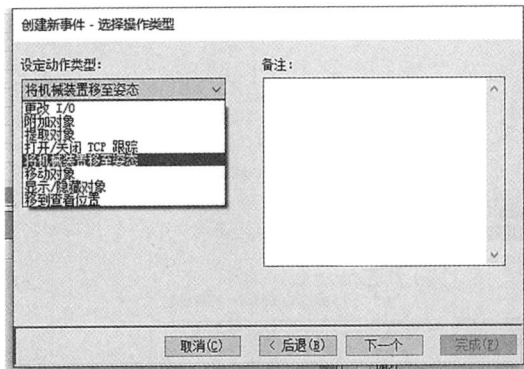

图 6-10

图 6-11

171

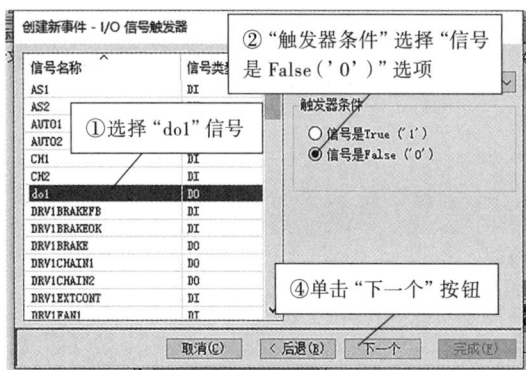

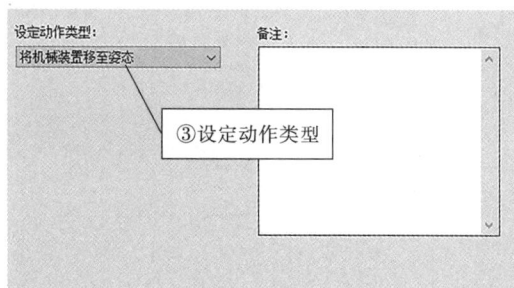

图 6-12   图 6-13

图 6-14

三、加指令

do1 信号何时为 1，何时为 0，这需要根据实际需求进行设置。如何使 do1 信号为 1 或者为 0？可以通过置位和复位操作来实现。具体操作如图 6-15—图 6-17 所示。

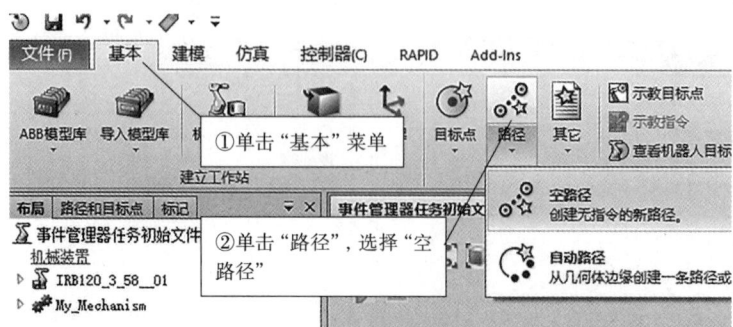

图 6-15

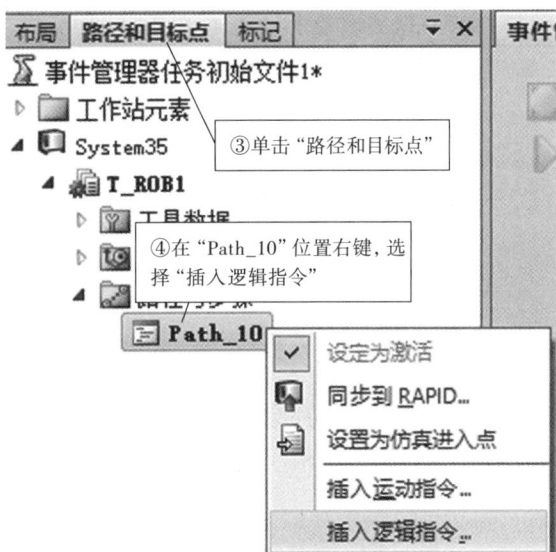

图 6-16

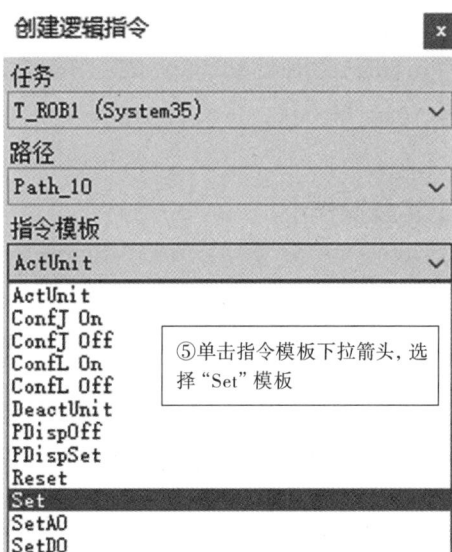

图 6-17

在弹出的"路径和目标点"窗口中，单击"创建"按钮，重复执行逻辑指令操作，最终效果如图 6-18 所示。

Set do1（置位 do1 信号，执行此程序后 do1 值为 1）；

WaitTime 3（等待 3 秒）

Reset do1（复位 do1 信号，执行此程序后 do1 值为 0）；

WaitTime 3（等待 3 秒）

最后同步到 RAPID，设置"Path_10"为进入点后，单击仿真菜单播放功能就可看到任务效果。

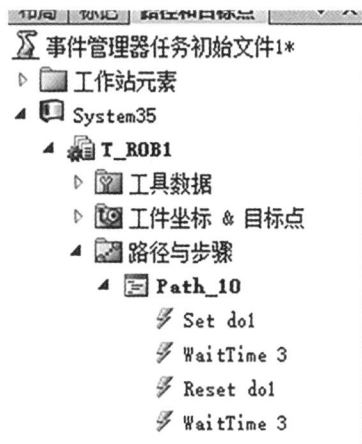

图 6-18

/任务二/ Smart 组件创建动态输送链

【任务目标】

在 RobotStudio 中，创建用于码垛仿真的工作站时，输送链的动态效果对整个工作站起关键作用。Smart 组件的输送链动态效果包括输送链前端自动生成产品，产品随输送链

173

向前运动，到达输送链末端后停止运动，产品被移走后输送链前端再次生成产品，依次循环。

Smart 组件是 RobotStudio 中实现动画效果的高效工具。下面创建一个拥有动态属性的 Smart 输送链，体验 Smart 组件的强大功能。

【实践操作】

一、设定输送链的产品源（Source）

子组件 Source 用于设定产品源，每触发一次 Source 执行，都会自动生成一个产品源的复制品，设定输送链的产品源操作步骤如图 6-19—图 6-21 所示。

图 6-19

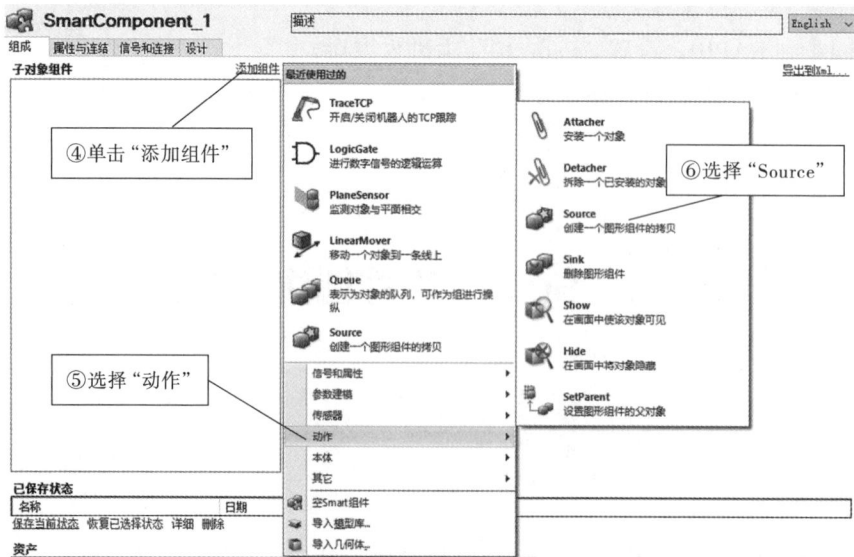

图 6-20

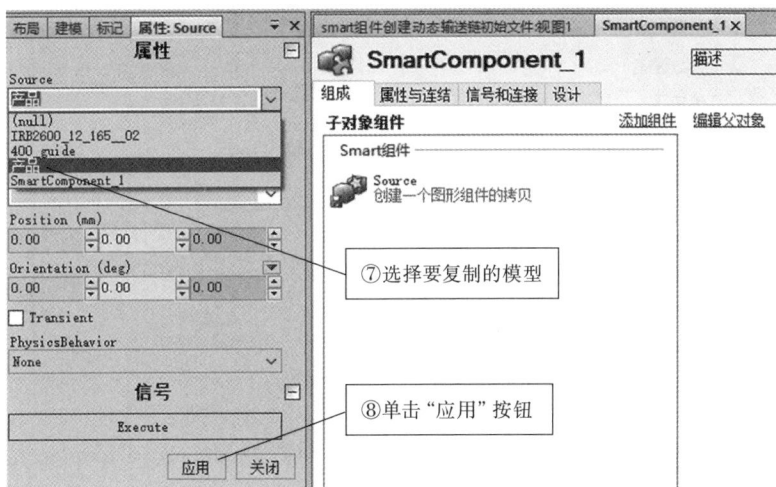

图 6-21

相关属性说明：

Source：要复制的对象。

Position：拷贝的位置与父对象相对应。

Transient：在临时仿真过程中，对已创建的复制对象进行标记，防止发生内存错误。

特别强调：图 6-21 中 Position 的数据不用设置，前提是已经对放置好的产品进行了本地原点设定，参照大地坐标系，产品的位置 X、Y、Z 已经设置为 0，0，0。

二、设定输送链的运动属性

子组件 LinearMover 用于设定运动属性，其属性包括指定的运动物体、运动方向、运动速度、参考坐标等。此处，将"Queue"设为运动物体。创建"Queue"操作如图 6-22 所示。

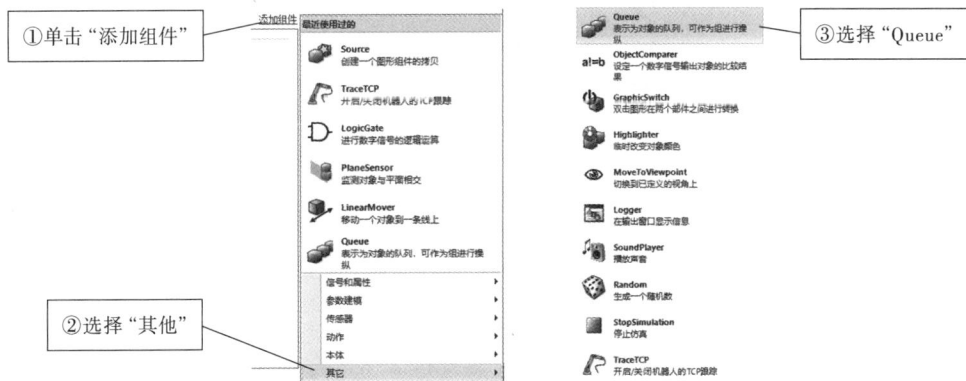

图 6-22

创建子组件"LinearMover"的步骤：单击"添加组件"，选择"本体"，再单击"LinearMover"，如图 6-23 所示。

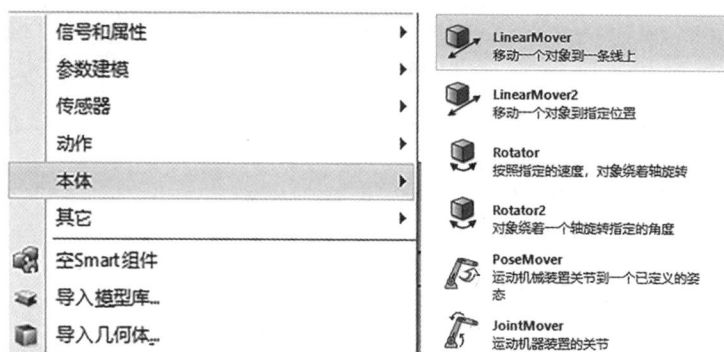

图 6-23

LinearMover 属性设置：Object（移动对象）选择队列 Queue，Direction 是移动方向，以大地坐标为参考，物料由输送链右边移动到左边（图 6-24），则在第一项数值中输入 "-1"，代表是 X 轴的负方向，速度设置为 300 mm/s，"Execute" 设置为 "0"，单击 "应用" 按钮。设置方法如图 6-25 所示。

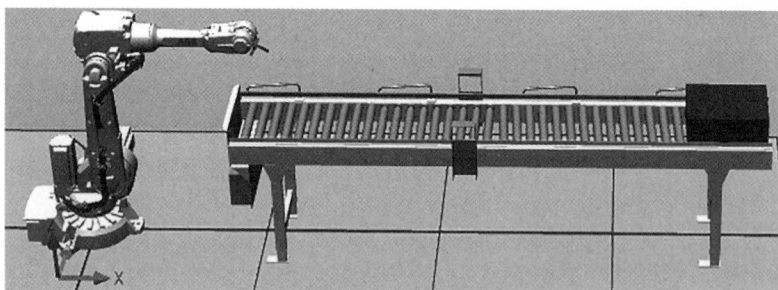

图 6-24

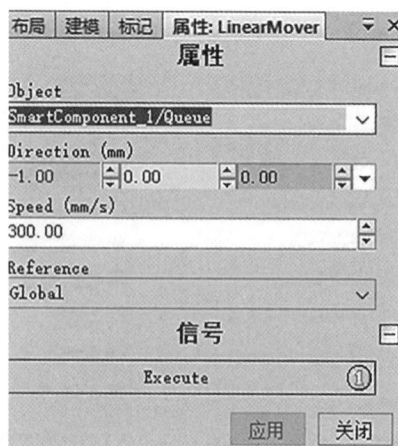

图 6-25

三、设定输送链限位传感器

传感器子组件（PlaneSensor）用于检测产品是否到位。

单击添加组件按钮，选择"传感器"菜单，找到"PlaneSensor"后单击鼠标左键，完成添加。设置"PlaneSensor"属性：开启末端捕捉并确定起点位置；输入轴1数值（x0y0z100）和轴2数值（x0y400z0），两轴构成一个面；单击"Active"使其变为1，以保存工作状态；单击"应用"按钮。效果如图6-26所示。

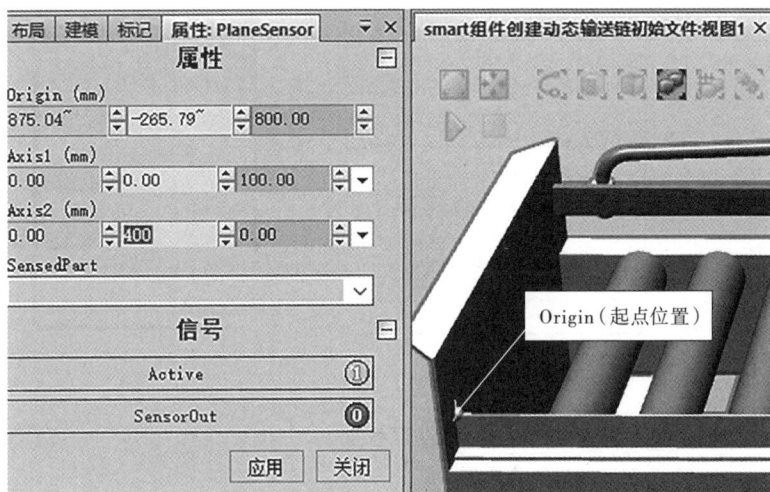

图6-26

强调说明：面传感器设置好后，取消勾选输送链的"可由传感器检测"选项，避免传感器检测到输送链引起误判。

在Smart组件应用中，只有信号A发生从0到1的变化时，才可以触发事件。检测产品到位后触发搬运，但当产品离开后信号由1变为0，此时不能触发产品拷贝。需要引入一个非门与A信号相连。

单击添加组件，选中"信号与属性"菜单，找到"LogicGate"后单击鼠标左键，完成添加。

设置"LogicGate"属性：将"Operator"栏设为"NOT"，如图6-27所示。

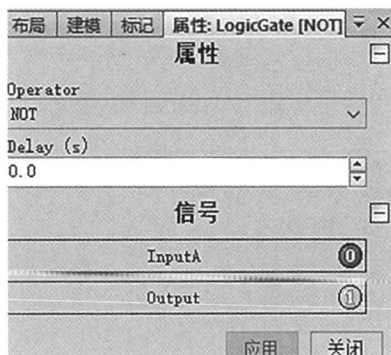

图6-27

四、创建属性与连接

Source的"Copy"指的是源的复制品，Queue的"Back"指的是下一个将要加入队列的物体。通过这样的连接，可以实现产品源生成一个复制品，执行加入队列操作后，该复制品会自动加入队列"Queue"中，而队列"Queue"一直执行线性运动，则生成的复制品也会随着队列进行线性运动，当执行退出队列操作时，复制品退出队列后就停止线性运动了。将"Copy"与"Back"连接，如图 6-28 所示。

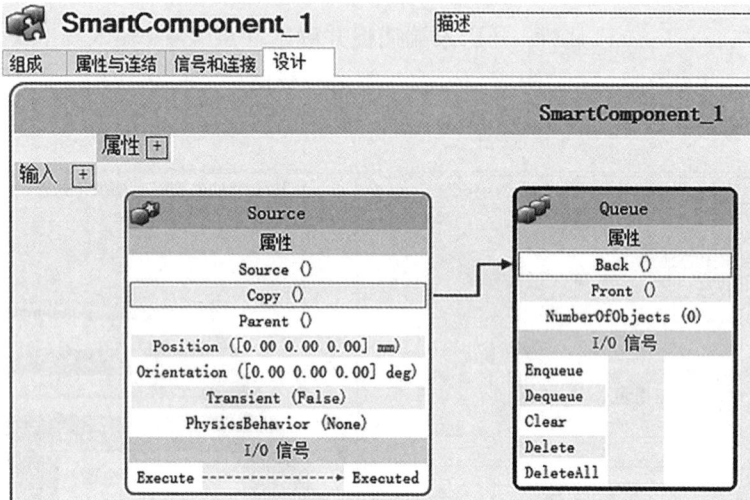

图 6-28

Copy（GraphicComponent）：包含复制的对象。

Back（ProjectObject）：对象进入队列。

五、创建信号连接

创建输送链，其启动信号为"distart"，具体步骤如图 6-29 所示。到料反馈信号"dout"的创建步骤与"distart"类似。

图 6-29

将 distart 与 Source 的 Execute 相连，Executed 与 Queue 的 Enqueue 相连，PlaneSensor 的 SensorOut 与 LogicGate 的 InputA 相连，Queue 的 Dequeue 与输出 "dout" 相连，LogicGate 的 Output 与 Source 的 Execute 相连，如图 6-30 所示。

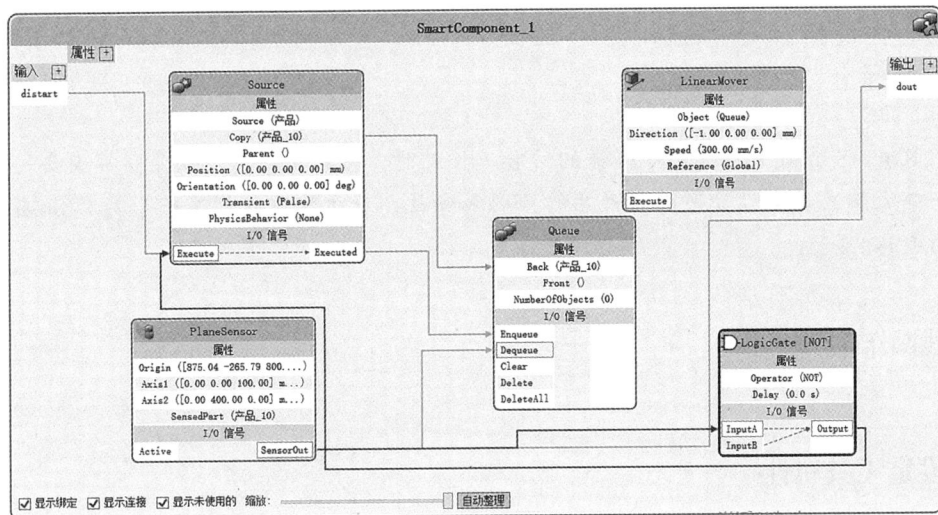

图 6-30

六、仿真运行

仿真运行如图 6-31 所示。

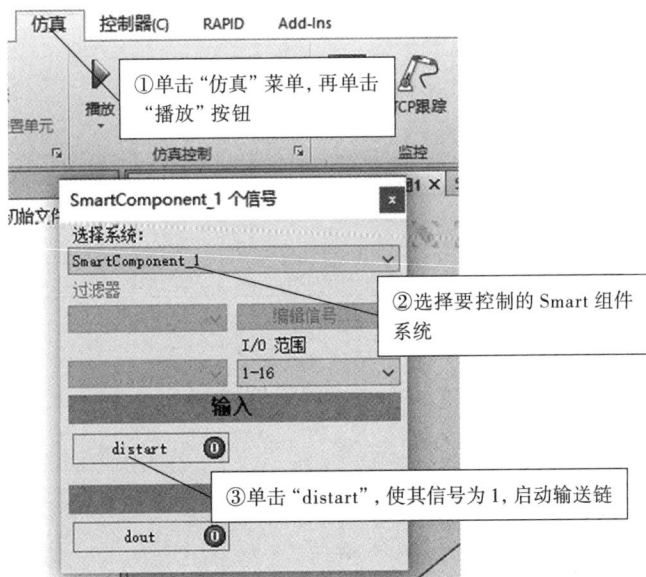

图 6-31

179

/任务三/ Smart 组件创建动态夹具

【任务目标】

在 RobotStudio 中创建用于码垛的仿真工作站时，夹具的动态效果是非常重要的部分。使用一个海绵式真空吸盘来进行产品的拾取和释放，基于此吸盘创建一个具有 Smart 组件特性的夹具。

【实践操作】

一、设定工具属性

操作如图 6-32—图 6-35 所示的各步骤。

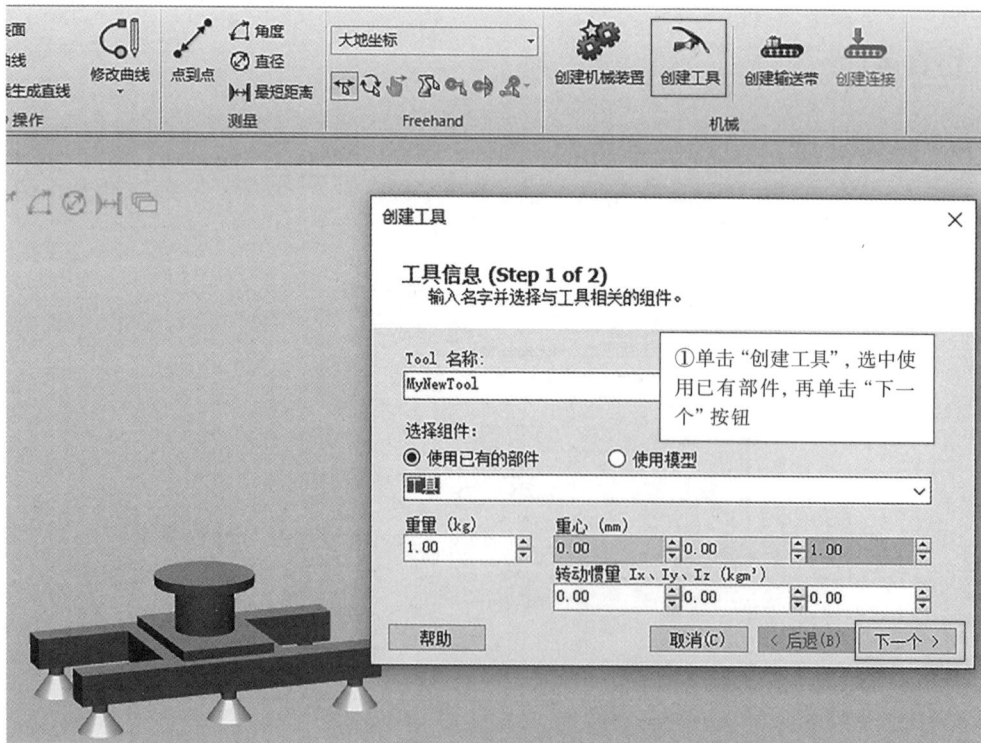

①单击"创建工具"，选中使用已有部件，再单击"下一个"按钮

图 6-32

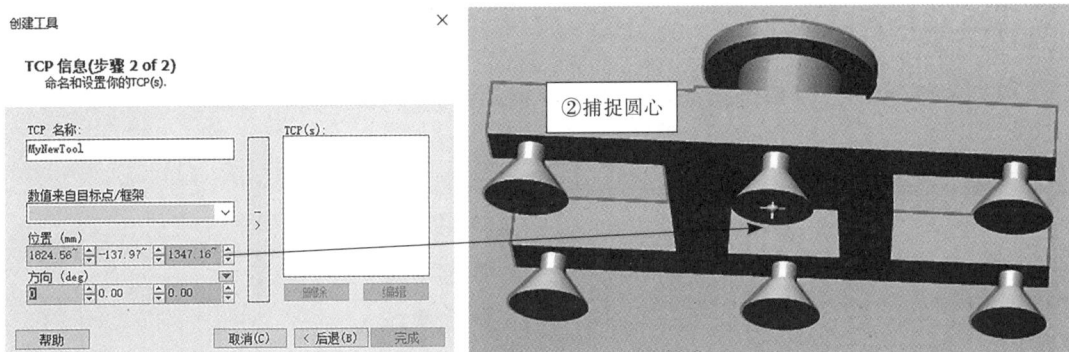

图 6-33

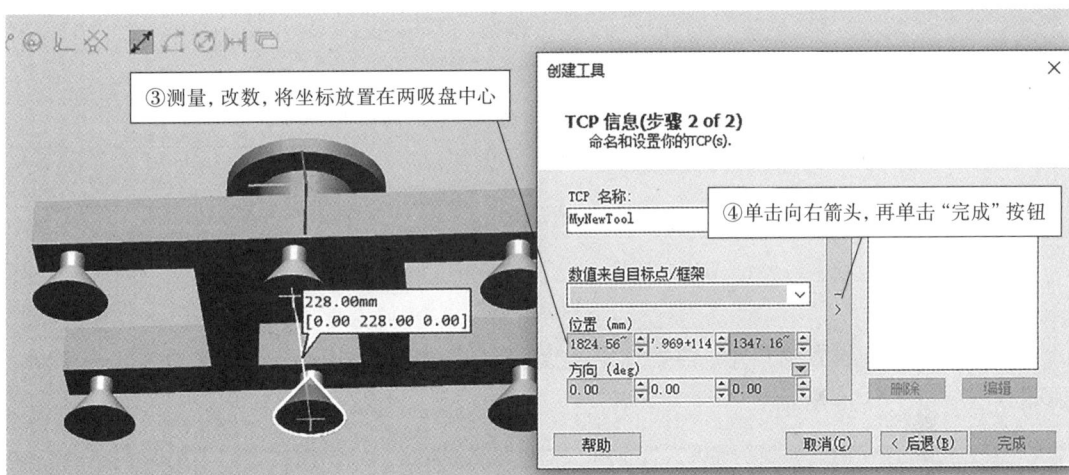

图 6-34

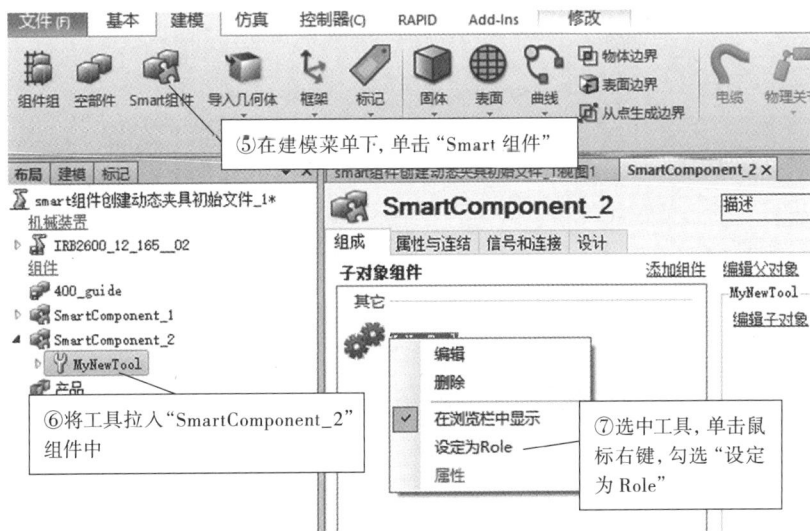

图 6-35

二、设定检测传感器

添加传感器组件（LineSensor），如图 6-36 所示。

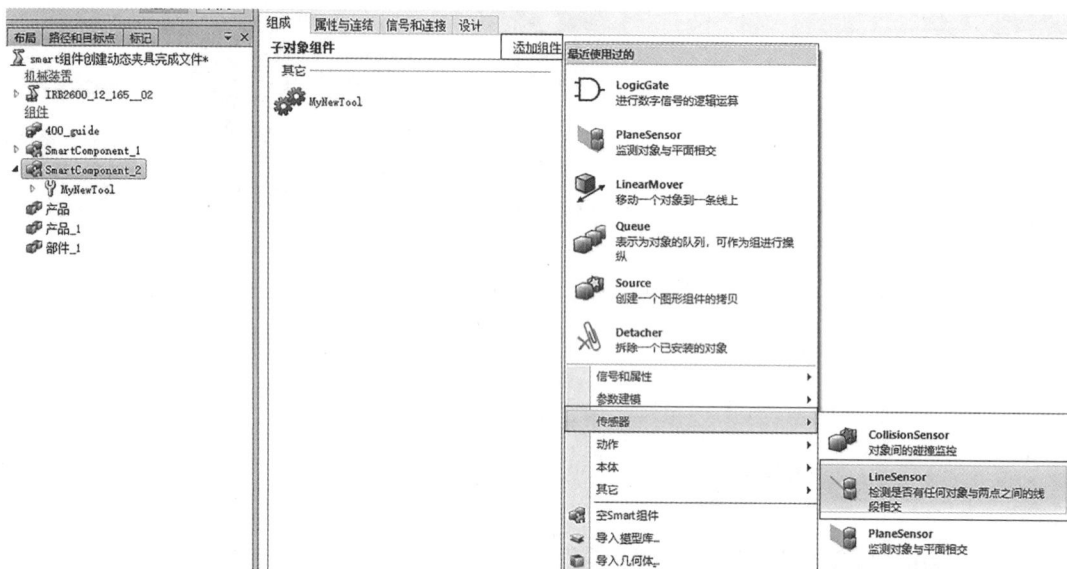

图 6-36

在传感器属性设置窗口中，需要指定起点"Start"和终点"End"，设置"Radius"参数，如图 6-37 和图 6-38 所示。

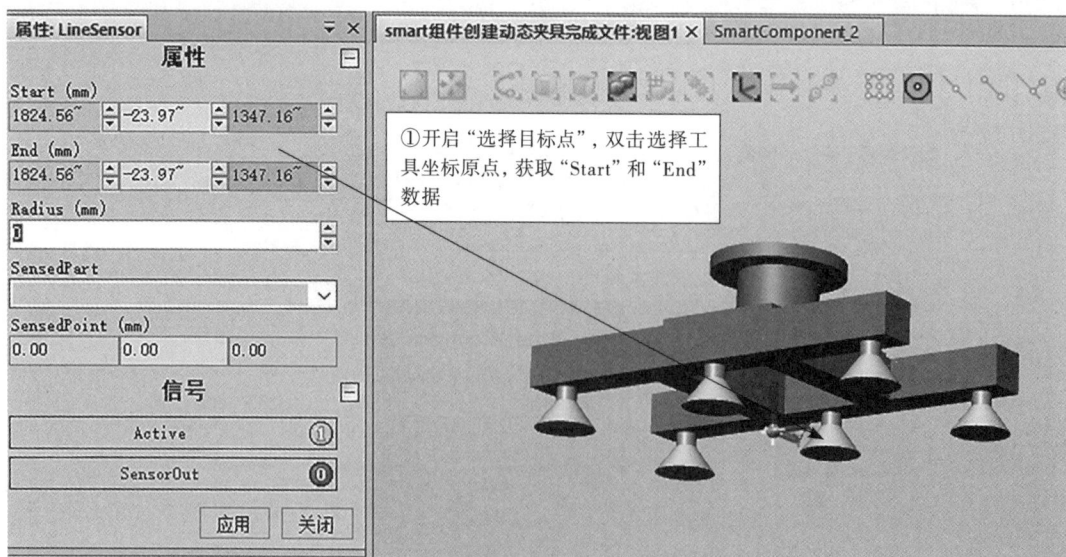

图 6-37

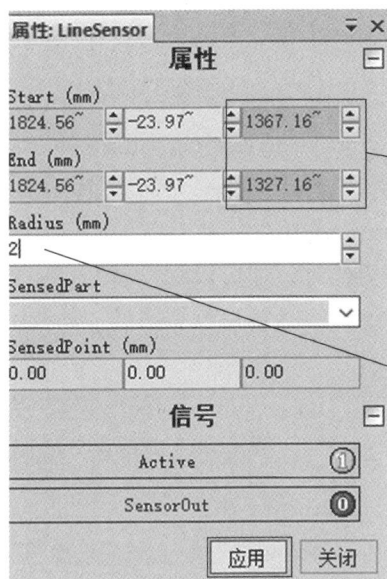

②修改数据，将"Start"点的Z轴数据+20，"End"点的Z轴数据-20

③将传感器"Radius"设为2，单击"应用"按钮

图 6-38

三、设定本地原点，安装工具

设定本地原点，安装步骤如图 6-39 所示。

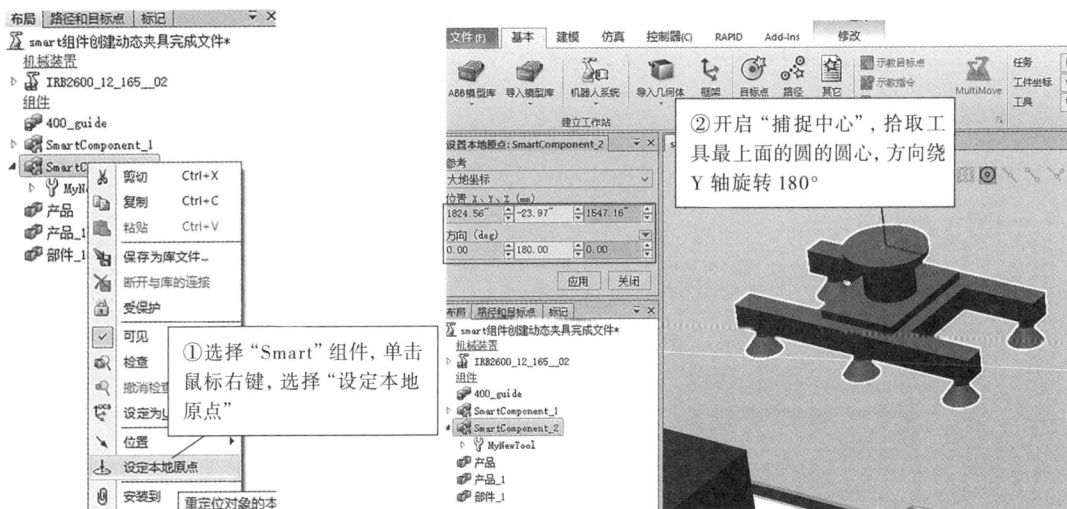

①选择"Smart"组件，单击鼠标右键，选择"设定本地原点"

②开启"捕捉中心"，拾取工具最上面的圆的圆心，方向绕Y轴旋转180°

图 6-39

完成上述步骤后，选择对应的Smart组件，直接拖到机器人名称上并松手，单击"确定"按钮即可完成安装。

四、拾取、放置动作设置

安装子组件（Attacher）添加：左键单击"添加组件"，选中"动作"菜单，找到"Attacher"后单击左键，完成添加。属性设置中设定安装的父对象（工具 smart 组件），如图 6-40 所示。

拆除子组件（Detacher）：单击"添加组件"，选择"动作"菜单，找到"Detacher"后单击左键，完成添加。在属性设置中，勾选"KeepPosition"。

在 Smart 组件应用中，只有信号 A 发生从 0 到 1 的变化时，才可以触发事件。检测产品到位后触发搬运，但当产品离开后信号由 1 变为 0，此时不能触发产品拷贝。需要引入一个非门与 A 信号相连。

单击"添加组件"，选中"信号与属性"菜单，找到"LogicGate"后单击左键，完成添加。在 LogicGate 属性设置中：将"Operator"栏设为"NOT"，设置完成后单击"应用"，如图 6-41 所示。

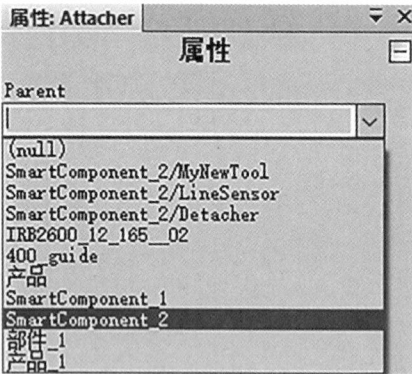
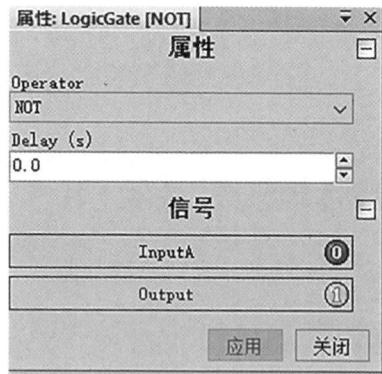

图 6-40   图 6-41

五、属性与连接

将 LineSensor 中的"SensedPart"与 Attacher 中的"Child"相连，Attacher 中的"Child"与 Detacher 中的"Child"相连，如图 6-42 所示。

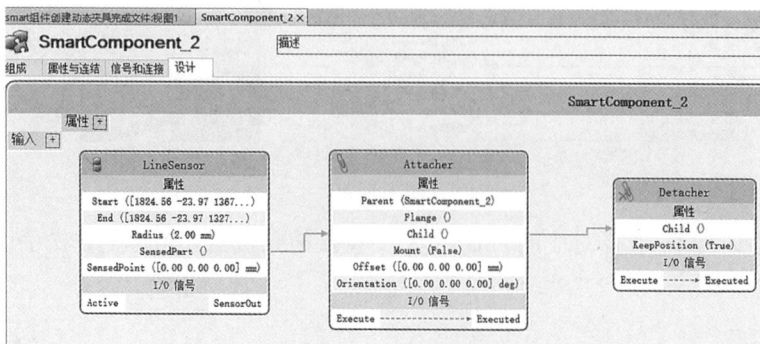

图 6-42

六、信号连接

I/O 信号是指在本工作站中自行创建的数字信号，用于与各个 Smart 子组件进行信号交互。I/O 连接是指设定创建的 I/O 信号与 Smart 子组件信号的连接关系，以及各 Smart 子组件之间的信号连接关系。添加一个数字信号"distart2"，用于启动输送链，如图 6-43 所示。

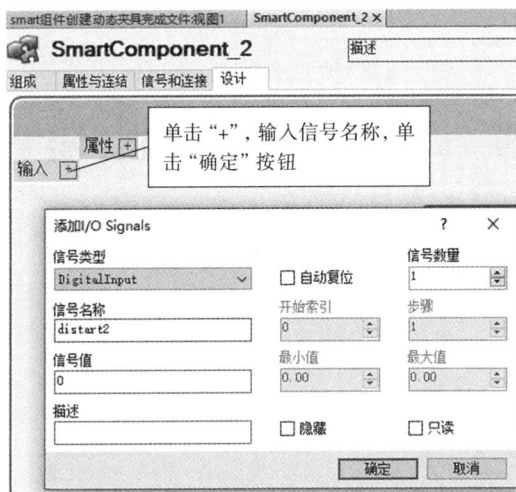

图 6-43

将 distart2 与 Attacher 的执行接口 Execute 及 LogicGate 的"InputA"相连、LogicGate 的"Enqueue"相连，PlaneSensor 的 SensorOut 与 LogicGate 的"Output"和 Detacher 的执行接口"Execute"相连，如图 6-44 所示。

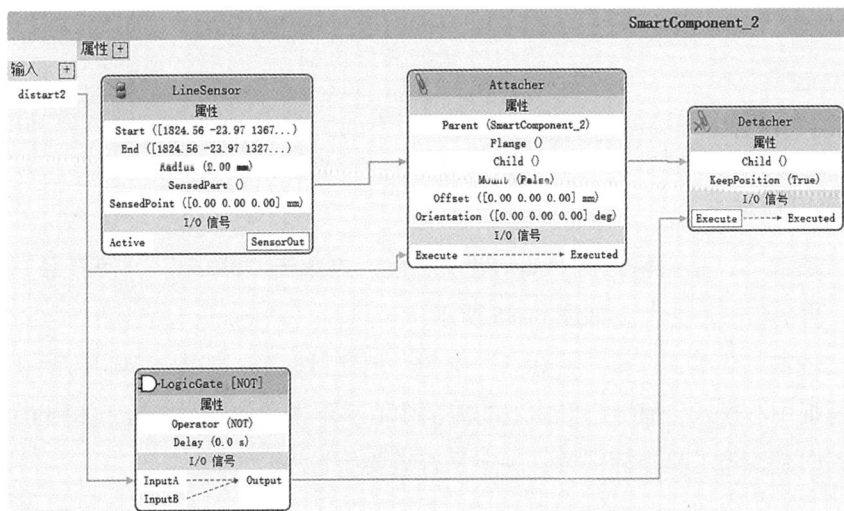

图 6-44

七、仿真运行

单击"仿真"菜单，单击"I/O 仿真器"，选择工具所在的 Smart 组件，单击播放，手动拖动工具到物料表面上，单击"distart2"，将信号设为"1"，再手动拖动工具上升，观察现象。再次单击"distart2"，将信号设为"0"，再手动拖动工具上升，观察现象。

/任务四/ 工作站轨迹编程（简单放置）

【任务目标】

输送链和动态夹具都设置完成后，机器人如何进行运动？何时触发外部信号等是本任务的主要内容。这里先查看任务效果。

通过任务效果，机器人的动作轨迹主要包括以下步骤：机械初始位置→下降到产品上方→等待到位信号→下降到料表面→吸料→上升一定高度→到达托盘上空→下降到目标位置→松料→上升，如此循环，直至搬运完 3 块料，停止。

【实践操作】

一、创建目标点

1. 创建目标点 1

单击"播放"，单击输送链 Smart 组件属性，再单击"distart"，使产品达到输送链末端位置，再单击"停止"，如图 6-45 所示。

单击"基本"菜单，选择"目标点"中的"创建目标"，如图 6-46 所示。

开启捕捉中心模式，捕捉矩形体上的表面中心。单击"创建"按钮，如图 6-47 所示。观察坐标方向是否与工具坐标一致，决定是否需要旋转。

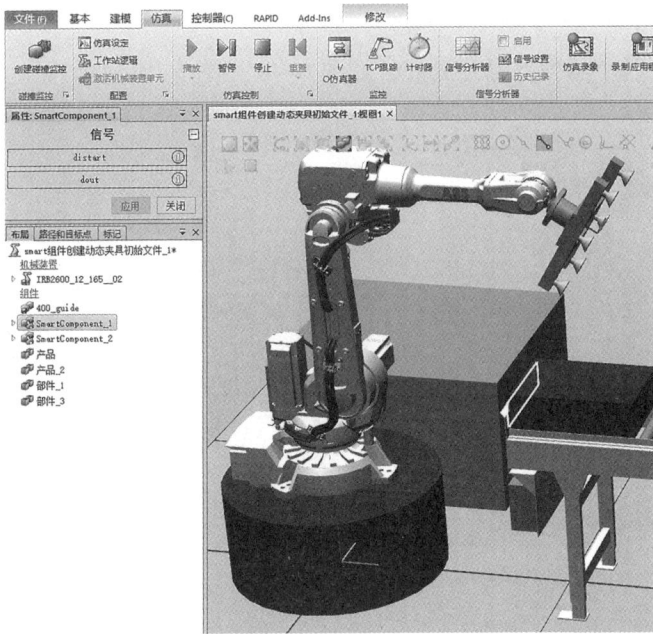

图 6-45

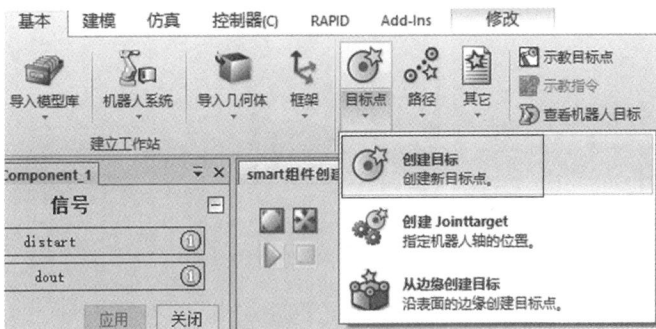

图 6-46

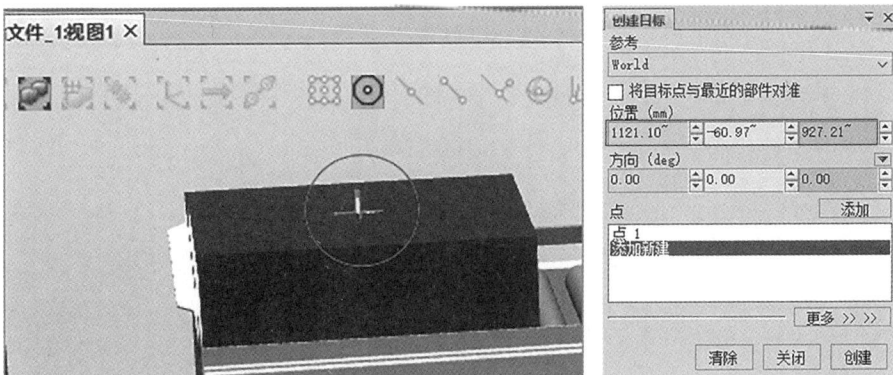

图 6-47

2. 创建目标点 2

利用两点法放置产品到目标存放处，如图 6-48 和图 6-49 所示。

图 6-48

图 6-49

创建目标，捕捉产品上表面中心，单击"创建"按钮，如图 6-50 所示。坐标方向与工具坐标不一致，需参考本地坐标绕 Z 轴旋转 90°，如图 6-51 所示。

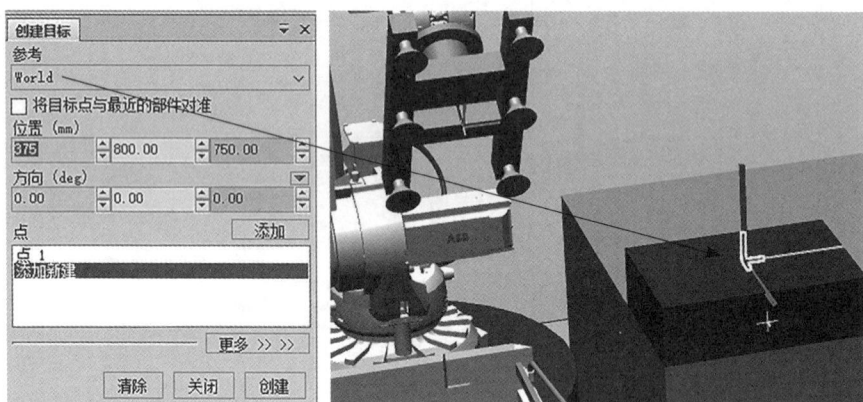

图 6-50

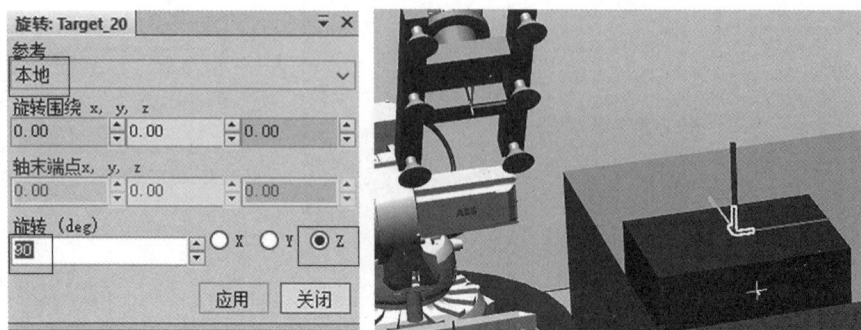

图 6-51

二、参数配置

展开目标点列表，对以上两个目标点进行参数配置操作。选中目标点，右键单击"参数配置"，弹出"配置参数"对话框。一般情况下，第一种较好，数字越小表示轴转动越小。选择第一种后单击"应用"按钮，如图6-52所示。

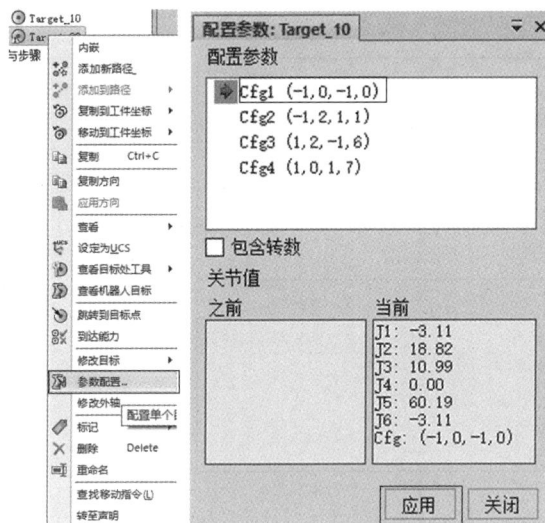

图 6-52

三、生成程序

在"基本"菜单下，单击"路径"，选择"空路径"，选中两个目标点，拖动至空路径"Path_10"处后松开，即可生成运动程序，如图6-53所示。注意：目标点拖动至空路径前需设置好运动参数，如速度、精度等级、使用工具、工件坐标等。

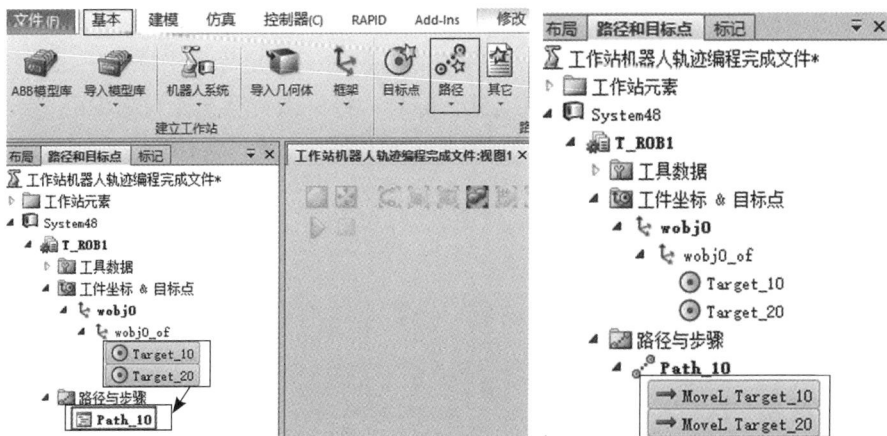

图 6-53

189

四、修改程序

在"基本"菜单下，单击"同步"，选择"同步到 RAPID"；单击"RAPID"菜单，双击"Path_10"，复制两条运动至"main"主程序内，如图 6-54 所示。

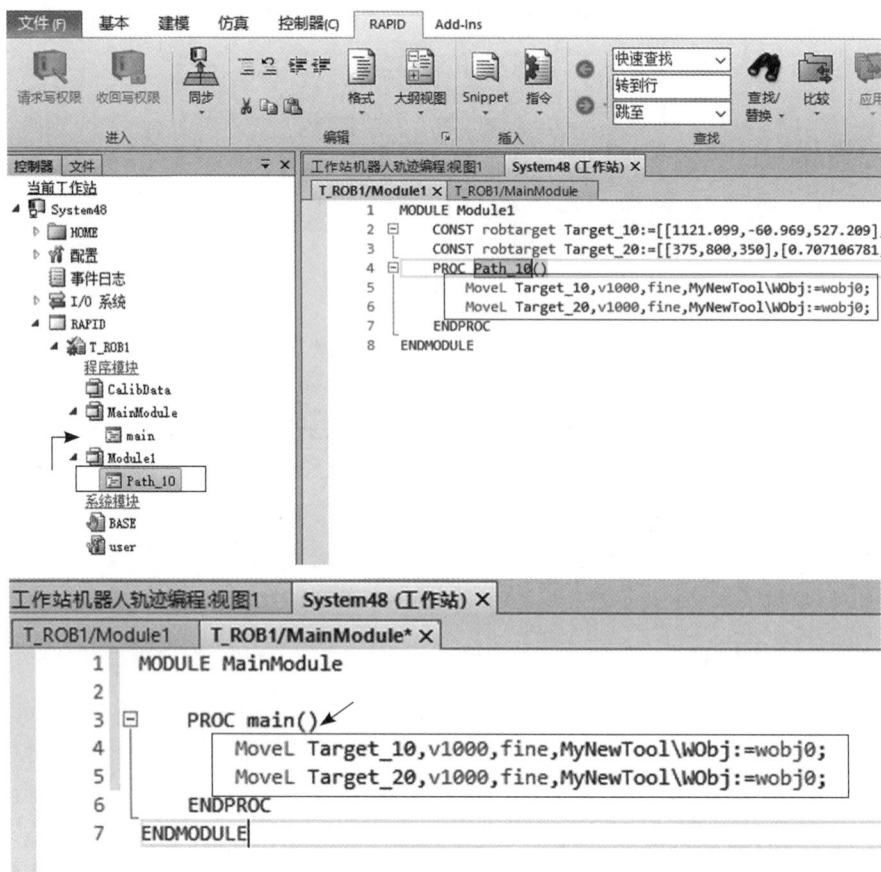

图 6-54

位置偏移指令：offs，offs 用于在一个机械臂位置的工件坐标系中添加一个偏移量。例如，Movel offs（P1，0，0，20），v500，z50，tool1；将机械臂移至距位置 P1（沿 Z 方向）20 mm 的一个点。

重复执行指令：FORFROMTO。

例如：FOR i FROM 1 TO 10 DO

routine1;

ENDFOR;

重复 routine1 无返回值程序 10 次。

条件判断指令：TEST，CASE。

例如：TEST reg1

CASE 1,2,3;

routine1;

CASE 4;

routine2;

END TEST;

判断 reg1 的值，如果是 1 或者 2 或者 3，则执行 routine1，如果是 4 则执行 routine2。整个任务程序编辑后的效果如图 6-55 所示。

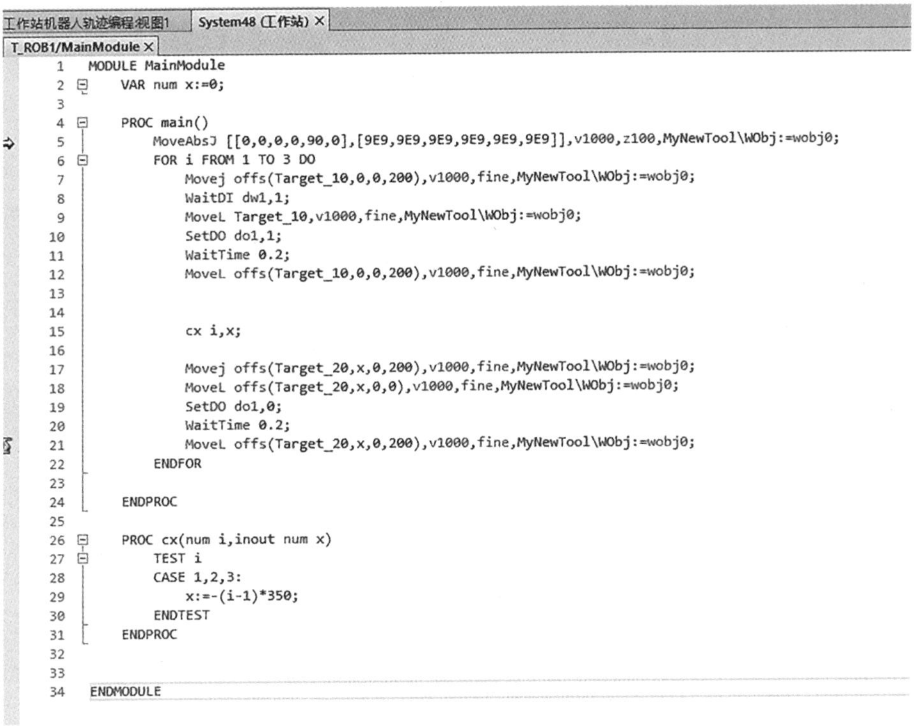

```
工作站机器人轨迹编程:视图1    System48 (工作站) ×
T_ROB1/MainModule ×
 1      MODULE MainModule
 2  ⊟      VAR num x:=0;
 3
 4  ⊟      PROC main()
 5            MoveAbsJ [[0,0,0,0,90,0],[9E9,9E9,9E9,9E9,9E9,9E9]],v1000,z100,MyNewTool\WObj:=wobj0;
 6  ⊟          FOR i FROM 1 TO 3 DO
 7                Movej offs(Target_10,0,0,200),v1000,fine,MyNewTool\WObj:=wobj0;
 8                WaitDI dw1,1;
 9                MoveL Target_10,v1000,fine,MyNewTool\WObj:=wobj0;
10                SetDO do1,1;
11                WaitTime 0.2;
12                MoveL offs(Target_10,0,0,200),v1000,fine,MyNewTool\WObj:=wobj0;
13
14
15                cx i,x;
16
17                Movej offs(Target_20,x,0,200),v1000,fine,MyNewTool\WObj:=wobj0;
18                MoveL offs(Target_20,x,0,0),v1000,fine,MyNewTool\WObj:=wobj0;
19                SetDO do1,0;
20                WaitTime 0.2;
21                MoveL offs(Target_20,x,0,200),v1000,fine,MyNewTool\WObj:=wobj0;
22            ENDFOR
23
24        ENDPROC
25
26  ⊟      PROC cx(num i,inout num x)
27  ⊟          TEST i
28            CASE 1,2,3:
29                x:=-(i-1)*350;
30            ENDTEST
31        ENDPROC
32
33
34      ENDMODULE
```

图 6-55

/任务五/　设置工作站逻辑（整体仿真运行）

【任务目标】

工作站逻辑设定是指将 Smart 组件的输入 / 输出信号与机器人端的输入 / 输出信号进行信号关联。Smart 组件的输出信号用作机器人端的输入信号，机器人端的输出信号用作

Smart组件的输入信号。在这种情况下，就可以将Smart组件视为一个与机器人进行I/O通信的PLC看待，如图6-56所示。

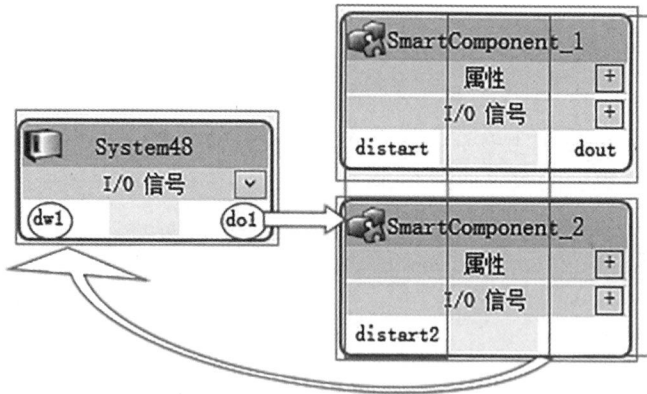

图6-56

本任务是将输送链Smart组件的输入输出信号与机器人系统的输入输出信号以及工具Smart组件的输入输出信号进行关联，使启动输送链后机器人能够实现整个自动搬运作业效果。

【实践操作】

一、设置信号

设置信号的步骤如图6-57和图6-58所示。

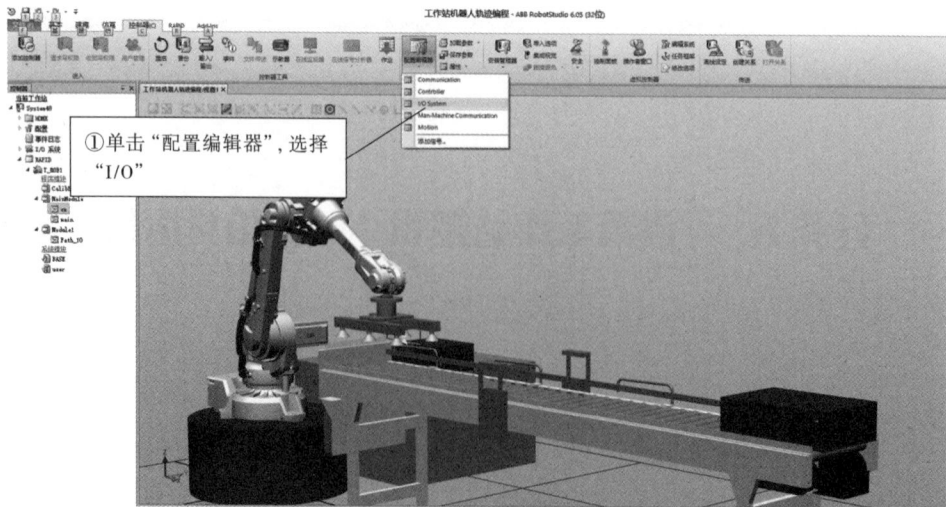

图6-57

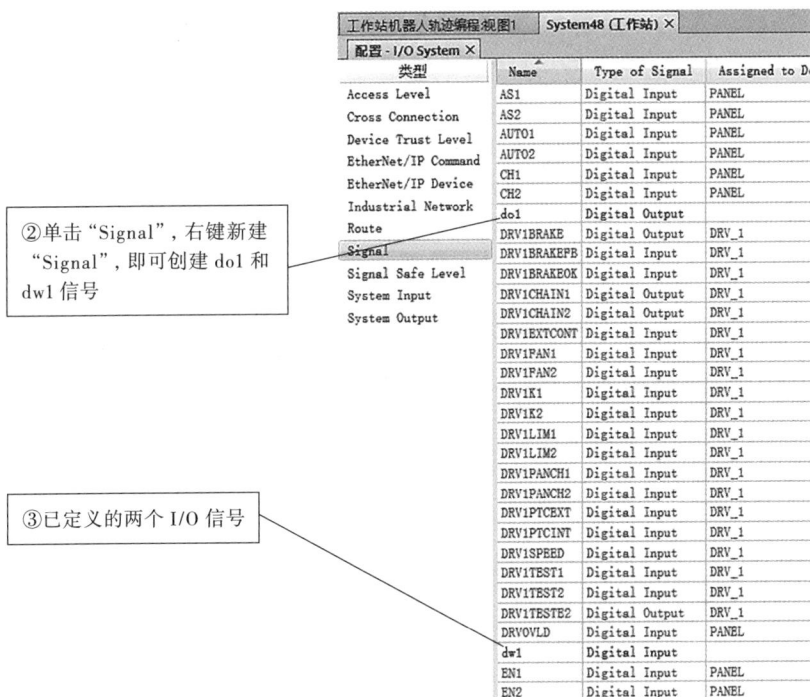

②单击 "Signal"，右键新建 "Signal"，即可创建 do1 和 dw1 信号

③已定义的两个 I/O 信号

图 6-58

二、逻辑设定

逻辑设定的步骤如图 6-59 和图 6-60 所示。

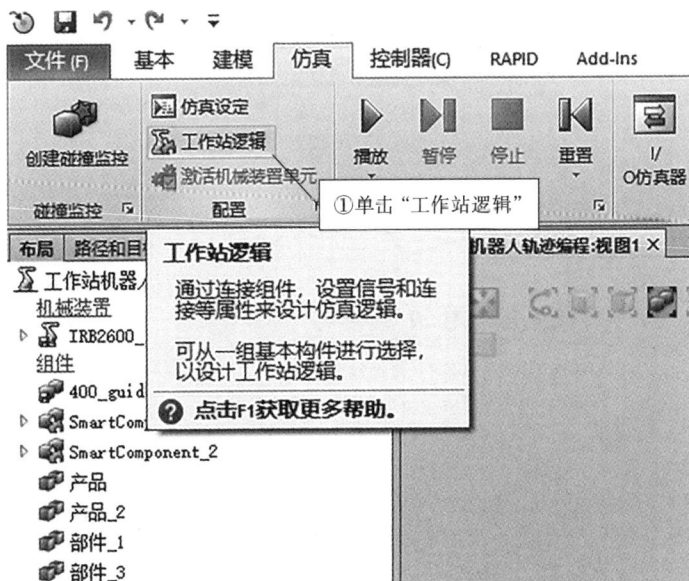

①单击 "工作站逻辑"

工作站逻辑

通过连接组件，设置信号和连接等属性来设计仿真逻辑。

可从一组基本构件进行选择，以设计工作站逻辑。

❓ 点击 F1 获取更多帮助。

图 6-59

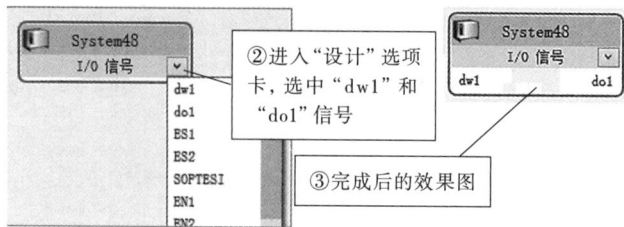

图 6-60

连接 Smart 组件与机器人控制系统的 I/O，最终效果如图 6-61 所示。

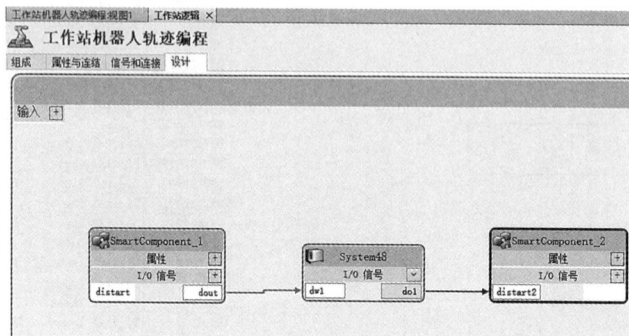

图 6-61

三、仿真运行

仿真运行步骤如图 6-62 所示。

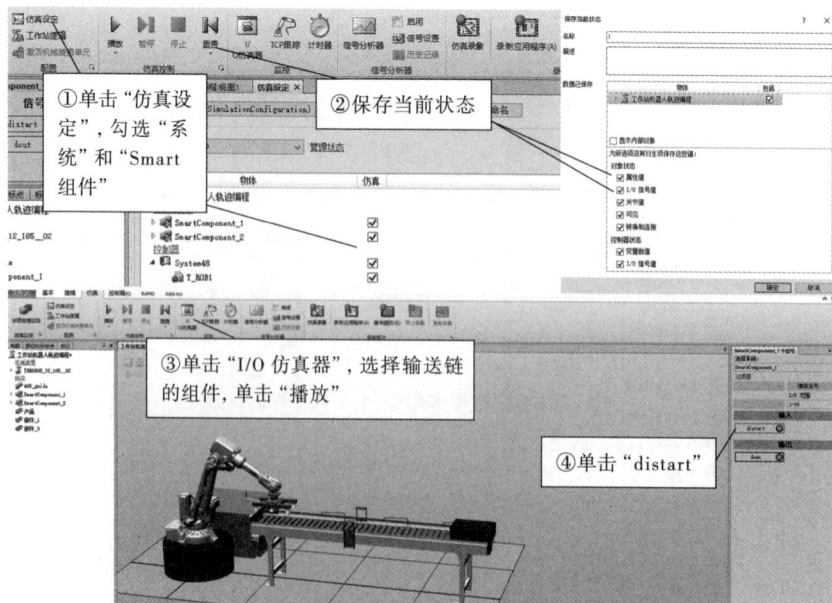

图 6-62

运行效果如图 6-63—图 6-65 所示。

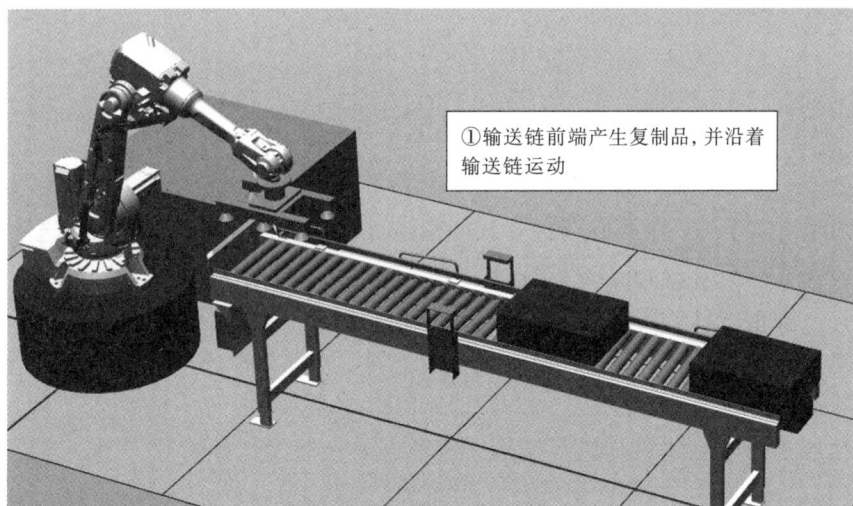

①输送链前端产生复制品，并沿着输送链运动

图 6-63

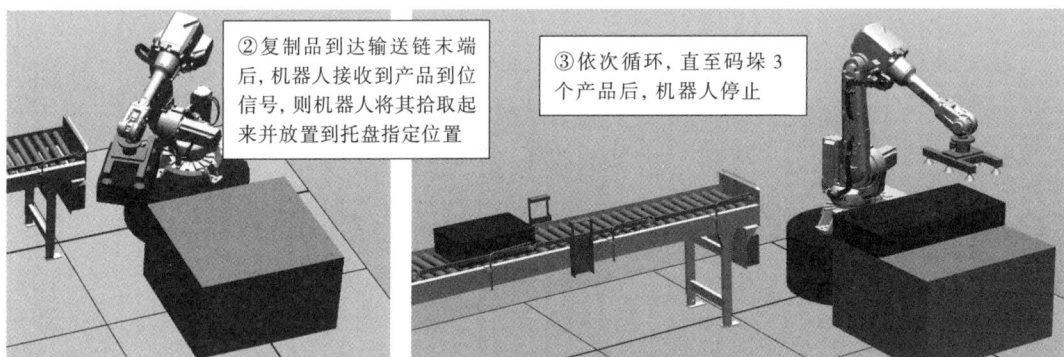

②复制品到达输送链末端后，机器人接收到产品到位信号，则机器人将其拾取起来并放置到托盘指定位置

③依次循环，直至码垛 3 个产品后，机器人停止

图 6-64　　　　　　　　　　　　图 6-65

/综合实训二/　双传送带搬运

【任务目标】

1. 运用 Smart 组件创建双动态输送链；
2. 运用 Smart 组件创建动态夹具；

3. 工作站轨迹编程（双传送带搬运）；

4. 设置工作站逻辑。

【实践操作】

在现实工厂中，工业机器人搬运的功能为人类带来了非常多的便捷，也大大提高了生产效率。同时证实了工厂中存在多种形式的搬运，有单传送带加码垛、双传送带搬运、直接码垛等。那么，在 RobotStudio 软件中，如何制作仿真工作站，让工业机器人实现双传送带搬运呢？在本次任务前，我们已学习了运用 Smart 组件创建动态输送链、Smart 组件创建动态夹具、工作站轨迹编程、设置工作站逻辑等知识，本任务将所有知识结合起来，制作双传送带搬运。

前面已经学习了创建单传送带搬运，本任务是在前面任务的基础上，多添加了一个传送带。

一、创建机器人运动指令

在传送带 2 上的工件上表面创建目标点，如图 6-66 所示。

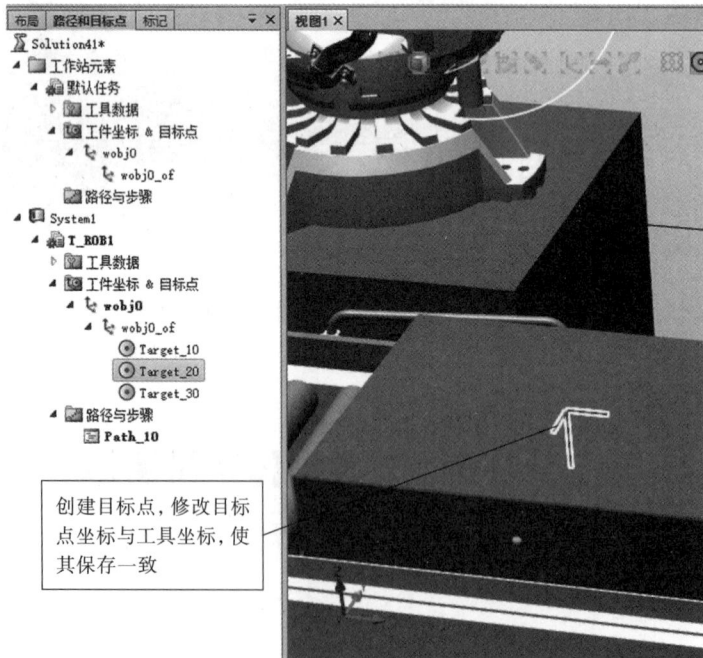

图 6-66

将工业机器人移至目标点，并配置目标点参数，把目标点添加到"Path_10"上。操作步骤如图 6-67—图 6-69 所示。

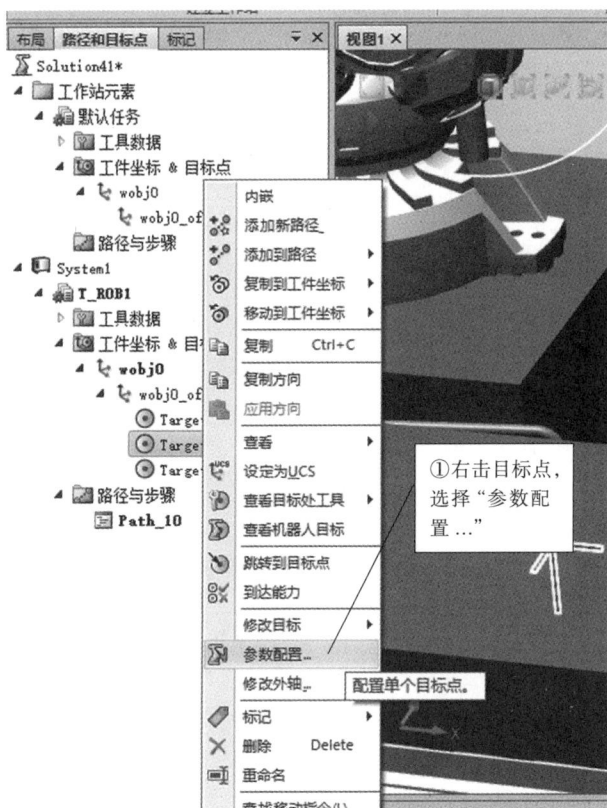

图 6-67

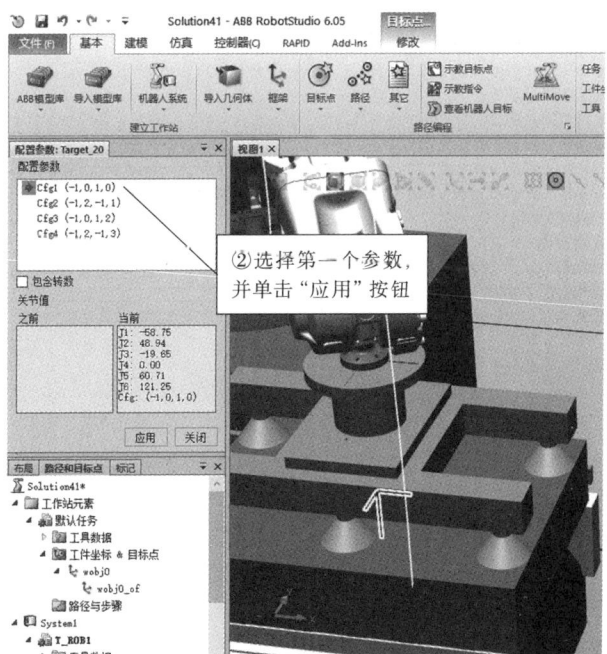

图 6-68

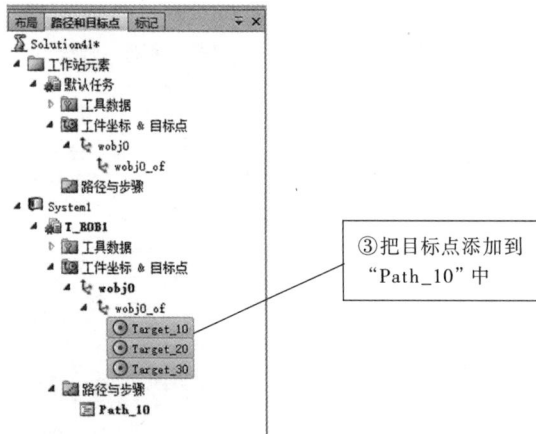

图 6-69

二、修改程序

添加完目标点轨迹后，需要对原程序进行修改，修改后的程序如图 6-70 所示。

```
T_ROB1/MainModule ×   T_ROB1/Module1
1    MODULE MainModule
2        VAR num x:=0;
3        VAR num y:=0;
4        VAR num z:=0;
5        PROC main()
6            MoveL Target_40,v1000,z100,MyNewTool\WObj:=wobj0;
7            FOR i FROM 1 TO 10 DO
8                Movej offs(Target_10,0,0,200),v1000,fine,MyNewTool\WObj:=wobj0;
9                WaitDI diok,1;
10           MoveL Target_10,v1000,fine,MyNewTool\WObj:=wobj0;
11           SetDO dogj,1;
12           WaitTime 0.2;
13           MoveL offs(Target_10,0,0,200),v1000,fine,MyNewTool\WObj:=wobj0;
14           MoveL offs(Target_20,0,0,200),v1000,fine,MyNewTool\WObj:=wobj0;
15           MoveL Target_20,v1000,z100,MyNewTool\WObj:=wobj0;
16            SetDO dogj,0;
17           WaitTime 0.2;
18            MoveL offs(Target_20,0,0,200),v1000,fine,MyNewTool\WObj:=wobj0;
19           ENDFOR
20       ENDPROC
21
22   ENDMODULE
```

图 6-70

三、创建 Smart 组件并添加组件

创建 Smart 组件的具体步骤如图 6-71 所示。

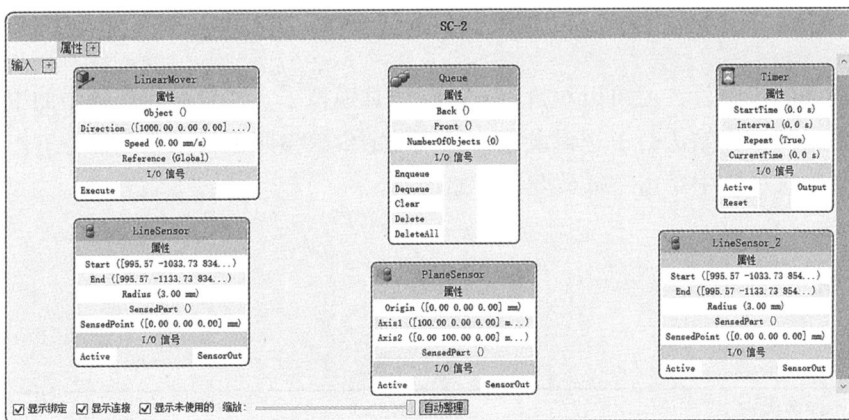

图 6-71

其中，组件中的线传感器"LineSensor"和面传感器"PlaneSensor"的属性设置方法参照项目六中的任务一。图 6-72 所示为创建的线传感器，图 6-73 所示为创建的面传感器。

图 6-72

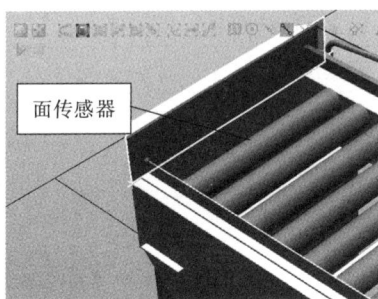

图 6-73

设置好传感器后，对其他组件进行设置，然后建立信号连接，如图 6-74 所示。

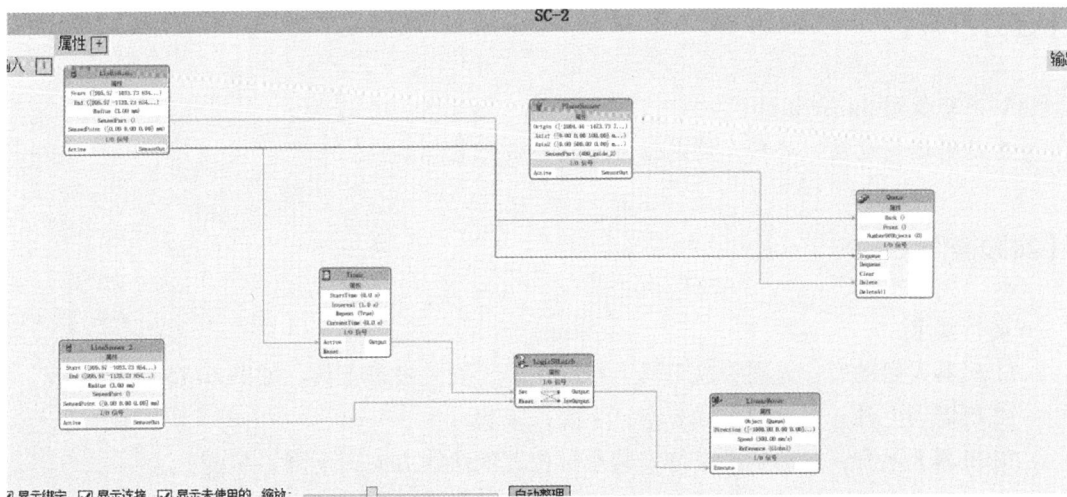

图 6-74

四、仿真运行

完成前面的步骤后，就可以对机器人进行仿真模拟了。注意：此任务中的工作站已经对工业机器人的工作站进行了逻辑设定，具体设定步骤参照项目六中的任务五。最后，在"仿真"功能选项卡中单击"播放"，开始仿真。

【学习评价】

学习评价表

任务内容	任务要求	分值/分	考核得分/分
运用 Smart 组件创建双动态输送链	掌握运用 Smart 组件创建双动态输送链	20	
Smart 组件创建动态夹具	掌握 Smart 组件创建动态夹具	20	
工作站轨迹编程（双传送带搬运）	掌握工作站轨迹编程（双传送带搬运）	20	
设置工作站逻辑	会设置工作站逻辑以及仿真运行	20	
安全操作	遵守机房规定，符合上机实训操作要求	20	

/ 综合实训三 / 汽车车标装配

【任务目标】

1. 熟练使用 Smart 组件；
2. 能够运用运动、偏移、设定信号等指令进行装配编程。

【实践操作】

运行要求：

①机器人启动后，先到吸盘工具上空，下降，安装吸盘工具，如图 6-75 所示；
②机器人上升，运动到车标上空，下降，吸料；
③机器人上升，运动到小车待安装车标位置的法线方向，下降，装配；
④机器人上升，回到工具放置架上空，下降，松开吸盘工具。

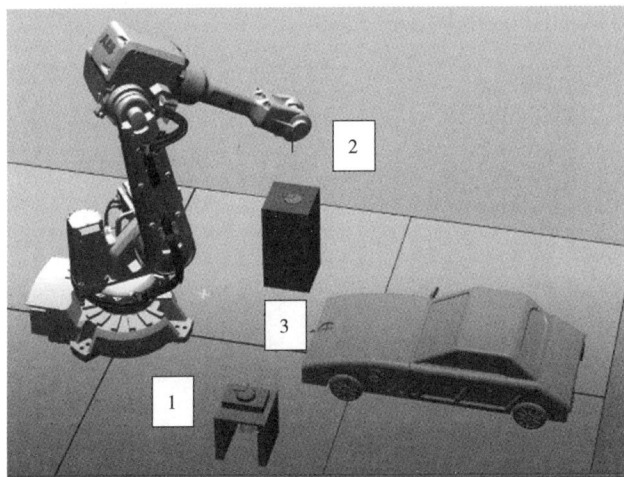

图 6-75

吸盘工具 Smart 组件的设计参考如图 6-76 所示。

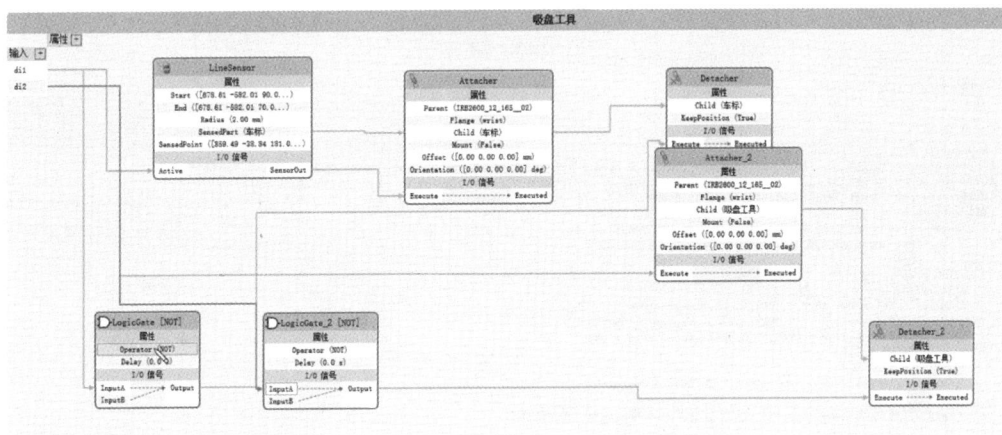

图 6-76

工作站逻辑关联如图 6-77 所示。

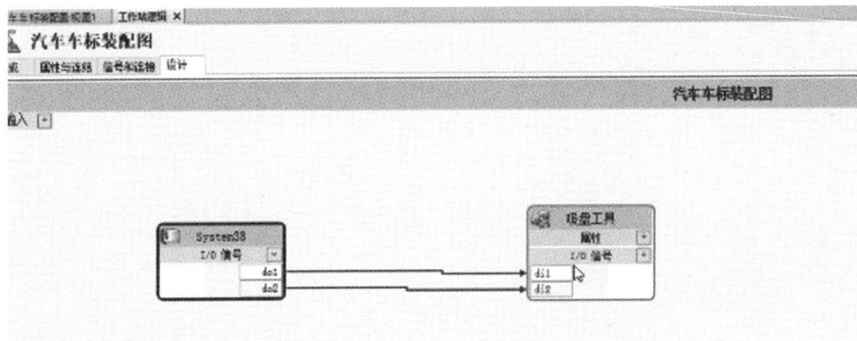

图 6-77

工件坐标设置方法如图 6-78 所示。

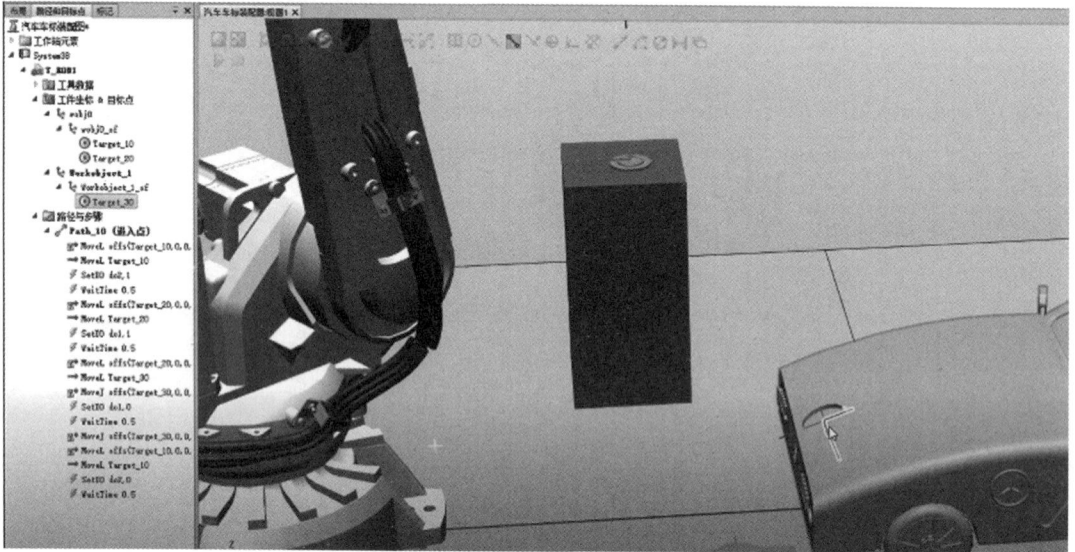

图 6-78

程序参考如图 6-79 所示。

```
MODULE Module1
    CONST robtarget Target_10:=[[678.612,-582.009,270],[0,0,1,0],[-1,0,-1,0],[9E+09,9E+09,9E+09,9E+09,9E+09,9E+09]];
    CONST robtarget Target_20:=[[599.795,470.275,408.845],[0,0,1,0],[0,0,0,0],[9E+09,9E+09,9E+09,9E+09,9E+09,9E+09]];
    CONST robtarget Target_30:=[[0.238642623,0,0],[0.999999727,0.000015868,-0.000002174,0.00073826],[-1,-1,0,1],[9E+09,9E+09,9E+09,9E+09,9E+09,9E+09]];
    PROC Path_10()
        MoveL offs(Target_10,0,0,300),v1000,fine,tool0\WObj:=wobj0;
        MoveL offs(Target_10,0,0,0),v1000,fine,tool0\WObj:=wobj0;

        SetDO do2,1;
        WaitTime 1;
            MoveL offs(Target_10,0,0,300),v1000,fine,tool0\WObj:=wobj0;
            MoveL offs(Target_20,0,0,300),v1000,fine,tool0\WObj:=wobj0;
        MoveL offs(Target_20,0,0,180),v1000,fine,tool0\WObj:=wobj0;
            SetDO do1,1;
        WaitTime 0.5;
        MoveL offs(Target_20,0,0,300),v1000,fine,tool0\WObj:=wobj0;

        MoveJ offs(Target_30,0,0,-300),v1000,fine,tool0\WObj:=Workobject_1;

        MoveL offs(Target_30,0,0,-190),v1000,fine,tool0\WObj:=Workobject_1;

            SetDO do1,0;
        WaitTime 0.5;
    MoveL offs(Target_30,0,0,-300),v1000,fine,tool0\WObj:=Workobject_1;

    MoveJ offs(Target_10,0,0,300),v1000,fine,tool0\WObj:=wobj0;
        MoveL offs(Target_10,0,0,0),v1000,fine,tool0\WObj:=wobj0;
        SetDO do2,0;
        WaitTime 0.5;
            MoveL offs(Target_10,0,0,300),v1000,fine,tool0\WObj:=wobj0;
    ENDPROC
ENDMODULE
```

图 6-79

/综合实训四/ 单传送带单层码垛

【任务目标】

1. 了解什么是码垛；
2. 能够运用偏移指令进行码垛编程。

知识点讲解

1. 什么是码垛

有规律地移动机器人进行抓取及放置。设置好工件坐标系、工具后，对第一个码垛放置点进行示教，可设定 XYZ 方向的间距和个数。

2. 工业机器人的 I/O

工业机器人信号及功能见表 6-1。

表 6-1　工业机器人信号及功能

信号名称	功能描述
do1	当 do1 为 1 时，表示抓取物料；为 0 时，表示放开物料
dw1	当 dw1 为 1 时，说明物料来到传送带最右边；为 0 时，说明物料没到最右边

3. 指令介绍

RelTool 指令

例如：RelTool（P10,100,50,0\Rx:=30\Ry:=−60\Rz:=45）；

该语句的含义是：在 P10 点的基础上，按当前 TCP 坐标系的方向，将当前 TCP 沿 X 轴偏移 100 mm，Y 轴偏移 50 mm，Z 轴偏移 0，X 轴偏转 30°，Y 轴偏转 −60°，Z 轴偏转 45° 的位置。

【实践操作】

1. 码垛工艺过程的具体要求

①在解压的单传送带单层码垛工作站中，工艺过程的起始点为 Home 点。

②物料依次从传送带的左边输送到右边。

③当物料来到传送带右边时，工业机器人会自动完成吸盘工具的抓取动作。

④工业机器人依次将物料放在右边平台上，并按照 1、2、3、4、5、6、7 的顺序进行摆放，如图 6-80 所示。

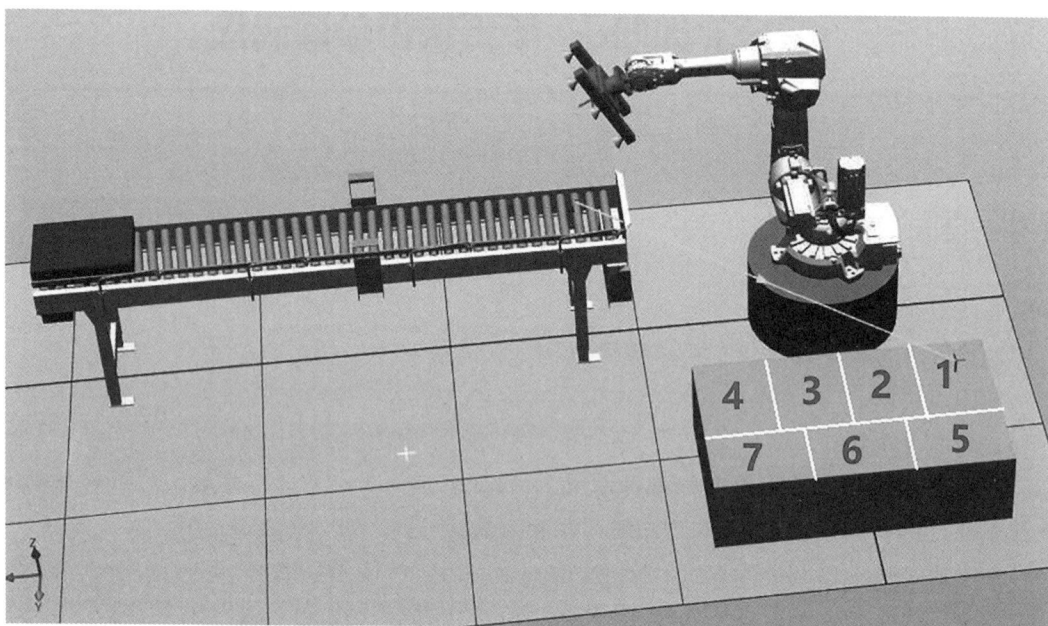

图 6-80

2. 具体程序

MODULE MainModule

    VAR num x:=0;

    VAR num y:=0;

    VAR num xz:=0;

    PROC main（ ）

MoveAbsj[[0,0,0,0,0,0],[9E9,9E9,9E9,9E9,9E9,9E9]],v1000,z100,MyNewTool\

Wobj:=wobj0; 机器人回到 Home 点

FOR i FROM 1 TO 7 DO

    Movej offs（Target_10,0,0,100），v1000,fine,MyNewTool\wobj:=wobj0; 直线运动到取物料点的上方 100 mm 处

    Wait DI dw1,1; 等待物料来到传送带的右边

    MoveL Target_10,v1000,fine,MyNewTool\WObj:=wobj0; 取物料的点位

    Set Do do1,1; 抓取物料

    WaitTime 0.2; 等待 0.2 s

    MoveL offs（Target_10,0,0,100），v1000,fine,MyNewTool\wobj:=wobj0; 直线运动到取物料点的上方 100 mm 处

    cx i,x,y,xz;

    Movej reltool（Target_20,x,y,-200\rz:=xz），v1000,fine,MyNewTool\wobj:=wobj0; 关节运动到码垛点的上方 200 mm 处

MoveL reltool（Target_20,x,y,0\rz:=xz），v1000,fine,MyNewTool\wobj:=wobj0; 直线运动到码垛点

SetDo do1,0; 放开物料

WaitTime 0.2; 等待 0.2 s

MoveL reltool（Target_20,x,y,−200\rz:=xz），v1000,fine,MyNewTool\ wobj:=wobj0; 直线运动到码垛点的上方 200 mm 处

```
ENDFOR
  ENDPROC
PROC cx（num k,inout num x）
  TEST k
  CASE 1,2,3,4:
    x:= 0;
    y= −（k−1）*375;
    xz:= 0;
  CASE 5,6,7:
    x:= −437.5;
    y:= −62.5−（k−5）*500;
    xz:= 90;
  ENDTEST
ENDPROC
ENDMODULE
```

最终效果如图 6-81 所示。

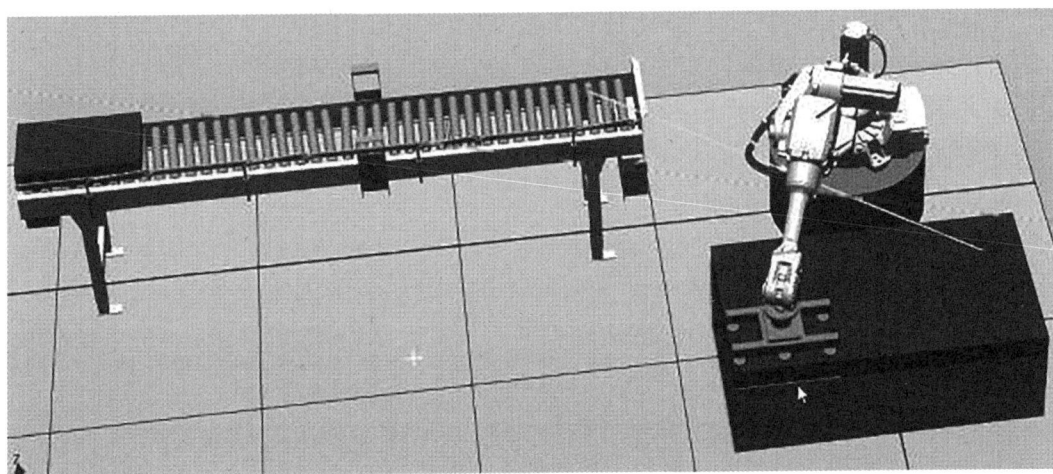

图 6-81

/综合实训五/ 单传送带双层码垛

【任务目标】

1. 了解什么是双层码垛；
2. 能够运用偏移指令、DIV 指令、MOD 指令进行双层码垛编程。

知识点讲解

1. 双层码垛的含义

本任务中的双层码垛是指在上一个任务中，完成单层码垛的基础上，在第一层上再按顺序码垛一层。

2. 工业机器人的 I/O

工业机器人的信号及功能，见表 6-2。

表 6-2　工业机器人的信号及功能

信号名称	功能描述
do1	当 do1 为 1 时，表示抓取物料；为 0 时，表示放开物料
dw1	当 dw1 为 1 时，说明物料来到传送带最右边；为 0 时，说明物料没到最右边

3. 指令介绍

（1）DIV 指令（评估一个整数除法）

作用：用于评估整数除法的条件表达式。

【例 1】

reg1:=14 DIV 4

因为 14 可以除以 4 达 3 次，因此，返回值为 3。

【例 2】

VAR dnum mydnumi:=10;

VAR dnum mydnum2:=5;

VAR dnum mydnum3;

mydnum3:=mydnumi DIV mydnum2;

因为 10 可以除以 5 达 2 次，因此，返回值为 2。

（2）MOD 指令（评估一个整数模数）

作用：用于评估整数除法模数和余数的条件表达式。

【例 1】

reg1:=14 MOD 4;

返回值为 2，因为 14 除以 4，得到模数 2。

【例2】

VAR dnum mydnum1:=11;

VAR dnum mydnum2:=5;

VAR dnum mydnum3;

mydnum3:=mydnum1 MOD mydnum2;

返回值为1，因为11除以5，得到模数2。

【实践操作】

1. 码垛工艺过程的具体要求

①在解压的单传送带双层码垛工作站中，工艺过程的起始点为Home点。

②物料依次从传送带的左边输送到右边。

③当物料来到传送带右边时，工业机器人会自动完成吸盘工具的抓取动作。

④工业机器人依次把物料放在右边的平台上，并按照1、2、3、4、5、6、7的顺序进行摆放，如图6-82所示。

⑤在摆放完第一层之后，剩下的7个继续按④中的先后顺序在第一层上摆放第二层。

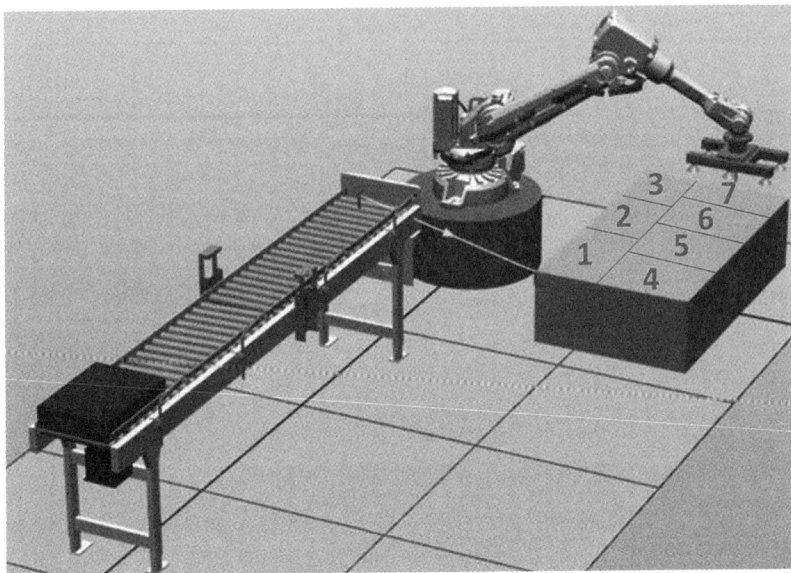

图6-82

2. 具体程序

MODULE MainModule

　　VAR num x:=0;

```
VAR num y:=0;
VAR num z:=0;
VAR num xz:=0;

PROC main（ ）
    MoveAbsj[[0,0,0,0,0,0],[9E9,9E9,9E9,9E9,9E9,9E9]],v1000,z100,MyNewTool\
Wobj:=wobj0; 机器人回到 Home 点
    FOR i FROM 1 TO 14 DO
    Movej offs（Target_10,0,0,300）,v1000,fine,MyNewTool\wobj:=wobj0; 直线运动到取
物料点的上方 300 mm 处
        WaitDI dw1,1; 等待物料来到传送带右边
        MoveL offs（Target_10,0,0,0）,v300,fine,MyNewTool\WObj:=wobj0; 取物料的点位
        WaitTime 0.1; 等待 0.1 s
        SetDo do1,1; 抓取物料
        WaitTime 0.5; 等待 0.5 s
    MoveL offs（Target_10,0,0,300）,v1000,z50,MyNewTool\wobj:=wobj0;
    cx i,x,y,z,xz;
    Movej reltool（Target_20,x,y,z-200\rz:=xz）,v1000,z50,MyNewTool\wobj:=wobj0;
    MoveL reltool（Target_20,x,y,z\rz:=xz）,v300,fine,MyNewTool\wobj:=wobj0;
    WaitTime 0.1; 等待 0.1 s
    SetDo do1,0; 放开物料
    WaitTime 0.5; 等待 0.5 s
    MoveL reltool（Target_20,x,y,z-200\rz:=xz）,v300,z50,MyNewTool\ wobj:=wobj0;
    ENDFOR
ENDPROC

PROCPath_10（ ）
    MoveL Target_10,v1000,z100,MyNewTool\wobj:=wobj0;
    MoveL Target_20,v1000,z100,MyNewTool\wobj:=wobj0;
ENDPROC

PROC cx（num k,inout num x, inout num y, inout num z, inout num xz）
    z:=-（（（k-1）DIV 7）+1）*100;
    k:=（（k-1）MOD 7）+1;
    TEST k
    CASE 1,2,3:
```

```
    x:= 250+（k−1）*500;
    y= 187.5;
    xz:= 0;
  CASE 4,5,6,7:
    x:= 187.5+（k−4）*375;
    y:= 625;
    xz:= 90;
  ENDTEST
ENDPROC

ENDMODULE
```

最终效果如图 6-83 所示。

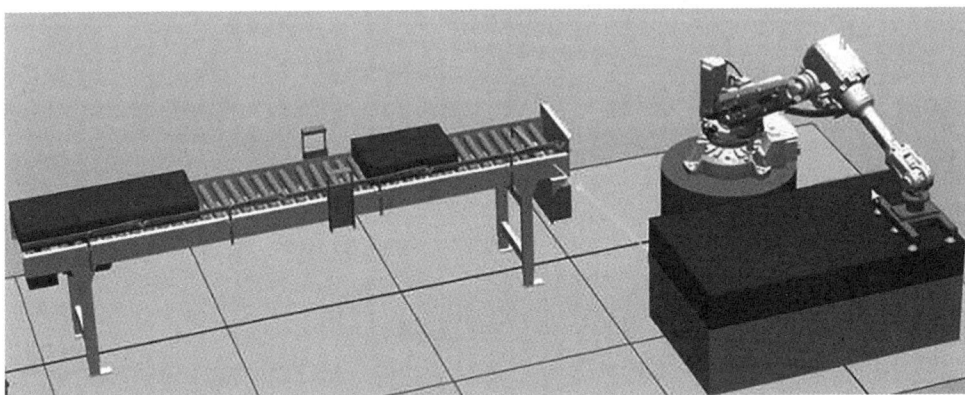

图 6-83

/综合实训六/　可动夹爪搬运物料码垛

【任务目标】

1. 熟练掌握双传送链 Smart 组件设计；

2. 熟练掌握可动夹爪 Smart 组件设计应用；

3. 能够运用运动、偏移、设定信号等指令进行装配编程。

【实践操作】

自主综合实践操作，要求如下：

①机器人启动后，先移动到蓝色物料传送带末端，夹取物料后放置到第一排右端。

②机器人移动到红色物料传送带末端，夹取物料后放置到第二排右端。

③如此循环夹料搬运，直至排满粉红色的格子，如图 6-84 所示。

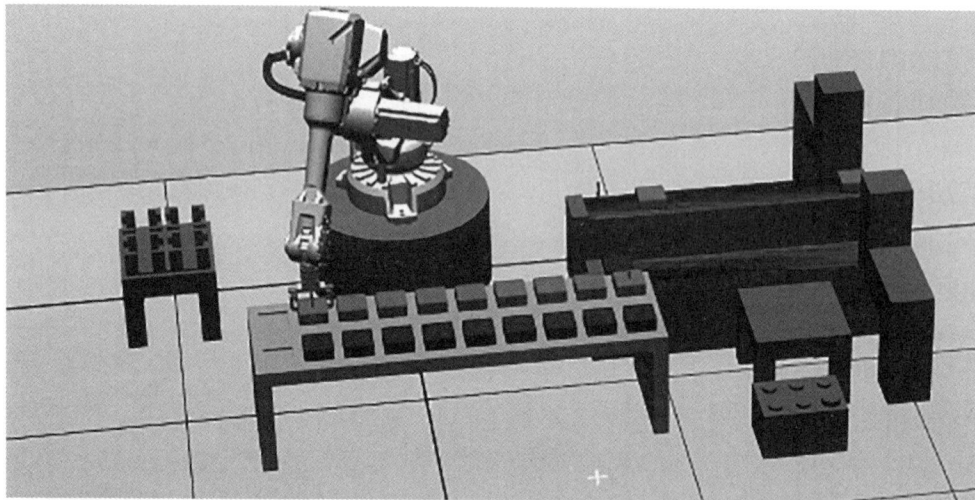

图 6-84

问题 1：为什么经常要重启控制器？

答：控制器信号没有更新，重启，恢复初始数据。

问题 2：工具下创建的直线传感器为什么不与工具一起移动？应如何解决？

答：不是父、子对象关系。安装整个工具中的 Smart 组件。

问题 3：工具 Smart 组件安装上法兰盘后没更新当前工具？

答：未将工具设置为角色。

问题 4：为什么在运行仿真时，刚单击播放就显示程序已停止？

答：如果没有程序运行，系统将强制停止。

参考文献

［1］叶晖，何智勇，杨薇.工业机器人工程应用虚拟仿真教程［M］.北京：机械工业出版社，2014.

［2］李海慧，潘建波，董文波.工业机器人离线编程与仿真：ABB［M］.成都：电子科技大学出版社，2023.

［3］李春勤，赵振铎，李娜.工业机器人现场编程：ABB［M］.北京：航空工业出版社，2019.

［4］廉迎战，黄远飞.ABB工业机器人虚拟仿真与离线编程［M］.北京：机械工业出版社，2021.